“十三五”江苏省高等学校重点教材（编号：2016-2-044）
科学出版社“十三五”普通高等教育本科规划教材
江苏省教育科学“十三五”规划青年专项重点课题（C-a/2016/01/25）研究成果

土木类大学生创新实践与学科竞赛进阶教程

主　编　沈　扬
副主编　胡锦林　喻　君
　　　　丁小庆　许俊红

科 学 出 版 社
北　京

内容简介

本书基于高等学校土木及相关专业本科生的专业知识基础与培养特点，通过匠心独运的文字组织，层层递进的逻辑表述和丰富生动的资源呈现，从理论与实践两方面对大学生创新教育进行系统、专业指导。本书共 6 章，从土木专业视角循序渐进地阐述了创新的基本概念、创新素养的基本要点、工程类的创新思维培养方法，并从土木类的创新性实验、创新实践训练、学科竞赛三个层次的讲解来引导相关专业学生接受创新实训。本书无论是理论阐述还是实践指导均充分体现土木特色，专业性、实践性、趣味性强。本书特别提供了大量原创性的土木类学科竞赛中各类材料运用和模型制作的指导视频，做到对大学生用脑到动手的全方位培养。

本书为高等学校土木以及相关专业的专业型创新教育教材，也可作为开展土木工程大学生创新实验和学科竞赛的辅导用书。

图书在版编目(CIP)数据

土木类大学生创新实践与学科竞赛进阶教程 / 沈扬主编. —北京：科学出版社，2017.9

"十三五"江苏省高等学校重点教材 • 科学出版社"十三五"普通高等教育本科规划教材

ISBN 978-7-03-054499-5

Ⅰ. ①土… Ⅱ. ①沈… Ⅲ. ①土木工程-高等学校-教学参考资料 Ⅳ. ①TU

中国版本图书馆 CIP 数据核字(2017)第 224484 号

责任编辑：陈　琪 / 责任校对：郭瑞芝

责任印制：张　伟 / 封面设计：迷底书装

科学出版社 出版

北京东黄城根北街 16 号

邮政编码：100717

http://www.sciencep.com

北京虎彩文化传播有限公司 印刷

科学出版社发行　各地新华书店经销

*

2017 年 9 月第　一　版　开本：787×1092　1/16

2022 年 7 月第二次印刷　印张：12 1/2

字数：285 000

定价：79.00 元

（如有印装质量问题，我社负责调换）

前　言

当今中国，创新已成为一个时代性名词，融入中国的社会活动。然而，创新虽不是遥不可及，但也不能一蹴而就。对于土木类专业的同学而言，在迎接时代召唤的时候，既要具备创新的意识，更要有能将创新应用于土木建筑专业的知识储备与实践积累，才能更好地实现创新能力的培养与提升。而中国的教育，一直以来都存在着素质教育与应试教育的艰难博弈，同时创新教育的开展也面临内生性和功利性的矛盾，在解决上述问题的种种途径中，创新类教材的引导显得愈发重要。

为响应国家“健全创新创业教育课程体系”、“加强教师创新创业教育教学能力建设”之号召，也为传承河海大学近年来创建土木类“双主”并举、三层递进的创新人才培养模式的实践特色，本书创作团队在多年实践应用基础上，编写了本书。以期通过本书启蒙土木类专业学生的创新意识，普及与传承创新知识，并将创新能力与创新品格更好地在一届又一届大学生中巩固传递，助力于培养高素质的土木类创新型人才。

因此，本书的基本定位是让学生循序渐进地了解创新的基本概念、工程类的创新思维培养以及创新与土木工程的密切关联，进而掌握如何通过创新训练和学科竞赛去提升自己的创新能力。书中每个章节中均充分体现土木特色，让同学们能够充分体会到创新与土木这个自己即将从事的行业密切关联。全书内容丰富，由浅入深，从开始的一般性导引逐步进入到创新性实验、创新实践训练、学科竞赛三个层次的专业类训练，专业性、实践性、趣味性强。此外，本书还提供了大量原创性的电子素材，特别是学科竞赛中各类材料运用和模型制作的指导视频，做到对大学生用脑到动手的全方位培养。

本书主要面向土木工程及相关专业本科生，可作为高校开展土木工程类创新教育和学科竞赛辅导的通用教材，教师可根据授课对象和学时选择相关内容进行重点授课；而本书中实验部分的内容还可作为创新型土木工程实验的有益补充。

本书由指导和参与创新实践及学科竞赛经验丰富的河海大学土木与交通学院师生共同著写。各章主要分工如下：第 1 章（沈扬、王璐），第 2 章（丁小庆、周广东），第 3 章（胡锦林、许俊红、张勤），第 4 章（沈扬、张勤、沈雪、陈俊），第 5 章（喻君、李红伟、胡锦林、陈徐东、许俊红、张洁），第 6 章（胡锦林、罗力中、龚云皓、孙达明、喻君、沈扬、高磊），视频制作（丁小庆、罗力中、孙达明、阚锦照、刘龙、徐艳、孟依柯等）。陈晨、徐捷、葛长飞、任兆鹏、翁禾、冯建挺、葛华阳、芮笑曦等也在资料收集、整理和校核方面做了大量工作。全书由沈扬、胡锦林、许俊红做最终审校和编辑加工。

本书同时入选江苏省高等学校重点教材和科学出版社普通高等教育“十三五”规划教材，并在出版过程中得到江苏高校品牌专业建设工程一期项目（PPZY2015B142）和中央高校基本科研业务费专项基金（2017B44914）的资助，在此谨表谢忱。在本书编写过程中，参阅了相关的教材、著作、论文等资料，在此亦对有关作者深表谢意！

受时间、水平限制，书中难免存在疏漏、不妥之处，恳请广大读者批评指正。

联系邮箱：shenyang1998@163.com。

作　者

2017 年 9 月

目　录

第 1 章　创新的内涵

1.1　创新的定义

在已经沉寂的研究领域提出创新思想，在十分活跃的研究领域取得重大进步，将原先彼此分离的研究领域融合在一起。——*Science* 对创新的解释

要领会创新的内涵，不妨先来感知创新。

美国德克萨斯州博蒙特市在 1901 年之前还是个名不见经传的小城，这里有个怪异的高地叫“大山”，到处是供牲畜治疗虱子和疥癣的臭污泥坑，但正是这些臭污泥坑中的泥浆成就了博蒙特，成为了后来举世闻名的“纺锤顶”油田，如图 1-1 所示。

图 1-1　美国纺锤顶山上的石油开采纪念碑

博蒙特的大山地处海湾平原，从 1893 年开始，先后有人在这里花了 7 年的时间打了 4 口井，却都因为井口塌陷而以失败告终。美国著名石油财团洛克菲勒公司的专家曾一度判定：在这种平原下是挖不到石油的。但是仍有一些“冒险家”不放弃，有人请来了打井行家哈米尔兄弟：艾尔·哈米尔和喀尔特·哈米尔来“掘金”。哈米尔兄弟和雇主商讨的施工报酬是掘进 1m 深度得到 6.5 美元，按照合同掘进一口 360m 深的油井，就可以获得 2300 美元的薪资（相当于今天 11 万美元的购买力）。虽然诱惑巨大，但是这些财富最初看来只像是空中楼阁——因为当地土质以砂土为主，钻孔后极易坍塌，根本无法掘进。哈米尔兄弟经历了一次次钻井失败，即将要放弃的时候，突然想出了一个看似怪诞的招数：他们干起了放牛的老本行，并在油井旁边挖了一个泥塘，让奶牛在那里栖息奔跑，疯狂地践踏着泥塘，兄弟俩将泥塘中产生的泥浆涂抹在钻井壁上。令人意想不到的是，这些泥浆表现出了明显的支护作用，井壁不再有颗粒下落，塌孔的情况大大改善，钻井的深度也随之变深。终于，当掘进 2 个月（1901 年 1 月 10 日），钻井深度达到 330m 时，发生了前所未有的井喷。在 9 天时间里，这口井把大约 11 万吨原油喷向天空，洒向大地，平均日产达 1 万多吨，相当于当时全美国日产量的一半。这口井也因此成为世界上第一口日产万吨的高产油井，也正式拉开了一个新掘金时代的序幕！

哈米尔兄弟这种看似原始的“小把戏”，实际是一个重大的技术创新，他们利用了当地泥浆中黏土具有的触变性（简而言之就是某些类型的黏土颗粒间存在特殊的电键连接机械结构，使其在外界扰动下易变为随意流动、几乎没有强度的流体，而当扰动停止以后，它的强度又会慢慢恢复），以泥浆形成低透水性泥膜，一方面阻碍外部泥浆渗入地层，防止

地下水浸出而稀释泥浆；另一方面形成外部泥浆柱压力作用面，以抵抗地压来维护土壁稳定从而起到支撑钻井的作用，虽然强度不大，但防止砂土的塌落已是绰绰有余。这个创新所带来的施工界的技术革命对世界经济的影响力之大很难估量，而如今称作“泥浆护壁”的这项施工技术也已在岩土工程施工的各个角落广泛应用。

上面的故事让我们感受到了创新的力量及其无处不在的潜质，那么创新究竟包含哪些内容呢？应该说，创新包含的内容非常广泛，它是指人们为实现一定目的，遵循事物的发展规律而进行的更新和发展活动，是在人类政治、经济、工程和精神等各个领域、各个层面上进行的需要付诸于实践的新发展、新突破，且具有高风险、高回报、重创造等特点。纺锤顶油田上，哈米尔兄弟利用泥浆触变性这一土力学特性，开发钻井的泥浆护壁技术，正是创新在工程领域留下的一个生动注脚。

下面，就让我们一起进一步走近创新，了解创新的系统内蕴。

世所公认的，第一次从经济学的角度出发将创新完全区分于创造、发明并进行深入研究的，是被誉为创新之父的美籍奥地利经济学家约瑟夫·熊彼特（J.A.Schumpeter）。他在1912年出版的《经济发展理论》一书中提出了创新的概念，并对其模式进行了探讨。约瑟夫·熊彼特认为，创新就是建立一种新的生产函数，首次把生产要素和生产条件的新组合引入生产体系中，而这些新组合较旧组合能够生产出成本更低或利润更高的产品，从而具有了新意。他把技术创新过程划分为发明、创新、推广和选择四个步骤。发明通常是指人们首次对一项技术、一个理论或一个产品的创造；创新是从发明到产品，并在市场上实现销售的过程；推广就是把新产品提供给最终用户的市场行为；选择指的是客户对创新产品的选择行为。一项成功的创新，就是企业家发现潜在市场价值和创新机会，通过整合各种创新要素和资源，在合适的创新环境下，把技术上的可行性转化成市场和客户认可的产品，最后获得创新收益。约瑟夫·熊彼特把创新活动归结为以下五种形式：①生产一种新产品或与过去产品有本质区别的产品；②采用一种新的生产方法、新的技术或新的工艺；③开拓新的市场，不管这个市场以前是否存在；④获取或控制一种原材料或半成品的新的供给来源；⑤实行新的企业组织方式或管理方法。

约瑟夫·熊彼特提出创新的概念主要是从技术经济的角度考虑的，此后，国内外专家学者在此基础上又进行了深入研究，使创新的内涵和外延有了进一步的扩展，而这期间形成的研究视角、研究方法、研究层面、研究分类已然像是一片汪洋大海。

20世纪60年代，新技术革命迅猛发展，美国经济学家华尔特·罗斯托提出了“起飞”六阶段理论，将一个国家的经济发展依次分为传统社会阶段、准备起飞阶段、起飞阶段、走向成熟阶段、大众消费阶段和超越大众消费阶段，把“创新”的概念发展为“技术创新”，把“技术创新”提高到“创新”的主导地位。伊诺思在“石油加工业中的发明与创新”一文中首次直接明确地对“技术创新”进行定义：“技术创新是几种行为综合的结果，这些行为包括发明的选择、资本投入保证、组织建立、制定计划、招用工人和开辟市场等”。美国国家科学基金会将“技术创新”定义为将新的或改进的产品、过程或服务引入市场。被誉为现代管理学之父的彼得·德鲁克提出“创新是创业者的特殊工具。通过创新，他们把变化作为发展不同业务和服务的机会。它可以作为一种学科，可以学习，可以实践”。

由此可见，一部分学者的观点和《经济发展理论》一样：创新的共同特点是要付诸实践，内容可概括为：个体为了取得某一有益效果，创造某种符合国家、社会或个人价值需要的具有革新性或独创性产品的事物、方法、路径、环境等。

随着时代发展，创新概念也逐步地从单纯技术领域扩展到非技术领域，出现了制度创新、组织创新、管理创新等新的内容。具体分析类型从两个层面来谈：第一层面包含创新的内容及范围；第二层面包括创新的层次。创新的内容及范围分类分为：①产品或者服务的创新；②根据自然科学原理和生产实践经验而发展成的各种工艺流程、加工方法、劳动技能的创新；③对生产、生活中所有资源（包括人、财、物）进行有效组织与管理的方法、模式等的创新。创新层次可以归为渐进性创新和根本性创新，渐进性创新是指对现有技术的改进引起的渐进的、连续的创新；根本性创新是指技术有重大突破的技术创新。总之，创新是一项系统工程，创新的过程是一个创造性破坏过程，是破坏某种均衡又达到新的均衡的过程。

1995 年，时任国家主席的江泽民同志在全国科技大会上指出："创新是一个民族进步的灵魂，是国家兴旺发达的不竭动力。"创新对于一个国家是如此，对于一个学科、一个专业的发展也是如此。那么，土木工程及其相关领域的创新又是指什么呢？

土木工程按照流程分为规划、勘察、设计、施工、管理、后评价等，在这流程中的各个方面提出新观念、新概念、新材料、新理论、新技术、新工艺等，并将其付诸实施，在土木工程领域取得新成果，都可称为土木类创新。土木工程创新一般有以下四种：①概念创新，指在土木工程领域的科研、技术开发和应用等方面提出新的概念，改善或解决相关技术难题；②原理创新，主要针对基础研究和应用基础研究中的理论创新；③技术集成创新，主要针对新技术的开发、应用领域、应用方式等进行组合，发挥效用最大化；④技术应用创新，在应用中，根据实际工程需要以提高效率、降低成本、创造更高价值等为目标的技术革新等。

为引导和加强我国土木工程建设自主创新，中国土木工程学会、詹天佑土木工程科技发展基金会于 1999 年联合设立"中国土木工程詹天佑奖"，主要目的是推动土木工程建设领域的科技创新活动，促进土木工程建设的科技进步，进一步激励土木工程界的科技与创新意识。

下面以 2015 年公布的第十三届詹天佑奖中的部分获奖项目为例，简要分析当下我国土木工程领域的创新之举。如图 1-2 所示的武汉天兴洲公铁两用长江大桥正桥工程首次提出并采用了三索面三主桁斜拉桥结构，解决了桥梁跨度大、桥面宽、活载重、列车速度快等带来的技术难题，实现了我国铁路桥梁跨度从 300m 级到 500m 级的跨越，有关技术还曾获国家科技进步一等奖。南京长江隧道工程（图 1-3），解决了高水压、浅覆土、复杂地层的超大直径隧道施工技术难题，构建了大直径盾构隧道设计、施工和运营过程结构安全体系，开发了适用于高磨蚀性砂卵石地层的刀具配置技术、刀具更换技术与进舱泥膜技术及开挖面稳定控制技术体系，有关创新技术两获国家科技进步二等奖。窥一斑而知全豹，土木工程在中国、在世界得到了快速的发展，人们对工程需求的不断提高，对现有的概念、原理及技术也提出了新的要求，所以，必须以创新来保证土木工程更稳定、更长远的发展。

图 1-2 武汉天兴洲公铁两用长江大桥

图 1-3 南京长江隧道工程

土木工程专业是一个实践性非常强、工程性质十分明显的专业，其创新必须在工程实践中得到应用和取得成效才能取得突破性进展，这就需要一大批专业人才针对现在土木工程领域出现的问题，综合各方面的经验和研究力量来进行必要的创新与实践。我国《高等教育法》第五条明确指出："高等教育的任务是培养具有社会责任感、创新精神和实践能力的高级专门人才。"因此，土木工程专业要以培养专业技术人才为目标，在强调扎实的理论基础和宽广的知识面的同时，应将培养学生的实践及创新能力作为重中之重。

本书主要专注于大学生创新实践能力培养，意图通过阐述创新方法，构建以创新实践为平台、创新竞赛为抓手的培养体系，通过环境氛围的熏陶，让学生具备创新实践的相关知识，并能够得到必要的能力培训。

1.2 创新与国家发展

1.2.1 创新促进经济发展

美国某大型公司进行过一项调研，调查了该公司 12 个国家 1000 名高级业务主管。发现这样一组数据：95%的受访者认为创新是一个让国家经济更具竞争力的重要杠杆，而 88%的受访者相信，创新是为他们的国家创造就业机会的最好的方式。

美国里奇蒙德联邦储备银行（Richmond FED）主席杰佛瑞·莱克说："近年来，推动美国薪资和就业趋势的幕后因素是科技进步，而非贸易。"美国作为当今世界第一经济强国，也是世界上创新能力最强、科技实力最雄厚的国家。2016 年，《福布斯》杂志发布了年度全球科技巨头 100 强富豪榜，美国总人数排行第一。

2016 年最新自然指数发布，在国家与地区排名中，美国以压倒性优势雄踞第一，三项指标几乎均是我国的两倍，而我国和德国、英国分别位列 2、3、4 位，且相互之间差距很小，为什么美国会有这样一个与众不同的地位呢？

北京师范大学黄安年教授从历史发展角度，分析了美国科技带动经济发展的情况。他在《美国经济发展史》中指出："20 世纪的科学成就及其所创造的物质财富，大大超过了以往数千年的总和。美国强大的经济实力正源于其背后有着强大的科技实力。美国之所以成为站在当今知识经济浪潮前头的国家，绝非一日之功。"

回顾美国过去一个世纪的发展历程，基本上验证了创新是提升国家竞争力、增强国家国力、创造就业和不断提高生活水平的重要动力。美国政府非常重视科技创新，第一部美国宪法就提出，教育与科学事业不受任何干预独立发展。1990 年，美国商务部实施了“先进技术计划（ATP）”；1993 年 11 月，美国破天荒地在白宫内设立了以国家领导人为首的国家科技委员会，与国家安全委员会、经济委员会三足鼎立；后来，政府又陆续颁布和实施的《国家创新议程》、《美国竞争力计划》和《美国竞争法》等。这一系列立法、制度、措施都反映出美国政府对科学研究与开发、教育、基础设施投入的支持，不仅形成了良好的创新环境基础，也建立了一个良性创新生态系统。新的研究与开发创造新的产业和产品，这需要教育体系能保证劳动力具备必要的技能，满足创新对研究人员的需求，从而迫使强化教育；不断更新基础设施刺激研究与开发，又需要教育系统不断转化新的创新人员，这样一个生态的循环系统，造就了美国的地位。

然而，现在也有了不同的声音：美国的创新能力有所下降。泰勒·考恩作为美国炙手可热的非主流经济学家、名博博主，2011 年在《大滞胀》（曾两度跻身《纽约时报》最畅销电子书）中提到美国正处在大停滞时期，罪魁之一是美国自 1973 年以来，科技创新的步子大幅放缓。美国《财富》杂志著名专栏作家克里斯·马修斯写了一篇《为什么在创新领域中国已然赶超美国》的文章，严肃地讨论了目前美国在研发创新领域的停滞。而这些发声，都是为了让美国政府引起注意，注重科技创新的重要性，注重在创新上的投入。

麦肯锡在 2015 年 10 月出品《量化中国创新的力量》的报告中指出：目前，中国每年的研发投入在 2000 亿美金，在工程和科学领域产生的 PHD 有大约 3 万人，同时专利申请的数量也居世界之首（2013 年大约在 82 万项）。2016 年度自然指数排名（Nature Index 2016 Tables）榜单上，中国是全球第二大高质量科研论文贡献国。虽然仍排在美国之后，但在前 10 名中分值增幅最大，不得不说，世界上有越来越多最好的研究是在中国发起、主导和完成的。

根据以上数据的比较，我们会发现，中国也在悄悄发生变化，国民逐步意识到创新创业是国家发展之根，是民族振兴之魂，并在一步步地进行努力的变革。

党的十六大以来，国家制定实施了科技、教育、人才三项中长期发展规划纲要，科技和教育投入大幅增加，重要科学前沿和战略必争领域取得了一批重大创新成果。胡锦涛同志曾深刻指出：“使一切创新想法得到尊重、一切创新举措得到支持、一切创新才能得到发挥、一切创新成果得到肯定。”这“四个一切”表明，创新是推动社会发展的根本动力，是人才强国战略得以实现的根本保证。

近几年，国家对于创新投入及重视程度越来越明显。党的十八大报告在论述加快完善社会主义市场经济体制和加快转变经济发展方式时明确提出，要实施创新驱动发展战略，即把创新在中国经济发展中的位置提得更高，科技创新是提高社会生产力和综合国力的战略支撑，摆在国家发展全局的核心位置。自党的十八大以来，在习近平总书记的公开讲话和报道中，“创新”一词出现超过千次，可见其受重视程度。这些论述涵盖了科技、人才、文艺、军事等方面的创新，以及在理论、制度、实践上如何创新。

1.2.2 创新系乎于人才

现在很多企业，对不断开发新技术和新产品相当重视，他们认为只有抢占新技术和新产品的制高点，才能取得竞争优势。

其实国势之强弱，实际系乎人才。

2010 年，国务院颁布《国家中长期人才发展规划纲要（2010—2020）》，确定了“服务发展、人才优先、以用为本、创新机制、高端引领、整体开发”的指导方针，把突出培养造就创新型科技人才作为新时期人才队伍建设的主要任务。《国家中长期教育改革和发展规划纲要》中提出坚持以人为本、推进素质教育是教育改革发展的战略主题，核心是解决好培养什么人、怎样培养人的重大问题，重点是面向全体学生、促进学生全面发展，着力提高学生服务国家人民的社会责任感，培养勇于探索的创新精神和善于解决问题的实践能力。

大学生是最具有创新、创业潜力的群体之一，因此深入推进高等学校创新、创业能力教育改革更是高校发展的重要工作。

《教育部关于做好“本科教学工程”国家级大学生创新创业训练计划实施工作的通知》（教高函[2012] 15 号）明确提出“通过实施国家级大学生创新创业训练计划，促进高等学校转变教育思想观念，改革人才培养模式，强化创新创业能力训练，增强高校学生的创新能力和在创新基础上的创业能力，培养适应创新型国家建设需要的高水平创新人才。”

《关于深化高等学校创新创业教育改革的实施意见》（国办发［2015］36 号）也指出“坚持创新引领创业、创业带动就业，主动适应经济发展新常态，以推进素质教育为主题，以提高人才培养质量为核心，以创新人才培养机制为重点，以完善条件和政策保障为支撑，促进高等教育与科技、经济、社会紧密结合，加快培养规模宏大、富有创新精神、勇于投身实践的创新创业人才队伍。”

国家提出的这一系列对于高等学校培养创新型人才的纲领性文件，通过不断深化教育教学改革，在专业教育基础上，以转变教育思想、更新教育观念为先导，以提升学生的社会责任感、创新精神、创业意识和创业能力为核心，以改革人才培养模式和课程体系为重点，大力推进高等学校创新创业教育工作，不断提高人才培养质量。

在我国，土木建筑业目前已成为国民经济名副其实的支柱产业。截至 2015 年年末，我国建筑业企业共有 80911 家，建筑业从业人数 5003.4 万人。2015 年建筑业增加值占 GDP 的比例高达 6.86%。

土木建筑业一直都在快速奔跑：第一，从 2006 年以来，以国家重点工程和交通枢纽工程项目建设、城市公共交通等基础设施建设、房地产开发、交通能源建设为主体的基本建设市场蓬勃发展。第二，现在国家在大力推进城镇化建设，城镇化是我国现代化建设的必由之路，也是保持经济持续健康发展的强大引擎。在城镇化建设的带动下，房地产、建筑业等行业将继续保持增长趋势。第三，随着国家重视环境保护和建设资源节约型社会，保证建筑的节能环保、绿色多功能和舒适性，是我国建筑业发展的必由之路。

面对这样一个好的发展环境和氛围，我国的土建业是否能够顺势而上呢？目前，我们必须面对这样一个现实：我国的土建业企业规模呈“金字塔”状，即存在极少量大型企业、少量大中型企业和数量庞大的小微型企业。同时，大部分企业都存在产业集中度低、规模较小、技术粗糙、过度竞争等问题；从业人员则存在数量庞大、知识层次和劳动生产率整体较低、技术创新缺乏这一系列弱点，进而导致建筑工业化发展水平不高。另外，无论在设计理念、科技研发、工厂化制造、现场管理，还是在城市规划、建筑管理体制、建筑建材业联动发展、产业链配套延伸发展等方面都与发达国家建筑行业水平存在明显差距。虽然，土建行业早期一直是跟踪国际发展的状态，处于“模仿”“照抄”“照搬”模式较多，很难做到超越，有自己的独创性。但是，随着社会经济的发展，先进材料、信息技术、传感技术与控制技术等高新技术向土木工程的渗透，以及土木工程建设市场的开放，如今，土木工程施工和监理相关的企业也逐渐改变了过去的单一经营模式，并试图横向全面发展。山区高速公路、大型桥梁隧道工程、超高层建筑工程、特大型水利水电工程和港口航道工程等各项工程的技术难度不断提高，与国际化接轨越来越密切，行业对于专业化、创新性人才的要求越来越高。

国际土木工程未来的发展方向也迫使我国必须加速土木工程各学科的创新。例如，在结构工程领域，国际上提出了智能结构、基于性态的结构设计原则、可持续结构工程等一系列的新理念。我国结构工程在未来表现出的基本走向：结构材料向高标准、多功能方向发展；结构形式向自感知、自适应、自修复的智能结构方向发展；结构设计理论向精细化、全寿命、可生成方向发展；结构实验技术向复杂受力与复杂环境下的本构关系、大型复杂结构的协同试验两极发展；工程系统全局设计的思想与理念深入研究。在未来，我国桥梁工程学科发展的突破点和超越点主要表现在以下几点：超大跨度桥梁的结构体系和极限跨径、大型桥梁全寿命结构设计理论与方法、桥梁结构响应的数值模拟方法及其应用、大跨度桥梁抗震抗风设计研究的规范化、桥梁结构的精细化设计与施工方法和桥梁结构健康监测与振动控制技术等。而岩土学科发展前沿主要为以下几方面：岩土体破坏理论、岩土工程数值分析方法、地下工程施工力学和逆问题、岩土工程信息技术、复杂环境中岩土介质性态研究。跟得上学科发展前沿，才能够做到“超越”，土建类各个分支学科的发展，最终都会应用到工程实践，为解决这些问题，优秀的、特别是具有创新精神和能力的土木工程专业人才的培养显得尤为必要与迫切。

我国不仅需要在相当长时期内快速发展土木工程建设，还需要跟得上国际上发达国家开展的现代土木工程研究，这都强烈地表现出我国对创新人才的需求。另外，以人为本、更多考虑环境及能耗等多学科交叉特征，国际交流、合作和竞争也都是创新发展的大势所趋，这些不仅是土建领域必须进行创新的一个重要缘由和目的，也将对当前及未来土木工程专业人才的培养提出更高的要求。

1.3 创新与传承

传承，从字面上来看，即传播与继承。传承可以从两个角度来理解：一个角度是横向交流传播，使传承的内容具有多样性；另一个角度是纵向继承发展，使传承的内容具有延续性。总之，传承就是传播、继承、发扬所有值得保留下来的传统。

世界上各个民族的繁衍最终都归结于文化的传承，没有人一开始就会创造事物，每件事物的产生都是经过几代人乃至几百代人不断地改造和发展，逐渐形成今日的模样，在今后的岁月里，也会由后人在此基础上创新改造，不断完善。只有这样，人类的生活水平、思想层面才能不断提高。通过传承，一方面，后人可以少走很多弯路，在前人探究的基础上进行深层次发展，避免了时间的浪费和过程的重复；另一方面，传承这种习惯一旦形成，将一代代传递下去，前辈的成果和精神很好地保留下来。一个学校、一个民族、一个国家只要有了这种习惯，凝聚力将空前提高，也能更好地在这个社会竞争逐步激烈、世界全球化的背景下保持独立，创立更好的成就。

推陈出新、继承创新、传承发展，是推动发展的规律。陈和新、传承和创新发展不是对立的，传承是基础，在传承基础上的创新，才符合积累、提高的规律。传承是创新的基础和源泉，创新渗透于传承之中。创新的过程既是一个改造传统的过程，又是一个创造新事物、发展先进事物的过程。创新离不开对传统的继承，继承是创新的必要前提，这是创新必然要经历的过程。对一个国家、一个民族来说，如果藐视对传统的批判性继承，其民族的创新就失去了根基。传承的广度和深度决定了创新的广度与深度。传承不仅是创新的必经阶段，也为创新指明了发展方向。传承是创新的根本和灵魂，创新是传承的途径和升华：传承为创新注入深厚的生命力，创新为传承提供丰富的表现力。没有传承的积淀，创新就难以维系。同时，创新的目的就是更好地传承，没有创新的突破，传承就难以延续。二者紧密联系，相辅相成，共同推动了人类文明科技的发展。我们今天享有的一切成果，都是在世代传承和创新的基础上形成的。

习近平总书记在谈中国优秀传统文化时说："不忘本来才能开辟未来，善于继承才能更好创新。要处理好继承和创造性发展的关系，重点做好创造性转化和创新性发展。"

传承与创新相互依存、相互作用、相互渗透，它们的辩证关系要求大家要做到二者的有机结合和统一。传承与创新构成一个"传承—创新—再传承"循环圈，是一个永恒运动的前进过程。一方面，要着眼于继承，绝对不能离开传统空谈创新。任何时代的学生创新能力的发展，都离不开对传统的继承。任何形式的学生创新能力的提高，都不可能抛弃传统而从头开始。而缺少了传承，创新便会成为无源之水，无本之木。可见，继承和创新是不可分的，只有在"取其精华，去其糟粕"的传承中，创新才是可取的。另一方面，实现创新，需要博采众长。创新的过程，实际上也是交流、借鉴、融合的过程，是学习和吸收各行各业的优秀成果、发展本专业的过程，是不同领域之间相互借鉴、取长补短的过程。创新的过程中，必须以世界优秀成果为营养，充分吸收其有益成果。马克思作为世界无产阶级的革命导师，用毕生的心血写成了光辉巨著《资本论》，他的创新精神鼓舞了一大批的仁人志士为社会的进步而奋斗。诚然，大英博物馆的一桌一椅见证了他冥思苦想之后的豁然开朗，之后的奋笔疾书，见证了他那前无古人后无来者的理论。但是如果没有前人的专著和摘抄资料供其参阅，以及圣西门、傅里叶他们的空想理论供其参考，他也无法成功。或者可以断言，如果没有这些，《资本论》也许不会这么快地完成。

在大学生创新实践过程中，优秀的作品同样离不开学生的传承和创新。低年级同学在创新实践的过程中，往往由于专业知识的匮乏和竞赛经验的欠缺，很难取得满意的结果。然而，若高年级的同学愿意将自己的实践经验与之分享并愿意协同低年级同学一同参与，成绩则会有大幅度的提升。第一年，高年级是主力，低年级是助力；第二年，助力即成为主力并帮助下一届的助力。这样逐届学习和传承下去，对前辈的经验"取其精华"，并在此基础上“革故鼎新”，才能不断完善和进步。例如，近年来，为保障创新训练和参与学科竞赛的团队能够可持续发展，河海大学土木与交通学院构建“造血”—“输血”薪火传承体制，从大一到大四遵循“挖掘—辅赛—参赛—教练”发展轨迹，四年磨剑，形成“学生成长，并反哺于学生”的高效传承接力创新的培养方法。

1.4　创新型土建工程示例

如前所述，创新是提升国家竞争力、增强国家国力、创造就业和不断提高生活水平的重要动力。下面就简单结合一些具体土建工程实例，管中窥豹创新的魅力及其给社会所带来的巨大变化。

1.4.1　中国京沪高速铁路

京沪高速铁路是国家战略性重大交通工程，起自北京南站，途经北京、天津、河北、山东、安徽、江苏及上海，终到上海虹桥站，全长 1318km，全线共设 24 个车站，如图 1-4 所示。

图 1-4　中国京沪高速铁路

项目概况：该工程于 2008 年 1 月 16 日开工建设，2011 年 6 月 30 日竣工通车，2013 年 2 月 25 日通过国家验收，总投资 1958.88 亿元。全线正线桥梁长约 1060km，隧道长约 16km，路基长约 242km。包括引入既有线的联络线等工程在内，主要实物工程量为：路基土石方 5669 万 m^3，桥梁长约 1168.8km，隧道长约 17.9km，无砟轨道正线长约 1298.6km，牵引变电所 27 座。

创新之处：①高速铁路复杂结构桥梁建造技术创新，采用大量新结构、新材料、新工艺，解决了在温度场、风场环境下车辆、线路、桥梁之间的关系问题以及高速状态下结构变形等问题，最有代表性的是南京大胜关长江大桥，主跨采用双连拱形式，每拱跨度达 336m；②大跨度桥梁承载六线重荷载，研发使用了 Q420QE 新型桥梁钢，实现了钢桁拱桥架设空中多点精确合龙；③高速铁路超长高架桥上无砟轨道无缝线路建造技术创新，达到国际先进水平，解决了桥梁—无砟轨道—无缝线路、高速车辆—道岔—纵连无砟轨道—桥梁之间原本存在的问题；④复杂工程环境下高速铁路路基刚性桩复合地基成套技术创新；⑤高速铁路接触网大张力和材料关键技术等的创新。

在京沪高速铁路工程建设中，设计理念、建设技术和管理体制的创新，形成了我国高速铁路建设的创新模式，完善了我国高速铁路建设标准体系。

1.4.2　中国国家体育场（鸟巢）

国家体育场是北京 2008 年第 29 届奥运会主会场，承担开闭幕式和田径比赛，可容纳观众 91000 人，如图 1-5 所示。

项目概况：工程于 2003 年 12 月 24 日开工建设，于 2008 年 6 月 10 日竣工，位于奥林匹克公园中心区，占地面积 20km^2，总建筑面积 258000m^2。体育场建筑造型呈椭圆的马鞍形，南北向长 333m，东西向宽 280m，外壳由 42000t 钢结构有序编织成“鸟巢”状独特的建筑造型；钢结构屋顶上层为 ETFE 膜，下层为 PTFE 膜声学吊顶。内部为三层预制混凝土碗状看台，看台下为地下 2 层、地上 7 层的混凝土框架-剪力墙结构，基础形式为桩基，建筑物高 69m。

图 1-5 中国国家体育场——鸟巢

创新之处：①针对复杂的结构体系，研究矩形钢管永久模板混凝土斜扭柱施工技术并应用；②在基础工程桩基工作上，通过现场试桩研究确定桩基设计施工有关参数、成桩工艺、单桩设计参数、桩土共同工作效应和群桩效应；③应用非预应力薄壁预制清水混凝土看台板技术；④采用国内首次试制、批量生产的 Q460 高强特厚板，并在国际上首次提出了此类钢材 110mm 厚板的焊接技术；⑤研究了钢结构工程箱形弯扭构件及多向微扭节点制作与应用技术，在建筑钢结构制作领域填补了国内空白；⑥采用大跨度马鞍形钢结构支撑卸载技术填补了国内外大跨度、复杂空间钢结构工程支撑卸载技术的空白；⑦成功研制并应用了大体量钢结构、高要求的钢结构防腐技术，取得了很好的工程效果。

该项目建立了国家体育场工程总承包信息化管理平台、工程资料协同管理系统、钢结构信息化系统、4D 施工管理系统，采用了视频监控和红外安防系统、雨洪利用系统、空调水管道沟槽连接技术、虹吸屋面排水技术、综合布排平衡技术等，并进行了紧急状态疏散计算机模拟分析技术、体育场内微气候研究与控制、专业声学设计与模拟、供配电系统等关键技术的研究。

1.4.3 美国纽约帝国大厦

美国纽约帝国大厦作为世界上早期的标志性高层建筑，是高层建筑发展中的一座里程碑，是世界七大工程奇迹之一，它保持世界最高建筑之称达 40 年之久，如图 1-6 所示。

项目概况：1930 年建造，占地面积为 0.8km^2，共 102 层，建造价格为 6700 万美元，建筑高度（地面离天线高度）448.7m，主要采用建造材料为花岗岩、印第安纳砂石、钢铁、铝材等，结构形式为钢筋混凝土筒中筒结构。该大厦自下向上逐渐分段收缩，略呈阶梯形（图 1-7）。

图 1-6 美国纽约帝国大厦外景图

创新之处：为加强整个建筑物的侧向刚度，在中央电梯区的纵横向都设置了钢斜支撑，所用钢构件均用铆钉和螺栓连接。钢结构外包炉渣混凝土，以加强整个框架结构的侧向刚度。该工程用钢指标约 206kg/m^2。完工后对帝国大厦量测得到的频率估算表明，实际建筑物的侧向刚度是裸露框架结构的 4.8 倍。

图 1-7　美国纽约帝国大厦施工过程图

1945 年，一架 B-25 轰炸机因为迷航撞进该大厦的 78～79 层，仅造成局部建筑的毁坏，对全楼无致命危害，事故两天后大厦正常开放，这也从侧面充分体现了该建筑物结构侧向抗冲击设计的完备性和先进性。

1.4.4　美国南加州大学医院

南加州大学医院于 1991 年建成，位于美国南加州方塔纳市的一栋新建医院，如图 1-8 所示，拥有 314 个私人病房、心脏病治疗中心、儿科中心和 51 张病床的紧急门诊中心。医院结构主体包括一个 3 层诊疗中心和一个 8 层护理中心。

项目概况：南加州大学医院地上 7 层，地下 1 层，建筑面积 33000m^2，占地 4100m^2，标准层高约 4.57m，总高度约 32.31m，两个主轴方向的最大尺寸分别约为 119.34m 和 89.38m。

创新之处：南加州大学医院结构不同于传统的抗震结构，采用了橡胶支座隔震技术，包括铅芯多层橡胶隔震器和多层橡胶隔震器，用来减少地震对结构的影响和损害。

图 1-8　美国南加州大学医院（隔震结构）

1994 年 1 月，美国圣费尔南多谷发生 6.8 级直下型地震，死亡 56 人，伤 7300 人，损失惨重，震区内共有 8 座医院，唯独南加州大学医院，因为采用了橡胶垫隔震技术，医院里的人只感到了轻微的晃动，手术室里，医生只是暂停了半分钟，然后继续手术。而包括橄榄景医院在内的其余 7 座医院，只采用常规的抗震设防设计，虽然没有在强震中倒塌，但各种器材、药品在震波中晃落在地，医院无法正常工作。南加州大学医院在这次地震及其后的余震中，6～8 英尺（1 英尺= 0.3048m）高的花瓶没有一个掉下来，建筑物内的各种机器均未损坏，医院功能得到维持，成为本次地震的防灾中心。图 1-9 就是南加州大学医院这栋 8 层医院结构体系在当时地震时的振动记录，其基础加速度为 0.49*g*，而顶层加速度只有 0.21*g*，加速度折减系数为 1.8。而附近橄榄景医院，采用了传统的抗震结构，其底层加速度为 0.82*g*，顶层加速度为 2.31*g*，加速度放大系数为 2.8，由此可见橡胶支座隔震系统的优越性。

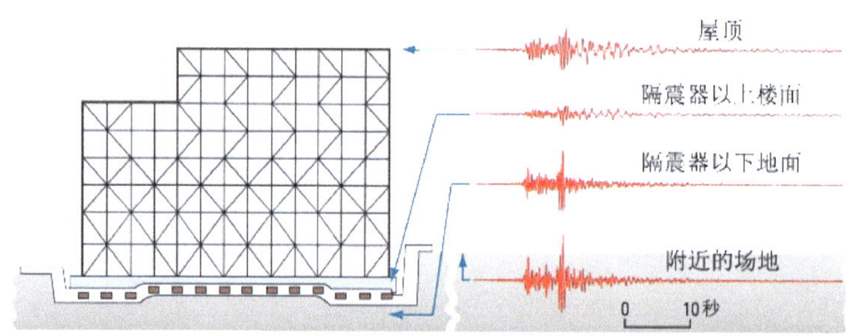

图 1-9 地震下南加州大学医院结构体系的振动记录

思考题

1．你眼中的创新是什么？

2．你的高校所在的城市是否有创新型建筑代表？请说明其创新特征所在。

第 2 章　创新能力及人才培养

2.1　创 新 过 程

创新能力的培养是一个系统工程，创新不是一蹴而就，而是一个需要循序渐进的过程。全面了解创新活动的过程要素，并且在创新能力培养过程中定向把控，是创新人才培养的重要因素。创新活动过程一般可分为“观察、思考、交流、实践”四个阶段。观察就是创新活动中发现问题阶段，思考属于创新活动中分析问题和初步提出解决方案阶段，交流则是方案的修改和完善阶段，实践是实施解决方案并检验、应用创新成果阶段。在创新活动中，各阶段无缝对接，才能最终实现创新目标。

上海中心大厦（图 2-1）作为上海陆家嘴地区最后一座重要超高层建筑，所运用的设计理念、绿色技术、施工方法等，都离不开“创新”二字。上海中心大厦的设计中标者是美国甘斯勒室内设计公司，设计超高层建筑对一个室内设计公司来说，挑战是前所未有的，但是其出色的理念和先进的技术方案为他们赢得了最后的胜利。下面就以上海中心大厦的施工建造过程为例，介绍创新过程各个阶段的核心工作。

图 2-1　上海中心大厦外景图

2.1.1　创新观察阶段

创新观察是通过感觉器官、科学仪器等获取创新信息的手段，创新观察是人类进行创新活动中关键性的第一步，敏锐的洞察力和观察力是进行创新的先决条件。

创新观察阶段包括两个步骤：一是观察问题，即观察现有对象的相关信息和状态；二是发现问题，即通过观察和思考，找出现有对象不完善的地方。

在创新观察阶段，甘斯勒团队注意到了三个问题。

（1）陆家嘴地区已经有环球国际金融中心和金茂大厦两座超高建筑，如何设计上海中心大厦的外立面，才能构成一个完美的上海城市轮廓是一个极大的挑战。

（2）在寸土寸金的中国最繁华地带，绿色地带极其稀少，所建设的建筑必须是绿色环保的。

（3）针对上海这样的软土基础，且施工环境周围有众多的高层建筑的情况，解决施工基础软弱、施工范围狭隘问题是极具挑战的。

2.1.2 创新思考阶段

创新思考作为创新活动的核心和灵魂，是贯穿创新活动的主线。创新思考阶段包括分析问题和提出解决问题的方案两个步骤：首先分析问题，即分析和思考现有对象中各因素的利弊以及相互之间的关联性与矛盾性；其次提出解决问题的方案，即经过调整，设计出初步的计划和方案。

针对观察阶段提出的三个问题，甘斯勒团队创新性地提出如下设计方案。

（1）为了保持与另外两座高层建筑的整体协调性，甘斯勒团队将金茂大厦的宝塔式外观定义为代表过去的建筑，而将如刀剑出鞘般犀利的上海国际金融中心定义为代表现在的建筑，自己即将打造的上海中心大厦将是代表未来的建筑，在建筑高度上形成一个上升的等差数列，构成一个由古到新、由低到高的整个外滩形象。

（2）甘斯勒团队致力于打造一座最绿色环保的超高层建筑，运用到了双层玻璃幕墙结构，两层玻璃幕墙之间存在温度缓冲区，大大减少了采暖制冷的能耗。同时针对中心商务区绿地面积稀少的问题，在双层玻璃幕墙之间每 10 多层做一次隔断，形成一个高挑通透的中庭空间用来作为建筑内部的空中庭院设计，如图 2-2 和图 2-3 所示。此外在楼顶设置巨型雨水收集槽，构成一个水循环系统，大大减少了建筑的用水量。

图 2-2 上海中心大厦的双层玻璃幕墙结构示意

图 2-3 上海中心大厦的中庭效果图

（3）针对上海地区的超软土地基问题，设计师采用灌浆填缝摩擦桩的方式来解决这一难题：预先埋置 3 根灌浆管道，然后浇筑混凝土桩，在混凝土桩基半干的时候，在灌浆管道内进行注浆，通过高压浆液从管道内向下流动，从桩底向桩周扩散，直至填满整个桩身，使桩基承载力大大提高。

2.1.3 创新交流阶段

创新交流阶段是修改和完善初步方案的一个步骤，初期方案肯定不够全面，同时每个人对问题的认识和思考也有所不同。但是，可以通过广泛的交流，集思广益，拓宽视野，汲取相关成果的精华，修改和完善拟进行的方案，从而为方案的执行和创新活动的实践打下基础。

在拟定方案过程中，针对双层玻璃幕墙投资巨大，投资商拒绝如此大的投入这一问题。甘斯勒团队的首席设计师亚瑟甘斯勒和中国设计师夏军不断地讨论优化方案，将建筑外形最初两个正方形之间的旋转修改为内圆外方，经过团队内部交流之后，最终修改为内圆外三角的形式，并且柔和边角以减少风压带来的荷载影响（图 2-4）。

图 2-4　内圆外三角的横截面结构形式示意图

2.1.4　创新实践阶段

创新实践作为创新活动的收官阶段，承担着检验、推广和应用创新成果的重任，是创新成果获得社会认可的根本保证。创新实践阶段包括实施解决问题的方案和检验、推广创新成果两个部分：一部分为尝试解决问题，即有效实施解决问题的方案；另一部分为在实践过程中发现和记录相关问题，并及时完善和调整方案，从而能进一步促进创新成果的应用和推广。

实际上，上海中心大厦的施工过程也是挑战重重。在基础开挖、基桩浇筑、材料机械运输、材料性能、监测检验等方面遇到多种问题。为防止出现“楼倒倒”的现象，需要挖置直径 121m、深 30m 的基坑，该巨型基坑在施工过程中主要遇到支护问题、涌水管涌问题，但通过提前预降水、在保护对象附近形成封闭的隔水帷幕、放缓挖方进度等方法，这些问题也得到顺利解决。2015 年底，上海中心大厦施工落成，构成了上海最繁华地带最凝聚创新精神的建筑，如图 2-5 所示。

图 2-5　上海中心大厦俯瞰图

总而言之，无论是自然科学领域的创新还是社会科学领域的创新，无论是知识创新还是技术创新，无论是管理创新还是方法创新，创新活动的过程一般都会经历这四个阶段。而且这四个阶段是循序渐进、融会贯通的，如每个阶段都需要交流，都需要观察和思考，没有绝对的界限，实际上如果将创新过程细化，又可分为以下 7 个步骤：观察问题、发现问题、分析问题、提出解决问题的初步方案、修改和完善方案、尝试解决问题、检验创新成果。

2.2　创新者能力培养

创新的核心在于人才培养，在于创新人才能力的培养。创新能力是技术和各种实践活动领域中不断提供具有经济价值、社会价值、生态价值的新思想、新理论、新方法与新发明的能力。当今社会的竞争，与其说是人才的竞争，不如说是人的创造力的竞争。那么创新者到底需要具备哪些能力，该如何培养？

2.2.1 自我创新能力

人人都有自我创新的能力，这种能力来自人的本性，但由于很多人并没有意识到这一点，所以创新能力不能恰当地发挥出来。要想将个人的创新潜能转化为创新能力，自我创新能力的开发就显得尤为重要了。自我创新能力开发包含以下三个素质。

1. 勇于打破思维定式

思维定式（Thinking Set），也称“惯性思维”，是由先前的活动而造成的一种对活动的特殊的心理准备状态，或活动的倾向性。在环境不变的条件下，它能帮助人应用已掌握的方法迅速解决问题。然而，在情境发生变化时，它会妨碍人采用新的方法来解决问题，而消极的思维定式，更将成为束缚创造性思维的枷锁。

要想突破“思维定式”，势必要坚守创新意识的信念。坚守创新意识的人绝不满足于现有的东西，而是对现有的东西不断加以改进，探索创造出新的东西。在实践工作中，要冲破一切妨碍发展的思想观念，突破思想的保守性、局限性，用新观念、新思维研究新情况，用新举措、新办法解决新问题。在港珠澳大桥隧道的建设中就有这样的例子。全世界的节段式沉管漏水率平均在 10%左右，要做到几千米长的 100%水密更是很难想象的，我国工程师就打破常规，通过多项技术革新，他们在 40 多米深的水下为沉管基床底部铺上 2～3m 的块石并夯平，创造一种新的复合地基，使沉管的沉降值大大缩小，平均值在 5cm 左右，他们的沉管预制水准被国际同行评价“绝对是世界一流的”，从而做到了滴水不漏。如图 2-6 所示，其中沉管基础、沉管预制、沉管岛上段等是需要实验及需突破界限的工程；深插钢圆筒、半刚性沉管结构、外海沉管安装系统、沉管最终接头等工程做出了技术创新，并在历史上第一次应用。最终港珠澳大桥以 64 项创新技术，贡献于世界沉管隧道工程。

图 2-6 港珠澳大桥隧道沉管

2. 锻炼创新精神

1）首创精神

首创是创新最本质的特征，首创精神是敢为天下先的勇气，是探索未知的胆识，这就是创新之魂。法国著名的管理学哲理家法约尔认为：“想出一个计划并保证其成功是一个聪明人最大的快乐之一，这也是人类活动最有力的刺激物之一。”这种发明与执行的过程体现的就是人们所说的首创精神，如曾经的世界第一高楼台北 101 大厦（图 2-7），由台湾著名建筑师李祖原主持设计，是世界首创的多节式摩天大楼，同时也是世界唯一一座建在地震活动带的超高层建筑。大厦造型宛如劲竹节节高升，柔韧有余，中心则由水平的巨型悬臂桁架连接 8 根超级坚固的巨柱组成，这些巨柱就像有弹性的脊椎让大楼有弹性，虽然该项技术已经被其他工程建筑应用过，但 101 大厦的柱子尺寸将工程技术推进了一个新境界。此外，大楼的锯齿角可以大幅度降低周围的风力，并且避免了小型旋涡的形成，由此大大减少了大楼的晃动。特殊的外观造型和结构设计完美地解决了超高层建筑抗风和抗震的难题，使 101 大厦成为世界最稳固的大楼之一。

2）献身精神

献身精神是一个较为模糊的概念，在不同的层面具有不同的解释，笼统来说就是当一件事情可以通过牺牲小我来完成大我，就需要我们具有献身精神，这其实是一种信念。孔子曰“朝闻道，夕死可矣”说的正是为理想而殉道的信念；曹雪芹叙述创作《红楼梦》期间“披阅十载，增删五次”的情形时，留下了“满纸荒唐言，一把辛酸泪！都云作者痴，谁解其中味？”这样的诗句。这些记载着作者创新、创造过程之艰辛的诗文，真实反映出想要追求创新，取得革命性的突破，就必定要付出一定的代价，做出相应的个人牺牲。

南京长江大桥（图 2-8）是长江上第一座由我国自行设计建造的双层式铁路、公路两用桥梁，它的建成开创了我国“自力更生”建设大型桥梁的新纪元。美国桥梁专家华特尔曾在 1927 年来南京实地勘察后留下一句话：在南京造桥，不可能。而在南京长江大桥建造初期不仅遇到严重的经济困难，苏联专家撤走，钢梁供应中断，而且大桥施工环境恶劣。面对这些问题，工程师和工人并未放弃，而是努力付出，不怕艰辛，积极发扬牺牲小我的精神，最终在这个“不可能”的地方，用自己的聪明才智建起了一座“争气”的大桥。

图 2-7　台北 101 大厦

图 2-8　南京长江大桥

3）求是精神

追求真理，乃“求是”之本。例如，著名历史学家、古典文学研究专家傅斯年说：“上穷碧落下黄泉，动手动脚找东西。”说的也正是他对学术的严谨和执着。又如当代著名的科学家、教育家竺可桢曾在“科学方法与精神”一文中对“求是精神”内涵作了进一步阐述：“近代科学的目标是什么？就是探求真理。科学方法可以随时随地而改换，蕲求真理也就是科学的精神，是永远不改变的。”

在实际工程中也不乏求真求是的经典案例，如过去人们曾一度认为“中古世界七大奇迹”之一的比萨斜塔是故意被设计成倾斜的，但事实并非如此。作为比萨大教堂的钟楼，

1173年开始建造时的设计是垂直竖立的，然而在建造初期钟楼就开始偏离了正确位置，工程因此暂停。1231年，建造者采取各种措施修正倾斜，刻意将钟楼上层搭建成反方向的倾斜，以便补偿已经发生的重心偏离，然而进展到第7层时，由于纠偏过度，1278年工程再次暂停。直至1360年钟楼开始最后阶段的建造，当时的建筑师为了探究地基的形态，在原本密封的斜塔地基周围进行了挖掘，希望揭示圆柱基础和地基台阶是否与设想的相同。虽然这一行为使得斜塔倾斜加剧了20cm，但是对斜塔倾斜的本质原因有了明确认识：比萨斜塔之所以会倾斜，的确是由于其地基下面有好几层不同材质的土层，由各种软质粉土的沉淀物和非常软的黏土相间形成，而在深约1m的地方则是地下水层。针对倾斜原因，斜塔又经过11年修缮，塔身被扶正了44cm，并达到300年内不会倒塌的效果。

建设者为探求事故本质原因的行动由于缺少技术的护卫而确实显得有相当的冒险性，不过正是这些研究才使得比萨斜塔的加固工作有了革命性的进展，这种面对工程难题坚持以客观事实和正确的科学原理为指导来进行处理的求是精神，还是值得学习的。

3. 夯实创新基础

1）增强自信心

自信，就是一个人对自己能够达到某种目标的乐观充分的估计。拥有充分自信心的人往往不屈不挠、奋发向上，因而比一般人更易获得各方面的成功。培养自信心的方式主要有以下几种。

（1）经常关注自己的优点和成就。将自己的优点和成就列出来，写在纸上，至少写出五个优点和五项成就。对着这张纸条，经常看看、想想，强化自己对于自身长处的了解。在从事各种活动时，想想自己的优点，并告诉自己曾经有过什么成就。这叫做“自信的蔓延效应”。这一效应对提升自信效果很好，有利于提高从事这项活动的成功率。

（2）懂得扬长避短，确定恰当的目标。目标太低，太容易实现了，不能提高自信心。但目标也不能太高，目标太高，不易达到，反而对自信心有所破坏。恰当的目标是：用力跳起来刚能碰到。

2）强化兴趣点

古人云：“知之者不如好之者，好知者不如乐之者。”教育家乌申斯基说过：“没有丝毫兴趣的强制性学习，将会扼杀学生探求真理的欲望。”爱因斯坦也有句名言：“兴趣是最好的老师。”兴趣是追求真理的第一步，学生产生了学习兴趣，就能唤起他废寝忘食的学习动力，从而能有持续的精力投入，进行创新实践活动。

2.2.2 预测决策能力

预测与决策是密不可分的，创新者首先应具备准确的预测能力，如果没有准确的预测，将会导致决策失误。预测是决策的基础，决策是预测的实现机会。因此，创新者决策能力的培养尤为重要。培养决策能力必须克服从众心理，在团队、他人的行为正确时，从众者会遵从，但是当团队、他人行为并不合适，而自己又没有勇气反抗时，就会被动表现为依从。此时，决策能力强的人能摆脱从众心理的束缚，做到不拘常规，大胆探索，发出不一样的声音，发现一般人不能发现的问题，并提出独到的见解。

巴林世贸中心是一座高 240m、双子塔结构的建筑物，是世界上首座将风力发动机组与大楼融为一体的摩天大楼，如图 2-9 所示。设计师为了保证世贸中心建筑整体感，避免双塔之间过于空洞、缺乏美感，同时考虑到绿色建筑理念，在双塔之间设置了三个风力发电机组。由于风速随着海拔高度的增加逐渐增强，并且风帆一样的楼体形成两座楼之前的海风对流，也加快了风速。虽然强风速对风力发电至关重要，但也成为施工时面临的一个重要难题。在吊装风力发电机叶片时，第一层叶片由于风速小很快就吊装完成，在吊装第二层叶片时却因风速过大无法施工，直到隔天下午风速稍微减弱，工人把握时机才将叶片吊装到第二层。然而，最后一组叶片才是最大的难关，顶处的风速一直很强，由丹麦施工小组测得风速为 25km/h，超过吊装最高标准 21km/h，如果施工中出现任何失误，将会带来巨大灾难。显然此时不是吊装的好时机，但是如果错过这次机会，或许还要等很多天才可能再次吊起，这是一个困难的抉择。最终丹麦施工小组决定不吊装，因为风险过大，终于他们等到风速降为 23km/h，决定起吊，虽然风速在吊装的时候增强了，施工人员奋力控制叶片，起吊继续，最终第三组叶片顺利到达顶层。丹麦小组的抉择在这一施工过程中起到了至关重要的作用，在关键时刻，关键节点，如何判断，如何抉择，对创新团队来说都是非常艰难的，不拘常规，勇于探索有时候才能取得成功。

图 2-9 巴林世贸中心

2.2.3 应变能力

现代社会发展瞬息万变，每个人都要面临各种困扰，提高应变能力，遇到状况能够以冷静的心态面对显得尤为重要。应变能力主要体现在两个方面：①在变动中辨明方向，持之以恒；②在变化中制定应对策略，体现创意。例如，在实际比赛过程中，针对规则的变动、细节的调整、意外的发生等，需要我们能够冷静对待，努力去克服困难，解决问题。应变能力就是通过及时处理各类实践活动以及实际工程中出现的突发状况而得到锻炼提升的。

堪称“世界七大土木工程”之一的金门大桥，开创了土木建筑史的一系列最字。然而其在建设期间却突遇资金等非技术问题。初期，工程师根据政府的态度，认为政府会提供资金支持。然而，经济危机突然爆发，政府根据项目的经济利益并没有支持大桥的建设。先前也有因资金缺乏而导致项目落马的先例，但大桥的设计者斯特劳斯与工程师并没有放弃，并通过建设工程中的多项管理创新引导金门大桥工程成功打破了资金困境。在筹资方面，设计师斯特劳斯提出成立金门建设协会，游说议会同意有关县区组成一个桥区，并可以通过贷款、发行债券、收取过桥费来建设和维护金门大桥。在工期管理方面，工程师制定了严格的时间规划表，并采用平行工序法（图 2-10），力争相同、相近工序同时完成，以减少工序间不必要的等待时间，节省开支，最终金门大桥顺利完工。

面对如此突发状况，建设者仍然能够提出科学的解决方法以保障工程的成功，这种不乱阵脚的应变能力，对克服重重壁垒走向创新成功具有重要指导意义。

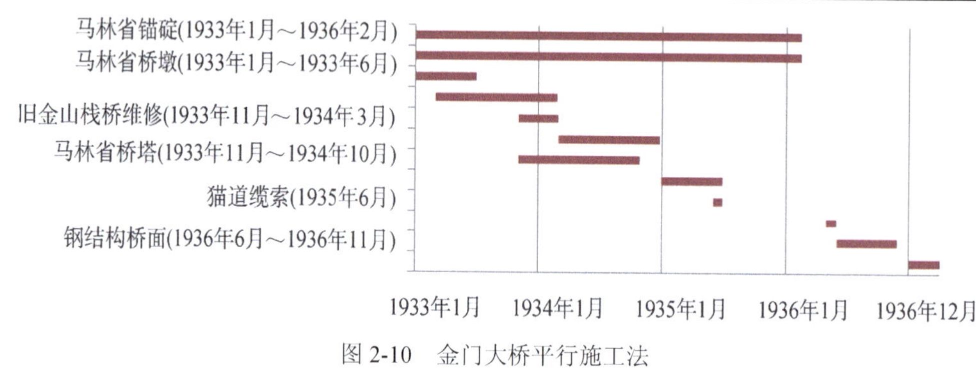

图 2-10 金门大桥平行施工法

以上的经典案例深深触动着大家，实际工程中随时会出现各种突发状况，任何一个状况的处理是否得当都将直接影响工程的安全稳定。有一句老话讲得好：办法总比困难多。面对突发状况，不管是工程师还是施工者，都需要拥有强大的应变能力，并能冷静思考，通过技术手段各个击破。

2.2.4 实践操作能力

在科技成果的发明过程中，往往需要大量的试验与实验，这就需要创新者具有较强的实践操作能力。科技成果向现实生产力的转化，是推动生产快速发展的首要因素，同时，也是实现科技成果产生现实价值的必不可少的途径。因此，我们不仅需要科技成果的创造者，还需要能够实现其转化的运作者、创新者，二者兼能的创新者则更为理想。这一类的创新者，不仅要具备专业知识，还要拥有实际操作的技能，并且这种技能在某种意义上来讲还更为可贵。例如，玛丽·居里若没有掌握提炼技术和实际动手操作能力，她就无法从1t铀矿石中提炼出0.1g的纯白色粉末，那么镭这种新的“放射能”元素也不会被发现。而我国“两弹一星”的成功发射，仅就制作来讲，就需要多方面的、多环节的技师和技能，没有这方面的制作者和创新者，其“上天”也只能是一句空话。从这个意义上讲，“能工巧匠”的高超技术及实际制作、操作能力无疑是非常重要的。

实践是一切生产的最终环节，再多关于创新的想法都需要付之于实践才有意义。建筑师关于建筑外观的构想，常常具有很高的艺术性和审美价值，但是这些方案只有经过结构设计师的设计，才能使其在力学上具有可行性，才能作为一个建筑的设计方案真正被建造出来。一个无法“变现”的创新想法是毫无意义的。

2.3 创新团队组织建设与管理

如何成立一个优秀的创新团队一直是团队管理者比较头疼的问题。其实创建一个优秀创新团队的关键不是创新团队有没有足够的人才供挑选，而在于管理者有没有一个正确的组织团队的观念。无论是经验论、学历论还是形象论的管理者，都希望创新团队中的每个成员都是骨干，都能独当一面，这样创新成果就会蒸蒸日上。在管理者有正确组织观念的前提下，一个优秀的创新团队的构建还要讲究团队成员的相辅相成和互相配合。

恩格斯有一句意义颇深的名言：“人与人之间的差别，比人与猴子之间的差别还大。”

团队建设与管理的关键在人，那就必须做到以人为本，也就是以学生为本。而个人的优秀只代表个人，集体的出色才是更值得称赞的。那么对管理者来说，如何建设与管理一个团队，尤其是组建勇于突破、具有战斗力的创新团队呢？以下几个创新团队组织管理与建设的核心要点应予以重点关注和实践。

1. 团队负责人要注重自身素养的提高，做好团队建设与管理的“头”

团队负责人既是管理者，又是执行者；既是工作计划的制定者，又是实施计划的领头人，作为团队的“头”，其个人素质起着至关重要的作用。要做好这支团队的领头羊，不仅要用平和之心，客观公正地对待每件事和每个人，更重要的是全面提高自身素质。前面提到创新能力包括自我创新能力、预测决策能力、应变能力、实践操作能力。虽说创新需要团队集体的智慧，但作为团队负责人必须全面具备各项能力才能审时度势，把握方向。

2. 在管理者和团队之间取得平衡

管理者和团队成员或团队之间要取得平衡。授权并不意味着放弃控制，给团队成员越多的自由，势必会影响团队凝聚力，管理者不能推脱对团队最终成绩的责任。

好的团队是灵活的，可以在管理者的决策和最适合的团队解决方案之间取得平衡。实际上，在功能完善的团队中，成员相互之间具有高度的信任感，管理者在做出某些决定时不必讨论、也不必解释。相反，无效的团队中缺乏信任感，即使管理者做最明白的事情，团队成员都要质疑。以河海大学组织成立美国土木工程师学会国际学生组织（ASCE-ISG）分会的工作为例。从 2015 年 6 月起，负责具体落实此项工作的河海大学土木与交通学院开始积极组建团队，推进会员申请和参加美国大学生土木工程竞赛的备战工作，到 2016 年 4 月，仅用不到一年的时间就成为 ASCE-ISG 的正式会员（河海大学亦成为近年来中国最快成为 ASCE-ISG 正式会员的高校）。能够高效完成这个既定目标，很大程度上有赖于在此期间，河海大学土木与交通学院作为团队管理者及时掌握进展，动态调整政策，并在一些关键节点（如申请报告、会员选拔、参赛队伍组建等重要环节）积极介入、严格把关，而其余的各项工作则完全授权给学生自行判断解决，管理者和成员或是老师与学生之间的默契配合及合理分工在这个事例中得到了充分体现。

3. 聚拢人才，挖掘精英

一个优秀的创新团队离不开好的创新人才，有一部分人才是创新团队必备的，但是有一部分精英则需要管理者去挖掘，激发潜能。将优秀的人才聚在一起，由点成面，扩大影响力，从而又能以面促点，提升个人能力。当然团队要能吸引人才，它必须有一个严格的规章制度和和谐的团队氛围，同时能够利用和发挥团队每个成员的积极性，如此氛围方能聚拢人才。同时，在吸纳人才时，做到多关注成员的优点和长处，真正的精英团队是做到用其长，避其短，团队和谐发展。另外，优秀的团队中需要有一个闪闪发光的队员，因为取得的累累硕果可以站立在金字塔的顶端，成为团队的核心和支柱，但这并不意味着团队中的其他成员就是无足轻重的。一个优秀的团队是成员的有机结合，各取所长才是精英团队的成功之道。

4. 提升团队凝聚力，鼓励团队成员之间的支持和对抗

团队需要营造一种成员之间互相激励和支持的氛围。在这种环境下，团队成员之间会形成一种内在的凝聚力。他们会对其成员的想法真正感兴趣，愿意接受其他具有专长或经验的决策相关人员的领导和影响。但是，如果团队成员太过于互相支持，他们则会停止互相对抗，成员将会抑制他们个人的想法和感受，不会再互相批评对方的决策和行动，团队决策时将不会出现不同意见，因为没有一个人想制造冲突。如果持续出现这种情况，团队成员很可能产生压抑的挫折感，他们将只是想"走自己的路"，而不是真正解决问题。有效的团队要想办法允许冲突，而又不至于因此使整个团队受损。 不管是全国大学生结构设计竞赛、全国大学生岩土工程竞赛还是全国大学生交通科技大赛，在漫长又艰难的备赛期，团队中摩擦、争吵时有发生，这就需要团队有一个强有力的核心，带领成员化解矛盾，互相理解，互相支持，为了大家共同的目标"劲往一处使"， 全力协作，实现预定目标。

5. 储备后备力量，做好梯队建设

任何团队都会面对成员的更替，如何才能持续地保持战斗力？储备后备力量，做好梯队建设尤为重要。梯队建设就是未雨绸缪地培养人才接班人，做好人才储备。这是一个长期过程，需要一个完善的分级培养与管理机制，同时定期进行人才更新管理。例如，河海大学土木与交通学院学生竞赛梯队的培养方法值得借鉴，针对不同年级的学生特征，学院通过"启迪挖掘"、"观摩辅赛"、"选拔攻坚"、"教练顾问"四阶段（图 2-11），实现覆盖全体本科生全员、全过程的学科竞赛梯队培养，有效实现了从"输血"到"造血"的转变，为后续的赛事做好接力准备，形成了发展梯队，不断地传承发展，团队的鲜活性和传承性得到了保证。仅近三年，学院本科生就获得了全国大学生结构设计竞赛冠军，全国土木专业本科生优秀创新实践成果赛冠军，全国大学生岩土工程竞赛冠军，全国大学生交通科技大赛一等奖（蝉联三届），以及美国大学生土木工程竞赛分区赛钢桥赛和挡土墙赛季军等优异成绩，不能不说梯队建设在其中发挥了关键作用。

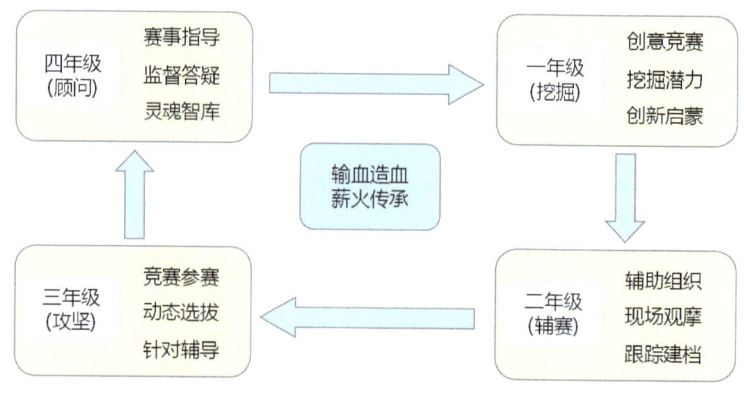

图 2-11 河海大学土木与交通学院学科竞赛梯队建设示意图

6. 营造团队文化，明确共同目标

打造团队精神，首先要提出团队目标，抓好目标管理，没有目标，团队就失去了方向。因此，建立一个明确的目标并对目标进行分解，同时通过组织讨论、学习，使每一个团队、每一个成员都能够理解团队或成员所应该承担的责任、应该努力的方向，这是团队形成合力、劲往一处使的前提。

思考题

1．请分别找出体现本章节创新能力的国际工程项目。

2．你和同学共同参与结构创新设计竞赛，在方案设计阶段，你和队长的想法不一致，并且分歧较大，你会如何处理？若你是队长，你又将如何解决？

第 3 章　创新思维方法

创新思维是指发明或发现一种新方式用以处理某件事情或表达某种事物的思维过程，亦称为创造性思维。它是一个相对概念，是相对于常规思维而言的。一个人的能力高低主要是思维能力在起作用，同样，构成创新能力的核心也是创新性思维能力。众所周知，好的结果的前提是想法正确，即只有正确的思想才能输出正确的结果，因此，创新能力的核心也是创新思维能力。培养和开发大学生的创新思维对青年学生的成长、成才具有极为特殊的意义，是使他们成长为创新型人才不可或缺的重要方面。一个人要想有所发现、有所发明、有所创造，首先要学会发现问题，而发现问题必须借助于创新思维。爱因斯坦曾说过:“提出一个问题往往比解决一个问题更重要。因为解决一个问题也许仅仅是一个数学上的或者实验上的技能而已，而提出新的问题、新的可能性，从新的角度去看旧问题，都需要创造性的想象力，而且标志着科学的真正进步。”只有具备了创新思维，才能在常人以为“不可能”的境地中另辟蹊径，使人们的智慧和能力在超越习常思维的探索进取中得到整合与“裂变”，为人们的创新实践和创造力的发挥扫清道路，指明方向。创新思维对创新实践及整个社会进步具有巨大的推动和加速作用，因此，培养和开发创新思维是培养造就一大批高素质创新型人才队伍，提高团队创新能力，进而增强国家创新能力的重要途径。

创新思维的形式主要包括多向思维、侧向思维、组合思维、逆向思维和前瞻思维，其方法也是多种多样，据不完全统计，目前已提出的创新思维方法有 300 多种。本章将结合一些土建工程中的创新实例来介绍几种典型的创新思维方法，如优缺点互补创新法、逆向思维创新法、组合技术创新法、希望点列举创新法、触类旁通创新法、强制联想创新法、缺点列举法、奥斯本检核表法、头脑风暴法、菲利普斯 66 法等。

3.1　优缺点互补创新法

优缺点互补创新法就是将两种或者多种事物相结合，结合其优点，克服其缺点，取长补短，从而得到新的发明技术。

“十全十美”是人们在日常生活中对美好事物的想象，事实上，没有任何完美的事物，每个事物都有其优点也有其缺点。正因为如此，创新就可以在各个事物之间的优缺点互补中发生。我们经常可以看到这样的现象，两种事物都有各自的优点和缺点，但是其中一个事物的缺点在另外一种事物上呈现的恰好是优点，而我们通过一定的方式，将两个事物的优缺点进行杂糅，很可能会产生另外一个有特点的事物。例如，在互联网商城没有出现之前，我们都知道互联网可以联系很多的人，但是所有的东西都是虚拟的，人们很难建立信任；而实体商店可以很容易建立顾客对商店的信任，但是实体商店所涉及的客户非常有限。通过将二者结合，并建立一定的信用监督，就出现了我们现在看到的互联网商城。

优缺点互补创新法的实施首先需要确定亟待解决的问题，并尽可能多地找出目前解决这种问题的各个方法，将各种方法的优点和缺点列举出来；然后逐条分析各个方法的优点和缺点，找寻它们的相似特征和互斥特征，主要分析一种方法的优点是否可以弥补另外一种方法的缺点；最后通过分析和比较，思考这些特点是否可以通过一定的条件合并在一起，并考虑可行性与成本。

一项发明创造能不能采用优缺点互补创新法创造成功，关键取决于所选取的两个对象是否具有互补性。如果所选取的两个对象优缺点类似，或者两个对象之间的优缺点毫无关联，一个对象的缺点不能被另一个对象的优点克服，则这项发明创造很难通过优缺点互补创新法得以实现。因此，在发明创造之前，对象的选取非常重要，必须选取优缺点互补的两个对象，才能创造一个有用的对象。

钢筋混凝土结构就是优缺点互补创新法应用的典型实例。钢筋混凝土（Reinforced Concrete）是指通过在混凝土中加入钢筋、钢筋网、钢板或纤维而构成的一种与之共同工作从而改善混凝土力学性能的组合材料。混凝土是水泥（通常为硅酸盐水泥）与骨料的混合物。当加入一定量水分时，水泥水化形成微观不透明晶格结构从而包裹和结合骨料成为整体结构。混凝土结构拥有较强的抗压强度（大约 35MPa），但是其抗拉强度较低，通常只有抗压强度的十分之一左右，任何显著的拉弯作用都会使其微观晶格结构开裂和分离从而导致结构的破坏。而现实中，绝大多数结构构件内部都有受拉应力作用的需求，故未加钢筋的混凝土目前极少被单独应用于工程实践中。相较混凝土而言，钢筋抗拉强度非常高，一般在 200MPa 以上，但是钢筋的刚度较低，直接作为建筑材料变形大，隔音效果也很差。因此，通常人们在混凝土中加入钢筋等加劲材料与之共同工作，由钢筋承担其中的受拉应力，混凝土承担其中的压应力部分。钢筋混凝土材料成功地实现了混凝土与钢筋的优势互补，并在一定程度上克服了二者存在的缺陷，从而得到了广泛的应用。

优势互补的前提是两种事物不仅能够在优缺点上互相补充，在其他方面也能够相应地融合。混凝土与钢筋能够优势互补的前提则是：其一，钢筋与混凝土有着近似相同的线膨胀系数，不会因为环境不同产生过大的应力；其二，钢筋与混凝土之间有良好的黏结力，如钢筋的表面会被加工成有间隔的肋条（称为变形钢筋）来提高混凝土与钢筋之间的机械咬合，当此仍不足以传递钢筋与混凝土之间的拉力时，也会将钢筋的端部弯起 180° 弯钩；其三，混凝土中的氢氧化钙提供的碱性环境在钢筋表面形成了一层钝化保护膜，使钢筋相对于中性与酸性环境下更不易腐蚀。钢筋与混凝土两个原本看起来没有关联的事物，因为这些性能方面的融合和互补被结合并广泛应用于实际工程中。19 世纪中叶，相继出现了钢筋混凝土结构的房屋、水坝、管道、楼板等。1875 年，法国约瑟夫・莫尼尔设计了世界上第一座钢筋混凝土桥 Chazelet Bridge（L=13.8m，B=4.25m），如图 3-1 所示，由此人类建筑史上一个新纪元开始，从 1900 年至今，钢筋混凝土结构在工程界里得到了广泛的应用。

2011 年获得国家技术发明二等奖的现浇混凝土大直径管桩及复合地基技术（简称 PCC 桩）也是利用优缺点互补创新法的思路开发的，如图 3-2 所示。复合地基是目前国内外软土地基加固的主要方法，主要包括柔性桩复合地基和刚性桩复合地基两大类。柔性桩技术造价低，但桩身强度低、加固深度有限，而刚性桩桩身强度高、加固深度大，但是成本较高。因此，研发出一种桩基承载力高且成本低的新桩型技术迫在眉睫。软土地基处理复合地基中的桩基一般是通过提高侧摩阻力来提高承载力，这可通过增大桩径来增大侧表面积，从而达到提高侧摩阻力的效果。然而，桩径越大，混凝土用量也会变大，成本也相应提高。在使用等量混凝土的前提下，大直径空心管桩的承载力远大于实心桩，所以，既要增大直径、又要降低成本，只有大直径空心混凝土管桩才能实现。以此思路出发，专家通过列举柔性桩和刚性桩的优缺点，取长补短，在大量的工艺试验研究基础上，成功研发了 PCC 桩及复合地基施工技术，并通过研发新的设备技术和施工工艺，节省了混凝土用量并有效地提高了基桩承载力。这种具有刚性桩的承载力又能达到柔性桩低成本的新型优质桩型技术在实际工程中具有重大的工程意义和经济效益。

图 3-1　世界上第一座钢筋混凝土桥 Chazelet Bridge

图 3-2　现浇混凝土大直径管桩实物图

3.2　逆向思维创新法

心理学研究表明：每一个思维过程都有正向与逆向两种互相关联的思维过程。所谓正向思维就是沿袭某种常规去分析问题，按照事物发展的进程进行思考、推测，通过已知来揭示事物本质的思维方法；逆向思维是一种求异思维，即不按照一般常理思考问题，而是采用与一般常理相反的方法进行思考。人们习惯于沿着事物发展的正方向去思考问题并寻求解决办法。但是对于某些问题，尤其是一些特殊问题，从结论往回推，从求解回到已知条件，倒过来思考，反而会使问题简单化，并更容易解决，甚至会有所发现，创造出全新的东西。生活中有很多逆向思维的观点，如“反其道而行之”“明知不可为而为之”“明知山有虎、偏向虎山行”“最危险的地方就是最安全的地方”等。古代“司马光砸缸救人”的故事广为流传，这其中也包含了逆向思维的思想。

逆向思维法在自然科学领域也已被广泛应用，如数学研究、公安刑侦等都用到了逆向思维的方法。逆向思维法案例中大家最为熟知的就是电磁感应定律的发明。1820 年丹麦哥本哈根大学物理教授汉斯·克里斯钦·奥斯特发现电流磁效应后，许多物理学家便试图寻找它的逆效应，提出了磁能否产生电、磁能否对电作用的问题。而英国物理学家法拉第受德国古典哲学中的辩证思想影响，认为电和磁之间必然存在联系并且能够相互转化，既然电能产生磁场，磁场也能产生电。为了实现这一设想，法拉第从 1821 年开始进行磁产生电的实验，虽然屡遭失败，但他始终坚信通过逆向思考是正确的。10 年后，法拉第设计的新实验：将一块条形磁铁插入一只缠绕着导线的空心圆筒里，导线两端连接的电流计指针有了微弱的转动，由此，电流产生了。随后，著名的电磁感应定律诞生了，根据这一定律世界上第一台发电装置出现了。法拉第成功地发现电磁感应定律，这是运用逆向思维方法的一次重大胜利。

工程施工中的逆做法是一项近年发展起来的新兴的基坑支护技术，是土建工程中逆向思维创新的典型案例。早期，高层建筑较少，基坑开挖深度较浅，所以基坑支护多以放坡开挖或悬臂式支护为主。随着国民经济的发展和生活水平的提高，高层建筑逐年增多，且越来越高，基坑开挖逐渐加深，对基坑支护技术的要求也越来越高，这时传统的开挖或支护方式可能已不能再满足相关的工程需求。同时开挖基坑一般的想法是先把基坑开挖下去，然后做好支护，之后再从下往上做结构，这对基坑上方和周边原始场地的影响也很大。而通过逆向思维法及工程经验的积累，近几十年来一项称为逆作法的施工技术应运而生。逆作法是一种利用主体地下结构的全部或部分作为支护结构，按地下结构自上而下并与基坑开挖交替施工的施工工法，是一种与顺作法顺序截然相反的施工技术。当围护结构及工程桩完成以后，并不是进行大开挖，而是直接施工地下结构的顶板或者开挖一定深度再进行地下结构的顶板、中间柱的施工，然后再依次逐层向下进行地面以下各层的挖土，并交错进行各层楼板的施工，每次均完成本层楼板施工后才进行下层土方的开挖。上部结构的施工可以在地下结构完工后进行，也可以在下部结构施工的同时从地面向上进行，上部结构施工的时间和规模可以通过整体结构的施工工况计算（特别是计算地下结构以及基础受力）来确定。

采用逆作法，一般地下室外墙与基坑围护墙采用两墙合一的形式，一方面省去了单独设立的围护墙，另一方面可在工程用地范围内最大限度地扩大地下室面积，增加有效使用面积。此外，围护墙的支撑体系由地下室楼盖结构代替，省去大量支撑费用。而且楼盖结构即支撑体系还可以解决特殊平面形状建筑或局部楼盖缺失所带来的布置支撑的困难，并使受力更加合理。由于上述原因，再加上总工期的缩短，在软土地区对于具有多层地下室的高层建筑，采用逆作法施工具有明显的经济效益，一般可节省地下结构总造价的 25%～35%。我国人口众多、占地面积小，逆作法具有积极的推广价值，目前在国内外已广泛应用，收到较好的效果。上海静安区亚洲最大地下变电站（图 3-3 为该工程超深基坑逆作法施工作业场景图）、日本的读卖新闻社大楼、美国芝加哥水塔广场大厦的基础都采用了逆作法施工。

图 3-3　上海静安区地下变电站超深基坑逆作法施工图

3.3　组合技术创新法

在生活中，将两种或者两种以上的事物，部分或全部进行有机的组合、变革、重组，从而诞生新产品、新思路或形成独一无二的新技术，就是组合技术创新。

人类的许多创造成果来源于组合，学者布莱基曾说过：“组织得好的石头能成为建筑，组织得好的词汇能成为漂亮文章，组织得好的想象和激情能成为优美的诗篇。”爱因斯坦也说过这样的话：“组织作用似乎是创造性思维的本质特征。”组合创造创新的机会无穷，技术方法也很多，也离不开现有技术、材料的组合。有人对1900年以来的480项重大创新成果进行了分析，发现从1950年以后，原理突破型成果的比例开始明显降低，而组合型发明开始成为技术创新的主要方式。据统计，现代技术创新中组合型成果已经占到了60%～70%。这也验证了晶体管发明者肖克莱所说的一句话：“所谓创新，就是把以前独立的发明组合起来。”

组合创新是一种极为常见的创新方法，目前，大多数创新的成果都是通过采用这种方法取得的。组合创新的形式主要有功能组合、意义组合、构造组合、成分组合、原理组合、材料组合。其中，功能组合就是把不同物品的不同功能、不同用途组合到一个新的物品上，使之具有多种功能和用途。例如，按摩椅就是按摩功能和椅子功能的结合体，具有计算功能的闹钟也是一种新的组合。意义组合是使功能不变，但组合之后赋予了新的意义。例如，在文化衫上印上旅游景点的标志和名字，它就变成了具有纪念意义的旅游商品。同样，一本著作有了作者的亲笔签名，其意义也会不同。构造组合是把两种东西组合在一起，使之有了新的结构并带来新的实用功能。例如，房车就是房屋与汽车的组合，它不仅可以作为交通工具，还可以作为居住的场所。电脑桌也是一种构造组合的结果。成分组合是两种物品成分不相同，组合在一起后，就构成了一种新的产品。例如，柠檬和红茶组合在一起，就开发出了柠檬茶。调酒师调制鸡尾酒采用的也是一种不同的成分组合。原理组合是把原理相同的两种物品组合在一起，产生一种新产品。例如，将几个相同的衣服架组合在一起，就可构成一个多层挂衣架，以分别挂上衣和裤子，从而达到充分利用衣柜空间的目的。材料组合是不同材料组合在一起，不仅可以改善原物品的功能，还能带来新的经济效益。例如，现在电力工业使用的远距离电缆，其芯用铁制造，而外层则用铜制造，由两种材料组合制成的新电缆，不仅保持了原有材料的优点（铜的导电性能好，铁硬不下垂），还大大降低了输电成本。

随着社会的发展，人们对混凝土结构的要求也越来越高，迫切需要一种可以精确测试出混凝土结构应力、应变值的工具，而与此同时半导体材料以及电子信息应用的日益广泛，为解决这个问题提供了可能。应变片作为一种半导体材料，正是电子信息领域与土木工程领域的内容相互结合创新出来的重要产品。

根据欧姆定律，在电压不变的情况下，电流会随着电阻的改变而发生相应的变化。而电阻丝长度改变导致电阻发生变化，从而导致电流改变。在土木工程领域中，当结构受力的作用时会产生应变变形。设想将电阻丝的长度与结构协调变化，并对电流进行处理，将结构的物理变化转换成电信号的变化，进而通过采集电信号来得到结构的应变值，最终就有了电阻丝与应变的结合体——电阻应变片的发明，具体组成结构如图3-4所示。将应变片粘贴在被测试件上，随着试件受力变形，应

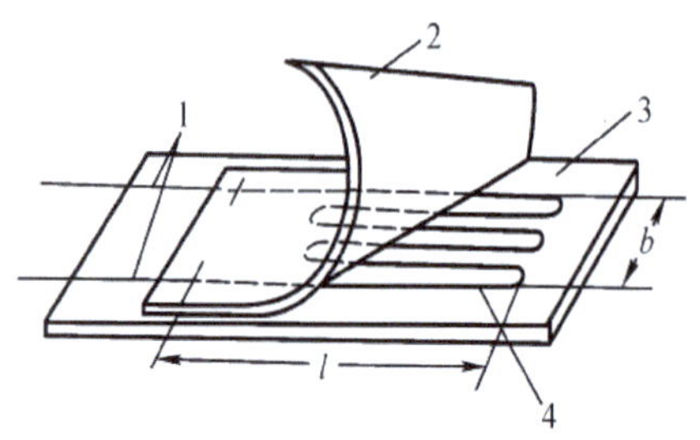

1-引线；2-保护层；3-基底；4-金属丝敏感栅

图3-4 应变片结构

变片里的金属丝和敏感栅也获得同样的变形，电阻则随之发生变化，而此电阻变化是与试件应变成比例的。就是应用这个原理，通过一定测量线路将这种电阻变化转换为电压或电流变化，然后再通过仪表采集电信号的变化来确定被测试件的应变。

应变片的应用十分广泛，可测量应变、应力、弯矩、扭矩、加速度、位移等物理量。应变片的应用可分为两大类：第一类是将应变片粘贴于被测试件上，然后将其连接到应变仪上可直接读取被测试件的应变量；第二类是将应变片粘贴于某些弹性体上，并将其接到测量转换电路（又称为桥路），根据桥路的不同，就构成了测量各种不同物理量的专用应变式传感器，常用于现场检测、自动化生产和起重运输等。应变片与应变式传感器已广泛应用到工程施工、现场检测以及生产运输等过程中。图 3-5 为润扬大桥北汉悬索桥的动静载试验、模态试验系统，主要包括应变类、振动类、位移类三类信号处理，其中应变、力值、位移、加速度等数据都是借助应变片、应变式传感器等进行采集而得的。

图 3-5　润扬大桥北汉悬索桥的动、静载试验和模态试验

组合创新思维是一种积极发散的思维，它对研究对象在空间上进行拓广思考，多方位、多角度探索组合的可能性；或者它对研究对象在时间上作延伸思考，“三维”扫描，既看到它的过去，又看到它的现在，还预测它未来的销售趋势。它是以某一对象为中心，思维向上下左右、四面八方散发，并在其中探求新思路、新点子的创造性活动。组合技术创新要求有广博的知识、丰富的实践经验、灵通的市场信息；要善于积累、勤于思索、思维触角向四处延伸，从而引发“共振”。正是这种跨学科的结合与创新才促进了应变片的发明，进而有了应变式传感器、应变仪等仪器的出现，为科学研究、工程施工以及生产运输等提供了便利，从而创造了社会福利。

3.4 希望点列举创新法

希望是人们期望事物发展的方向，是人们对现实的某种需求或对更美好生活的向往，因此希望是创造发明的强大动力。希望点列举法就是发明创造者从个人愿望和广泛搜集的他人愿望出发，通过列举希望和需求来形成创新的创新技法。希望点的背后往往是新问题和新矛盾的解决与突破。只要能想出满足希望要求的新点子、新创意和新方法，就意味着新的创造的诞生。希望点列举法是一种主动的设计方法，它可以完全不受现有产品的约束，而是从人们的希望点出发进行创造性设计。

为了更好地理解希望点列举法，这里将它与缺点列举法进行比较。缺点列举法就是找出现有产品的缺点，然后再选出最具有价值的点作为创新主题。而在现实生活中，我们或许对某个产品的功能已经形成习惯，所以对很多产品的缺点变得麻木而视而不见。但作为设计师，应该正确地认识产品的特征，客观地分析它的优点和缺点。故列举缺点的方法就是找出人们对产品的不满，从而找到一种改进这些问题的创新方法。但与缺点列举法不同的是，希望点列举法是一种主动的设计方法，它完全可以不受现有产品的约束，而是从人们的希望点出发进行创造性设计。

在运用希望点列举法进行创造设计时，可以分别从不同的角度，如以人类的普遍需求、特殊群体的需求、现实的需求以及潜在的需求为基础进行思考和分析。

（1）人类的普遍需求。希望实际上是人类需求的反映。因而，利用希望点列举法进行创造发明就必须重视对人类需求的分析。人类的需求有很多，如求新心理、求美心理、求奇心理、求快心理等。不仅要注意人类的普遍需求，还要分别站在不同层次人的立场上进行分析，如不同年龄、不同性别、不同文化、不同爱好、不同种族、不同区域、不同信仰的人们，他们的需求也各不一样。

（2）特殊群体的需求。因为盲人、聋哑人、残疾人、孤寡老人、精神病患者、左撇子等这些特殊群体在社会中只占很少的一部分，所以大部分设计忽略了他们的存在。随着经济的发展，社会越来越多地关注这些特殊群体，而这些群体的需求也远远比普通人要迫切，所以针对特殊群体的设计空间就显得格外广阔。

（3）现实的需求。现实需求是摆在眼前的需求，是人们急于实现的需求，是几乎每个人都感觉到的需求。现实的需求是设计师首要关注的因素，切莫置人们的现实需求于不顾而进行一些不切现实的研究。

（4）潜在的需求。潜在需求是相对于现实需求的一种未来需求。这要求设计师目光要放长远，能灵敏地触觉到事物的发展趋势。根据有关资料介绍，潜在需求占总需求的60%～70%。因此，世界著名企业无不重视对潜在需求的研究。

全球每年都有一大批老旧建筑被拆除，产生了大量的建筑垃圾，给环境和土地资源带来了巨大的压力，这些建筑垃圾的处理成本也很高。于是有专家学者提出对这些建筑垃圾进行再利用，再生混凝土便应运而生。再生混凝土是指将废弃的混凝土块经过破碎、清洗、分级后，按一定比例与级配混合，部分或全部代替砂石等天然集料（主要是粗集料），再加入水泥、水等配置而成的新混凝土。再生混凝土在刚出现时性能较差，主要是废旧混凝土在破坏过程中受较大外力作用，在其内部会出现大量微裂缝，从而导致吸水率上升，混凝土的和易性较差。但随着人们对再生混凝土性能改善的期望值增强，各种基于再生混凝土的创新手段层出不穷，进而使得再生混凝土的性能得到较大程度的改善。部分学者从改善再生集料入手，如对集料进行机械活化，破坏弱的再生颗粒或去除黏附于再生颗粒表面的水泥砂浆，从而提高再生集料的强度；或者用酸液活化，用酸液与再生集料中的水泥水化物 $Ca(OH)_2$ 反应，起到改善集料表面特征的作用；或者用化学浆液、水玻璃溶液进行处理。也有学者从改善配比方向改善再生混凝土的性能，使其满足混凝土早期强度要求。从提出利用废旧建筑材料到再生混凝土的发明再到再生混凝土的不断改善，这一系列过程都是人们根据希望点列举创新的思路进行的。既控制了环境污染、满足了实用要求，又节约了资源消耗。因此，这不但满足了人类需求，也满足了现实需求，更体现出了一种潜在需求。

目前，日本和欧美已经有了再生材料结构应用的成功范例，如德国达姆施塔特的新型住宅区“螺旋森林”和奥斯纳布鲁克的德国联邦环保局总部大楼，日本的 ACROS Shin-Osaka 建筑等。国内再生商品混凝土主要用于墙体材料、道路基层和面层、基础工程中。2007年武汉王家墩机场拆除，将废弃商品混凝土破碎成不同粒径的再生骨料后，主要用于铺设道路路基和基层，也有应用于路面和制备步行道砖中。2010年上海世博园浦西区的沪上•生态家的立面（图3-6）、楼梯踏面、内部地面装修材料都是源于建筑垃圾的再生性材料，这栋房子的外墙完全是用15万块上海旧城改造时拆除的旧石库门砖头砌成的。

图3-6 上海沪上• 生态家外立面

希望点列举法作为一种积极主动的创造性思维方法，在开发新产品的过程中起着重要的作用。准确地发现人们的希望和需求，并及时迅速地推出满足此需求的产品是成功的关键。人们的希望是多种多样的，但真正有价值能够投入设计开发的只占少数，所以对这些希望点要加以分析鉴别。而在运用该设计法进行设计时，要注重观察联系，调查研究。要使列举的希望点尽量符合社会的需求，就必须善于观察发现人们在日常生产、生活、学习中所有有意或无意流露出来的某种希望和要求，充分利用联想构思出满足需求的方案。从征求的意见和调查的结果中选出目前可能实现的若干项进行研究，从而制定具体的创新方案。

3.5 触类旁通创新法

触类旁通，出自《周易•系辞上》：“引而伸之，触类而长之，天下之能事毕矣也。”其含义指掌握了某一事物的知识或规律，进而推知同类事物的知识或规律。把这个换成另外一个如何？提出疑问再进行发明。例如，人们根据蝙蝠在夜间活动发射超声波的现象，触类旁通发明了雷达。

盾构机技术的发明是触类旁通创新法在土木工程中应用的一个典型案例。该发明来自于蛀虫蛀孔的启示。1806年，法国工程师布鲁内尔在一次偶然的情况下发现蛀虫在钻穿木板时，分泌出液体涂在孔壁上形成坚韧的保护壳，用以抵抗木板潮湿后的膨胀，以防被压扁。在蛀虫钻孔的启示下，布鲁内尔发现了盾构掘进隧道的道理，并在英国注册了专利。他发明了一种圆形铁壳，同时利用千斤顶在土壤中推进，在铁壳里的工人一边挖掘，一边衬砌轨道，从此，世界上的第一台盾构机便问世了。1825 年，布鲁内尔开始在伦敦泰晤士河下修建高 6.8m、宽 11.4m 的矩形盾构隧道，历时 18 年，到 1843 年布鲁内尔完成了全长 370m 的隧道（图 3-7）。盾构机主要由动力部分、顶进主轴、导向系统、刀盘系统、纠偏系统、中继顶进系统、排运岩土机构等几个部分组成。盾构掘进机的工作原理就是一个圆柱形的钢件沿隧洞轴线一边对土壤进行开挖，一边同时向前推进。这一钢件壳的作用是负责分担来自周围土层的压力，起到对正在施工作业隧洞的保护以及支撑作用，排土、挖掘、衬砌等作业都在该圆柱组件的支撑下进行。由于工作原理的不同，盾构机主要有混合型、泥水加压式、土压平衡盾构等多种。考虑到盾构机给实际工程带来了极大便利，目前已广泛应用于地铁、铁路、隧道、公路、市政、水电等地下工程。

图 3-7　布鲁内尔与其设计的英国泰晤士河隧道

3.6　强制联想创新法

强制联想创新法是指人们运用联想思维，强制激发人的大脑想象力和联想力，迫使人们去联想那些根本想象不到的事物，并产生思维的大跨越，跟踪逻辑思维的轨迹产生更多的新异奇怪的设想，提高创造性思维能力，从而产生有创造性设想的方法。其思维理论是先选择欲改善的焦点事物，多方罗列与焦点无关的事物，然后强行列举事物属性与焦点对象对应匹配，最后选择最佳方案。

强制联想法是相对自由联想而言的，是对事物有限制的联想。这种限制以完全相同、完全相反、细节描述与整体统一等为主要法则。在自由联想的基础上进行设计活动，这往往会导致连锁反应的联想，容易出现很多意想不到的创意。但要解决一个具体的问题，有目的地创造一个新产品或产生一个新的概念，通常运用强制性联想，使人们能够集中所有的精力在可控制的时空范围内进行联想，使所有要设计创新的项目更有目的性和可控制性。

强制联想思维是强制性地运用各种联想，试图将世界上所有不同的事物、不同的设计巧妙地组合，甚至歪打正着的设计或开发重组，根据实际情况和具体需求，进行转化调整，完善，并重构成一个新的创意设计。强制联想法应用的基本程序是：首先确定焦点事物和参照物，再分别列举两者的属性和结构特征并根据两者的属性和结构特征进行交叉配对，然后分析甄别，确立创新设计的新概念，最后针对新概念进行创新设计。例如，花和椅子之间没有什么相似性，设计一种新式椅子，能从一朵花身上汲取启示找到彼此的类似属性，通过联想使二者建立联系，这便是强制联想法的创新机理。悬挂式多功能组合书柜就是采用“书柜”与“壁挂”的强制联想设计成功的。壁挂是装饰手段较为丰富的室内装饰物，书柜与壁挂强制关联，把书柜按照形势美的规律做成像壁挂那么美观的形式，挂在墙上，放上书籍有更广泛的表现力。

在工程结构中布置阻尼器是现代结构抗震领域非常重要的创新。阻尼器是以内部填充物提供运动阻力，耗减运动能量的装置，达到减振耗能的效果。阻尼器的性能主要取决于内部填充物的性能和密封装置的可靠性。阻尼器最初利用硅胶作为中间介质，但是硅胶受温度影响较大，阻尼器改进为液体介质。液压黏滞阻尼器经历三代发展：第一代阻尼器是在一个密封容器内充满硅油，由一活塞杆带动一组平板运动，与另一组平板产生剪切运动，起到阻尼作用，这种阻尼器效率低，受温度影响也比较大；第二代阻尼器采用圆管缸体形式，一侧设置拉杆，连接部有小孔活塞，充满硅油，当活塞运动时硅油从高压侧有控制地向低压侧流动，通过调节油压室起到平衡作用；第三代阻尼器是在第二代单杆的基础上改为双杆，改进密封技术，取消内设油室，进一步提高了阻尼器的稳定性和可靠性，阻尼器体积也比第二代大大减小（图 3-8）。

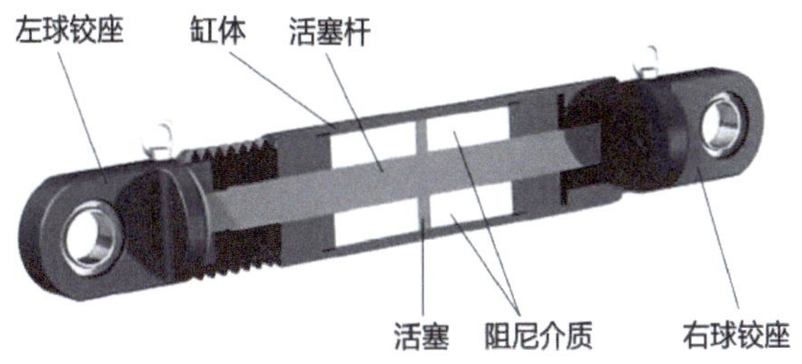

图 3-8 阻尼器结构形式

起初阻尼器主要应用在汽车的悬吊系统及摩托车中，但是随着高层建筑的快速发展，大楼的抗风防震的问题日益凸显，工程师开始考虑如何有效地抗风防震。而阻尼器在汽车的抗震中应用广泛，且效果显著，于是通过强制性的联想，人们考虑是否可以在工程结构中安装阻尼器，在地震或者风来临时，通过阻尼器有效地消耗掉导致结构振动的能量。由此，在结构中安装阻尼器来有效抗震的创新案例不断出现，非常闻名的就属台北 101 大厦的悬浮阻尼球（图 3-9）。这种创新成果正是来自强制

图 3-9 台北 101 大厦的悬浮阻尼球

联想创新思维，通过强制性的联想寻找与问题解决方法有关的各个因素，分析其匹配度，试图找到组合，产生出新的想法与新的解决方案。

在具体运用强制联想方法时，需要注意以下几个问题：首先，要多方位、多角度、多层次地强制联想到不同的事物、不同的设计，差异性和跳跃性越大越好，这样能将不同想法得到非凡的组合；其次，必须结合不同的发散思维方式，尽可能广泛地强制组合，收拢联想思维，越密集越好；最后，运用矩阵排列和电子计算机辅助设计，把各种强制性的联想和强制性的结合划分为现有的、常规的、改进的、创新的、奇特的五类，删除第一、二类，保留部分第三、四类，变换和纠正第五类。

3.7 缺点列举法

缺点列举法是创造技法中非常重要的一种。所谓缺点列举法就是发现已有事物的缺点，将其一一列举出来，通过分析，确定创新目标，制定革新方案，从而进行创造发明的创新技法。它是改进原有事物的一种创新方法。

运用缺点列举法需先选定某项事物，事物的类型不限，范围不限；之后运用扩散思维尽可能多地列出现有事物的各种缺点；然后找出亟需解决的1～2个缺点，并围绕主要缺点应用各种创新思维尽可能多地提出解决方案；最后在众多的解决方案中选出最佳方案并加以实施。一般来讲，创新者总有做不完的课题，但对于初学者，可能会遇到“不知道创新什么”这样的问题。下面，我们以圆珠笔为例，来介绍一下缺点列举法的思路。

思路一：从事物的功能和用途入手，这属于事物的动词属性。圆珠笔作为市场上销售量很大的一种产品，它的基本功能是书写。但是没有灯光的黑夜中，书写功能就不能实现，这就是一个很大的缺点。因此，人们在圆珠笔的另一端加上了一个小灯，从而给夜间在野外工作的人提供了极大的方便。圆珠笔还有一个缺点，就是天气冷时影响书写，因为里面的油墨被“冻住”了。于是有人想到了增加一个保温层，来解决这个问题。

思路二：从事物的构成入手，如结构、材质、制造方法等，这属于事物的名词属性。从构成入手，我们可以提出这样一些问题：现有的材质和结构需要改进？包括笔杆、笔帽、笔芯、笔珠、油墨、弹簧等。现有的材质有哪些缺点？笔帽不是很容易丢掉吗？可以改用哪些材质来解决这一问题？塑料、竹子、木头、钢、不锈钢、磁铁、铝或者用纸？

思路三：从事物的描述方面入手，如色彩、造型、长短、轻重、大小等，这属于事物的形容词属性。现有的圆珠笔颜色需要改进吗？为什么不多生产些绿色的、对眼睛有保护作用的呢？造型单调吗？可以改进成哪些样子的？大小可以变化吗？

缺点列举法可帮助选题，它属于选题的方法，且是一种易于掌握、被广泛采用的创新方法。但成功地利用缺点列举法创新的前提是坚信“任何事物都不完美，都是没有完成的创新”，这不但是进行创新的前提，也是缺点列举法存在的前提。

对于创新来说，常见不疑的心理也极大地影响了人们的创新活动和创新效果。带着这样的心理就很难看到事物的“问题”，而问题意识的缺乏，恰恰是创新的首要敌人。看不到问题，久而久之，人们就容易形成思维的定势。“现在已经很不错了”“祖祖辈辈都这样”“别人也是同样啊”“这是专家定了的”等，诸如此类的话语都是思维定式的表现。

桥梁的不断改进是缺点列举法的典型实例。原始的桥梁如图 3-10 所示，人可以正常通行，但是随着人类的发展，交通工具开始逐渐丰富起来，诸如早期的马车、后来的汽车等则通行困难，且桥体下方的水路通行也受阻，无法满足使用需求。于是人们针对这些缺点改进了桥梁的类型，如图 3-11 所示的拱桥。

图 3-10　石桥——鄱阳湖千眼古桥

图 3-11　拱桥——赵州桥

拱桥建筑历史悠久，这种桥梁很大程度地提高了桥上和水上的通行能力。可是当跨度变得越来越大时，拱桥则由于自重导致跨中弯矩较大，造成跨中出现开裂、变形、承载力降低等多种问题。在解决这些问题的过程中，桥梁的造价开始升高。为了克服这些缺点，人们进一步改进了桥梁的类型和材料，并逐渐出现了梁式桥、悬索桥（图 3-12）、斜拉桥（图 3-13）等大跨度桥梁。

图 3-12　悬索桥——金门大桥

图 3-13　斜拉桥——苏通长江大桥

相比早期的桥梁，梁式桥、悬索桥和斜拉桥的建筑高度降低、结构重量减小、梁体内弯矩减小，不但节省了材料，还可以在保证桥梁美观的同时增加桥梁跨度。悬索桥在各种体系桥梁中的跨越能力最强，而斜拉桥又比梁式桥的跨越能力大，但是同样跨度的斜拉桥相比悬索桥造价要低 30%左右，所以斜拉桥是大跨度桥梁的最主要桥型。斜拉桥是将主梁用许多拉索直接拉在桥塔上的一种桥梁，是由承压的塔、受拉的索和承弯的梁体组合起来的一种结构体系。世界上建成的著名斜拉桥有俄罗斯岛大桥（主跨 1104m）、苏通长江大桥（主跨 1088m）以及 1999 年日本建成的世界最大跨度的多多罗大桥（主跨 890m）等。人们通过对桥梁体系的缺点问题列举，不断分析和解决问题，从而一步步改进桥梁的结构体系，正是因为有了这样一个创新改进的过程，才有了源源不断的新桥梁体系的出现。

缺点列举法可以帮助我们突破“问题感知障碍”，启发我们发现问题，找出事物的缺点和不足，从而有针对性地进行创新和发明。这是一种易于掌握而又应用广泛的创新方法，用这种方法需要抛弃安于现状的心理状态，培养“吹毛求疵”的作风，才能取得创新的成果。

3.8 奥斯本检核表法

检核表法就是围绕需要解决的问题或者创新的对象，把所有的问题罗列出来，然后一个个来讨论，以促进旧的思维框架的突破，引向创新设想。它可以引导人们根据检核项目的一条条思路来求解问题，以此求得比较周密的思考。而所谓的奥斯本检核表法，是指以该技法的发明者奥斯本命名、引导主体在创造过程中对照 9 个方面的问题进行思考，以便启迪思路、开拓思维想象的空间、促进人们产生新设想和新方案的方法，主要涉及 9 个大问题：能否他用、能否借用、能否改变、能否扩大、能否缩小、能否替代、能否调整、能否颠倒、能否组合，具体如表 3-1 所示。奥斯本检核表原本主要用于新产品的研制开发，后来由于它突出的效果，被誉为“创造之母”。

表 3-1 奥斯本检核表法

检核项目	含义
能否他用	现有一事物有无其他用途，保持不变能否扩大用途，稍加改变有无其他用途
能否借用	能否引入其他的创造性设想，能否模仿别的东西，能否从其他领域、产品、方案中引入新的元素、材料、造型、原理、工艺、思路
能否改变	现有事物能否做些改变，如颜色、声音、味道、式样、花色、音响、品种、意义、制造方法，改变后效果如何
能否扩大	现有事物可否扩大使用范围，能否增加使用功能，能否添加零部件以延长它的使用寿命，增加长度、厚度、强度、频率、速度、数量、价值
能否缩小	现有事物能否体积变小、长度变短、重量变轻、厚度变薄以及拆分或省略某种部分（简单化），能否浓缩化、省力化、方便化、短路化
能否代替	现有事物能否用其他材料、元件、结构、力、设备力、方法、符号、声音等替代
能否调整	现有事物能否变换排列顺序、位置、时间、速度、计划、型号、内部元件可否交换
能否颠倒	现有事物能否从里外、上下、左右、前后、横竖、主次、正负、因果等相反的角度颠倒过来用
能否组合	能否进行原理组合、材料组合、部件组合、形状组合、功能组合、目的组合

现实生活中，大部分人的思维总是自觉或者不自觉沿着长期形成的思维模式来看待事物，对问题不敏感，即使看出了事物的缺陷和问题，也懒于去进一步思考，不进行积极的思维革新，因此难以有所创新。而检核表法的最大特点就是多向思维，用多条提示引导人们去发散思考，突破了不愿提问或不善提问的心理障碍，同时在进行逐项检核时，强迫人们思维扩展，突破旧的思维框架，开拓了创新的思路，有利于提高发明创新的成功率。

在创新过程中，可以根据表 3-1 中的条目逐一分析问题的各个方面，从而提高创新的成功率。下面以工程材料、工程施工中的经典案例来分析“能否改变”、“能否增加”、“能否代替”、“能否组合”四项创新方法的运用。

（1）能否改变：在工程施工中，水泥加水拌和后，由于水泥颗粒分子引力作用，水泥浆形成絮凝结构，部分拌和水被包裹在水泥颗粒之中，不能参与自由流动和润滑作用，从而影响了混凝土拌和物的流动性，无法满足现实需求。随后，通过添加减水剂改变其工艺方法，利用减水剂表面电荷形成的静电排斥作用，促使水泥颗粒相互分散，参与流动，有效地增加了混凝土拌和物的流动性。可见，当一种材料或技术无法满足工程需求时，需要进行相应的工艺改变和技术创新，从而更好地满足工程需求。

（2）能否增加：冻结法施工技术作为一种成熟的施工方法，早期主要应用在煤矿井筒开挖施工，经过多年的发展，通过业内人士对工艺的不断改进创新，冻结法施工开始广泛应用于各大城市地铁工程，逐步实现“能否增加”中使用功能的增加和使用范围的扩大（图 3-14 所示的是武汉过江地铁采用冻结法施工的场景）。

图 3-14　武汉过江地铁冻结法施工

（3）能否代替：原始时期，房屋建筑材料主要依靠木材、土、砖瓦等，随着人类的创新和技术的进步逐渐被混凝土所替代；而为了满足现代建筑要求，钢筋混凝土又取代了混凝土，并经过了一系列的创新和变更，发展趋于成熟。由此可见，创新是一个新技术代替老技术、新材料代替旧材料的变更过程。

（4）能否组合：水泥土搅拌桩作为加固饱和软黏土低地基的一种经典方法，是采用材料组合和原理组合的一种典型的工程技术。水泥土搅拌桩是通过水泥与软土进行强制机械拌和而成的。该技术采用水泥作为固化剂，利用其与软土之间产生的一系列物理化学反应，使软土硬结成具有整体性、水稳定性和一定强度的优质地基。

3.9　头脑风暴法

萧伯纳曾说：“倘若你有一个苹果，我也有一个苹果，而我们彼此交换，那么，你和我仍然是只有一个苹果。但是，倘若你有一种思想，我也有一种思想，而我们彼此交流，我们每个人将各有两种思想。”可见，交流沟通是提高创新能力的有效途径，而头脑风暴法（Brain Storming）正是通过会议交流的形式实现创新的。所谓头脑风暴法，是以小组的形式，无限制地自由联想和讨论，产生新观念或激发创新设想。头脑风暴法是由美国创造学家亚历克斯・奥斯本于 1939 年首次提出的一种激发性思维的方法。

头脑风暴法分为两个阶段：准备阶段和实施阶段。头脑风暴法所研究的问题首先是要特殊的，而不是一般性的问题。所以在准备阶段应使所讨论的问题具体、明确、不宜过大或过小，不要同时将两个或者两个以上的问题混淆讨论。对于那些略复杂的问题，可以将问题分开，并针对每个问题专门召集一次会议。其次头脑风暴仅能用来解决一些要求探寻设想的问题，不能用来解决那些事先需要做出判断的问题，如“是否应对学校的德育教学进行改革”这样的问题就不适用，面对这一问题必须先说明实施改革或者不实施改革的理由，也就是用头脑风暴法来分析问题，再根据讨论结果决定是否实施。在讨论的问题确定以后，应通知参与者并发放问题资料。组织者应提前一个星期左右将所要讨论的问题发给学生。事先通知的目的是让参与者有时间酝酿解决问题的设想。之后应安排记录员、准备物资来记录发言人的设想，在此过程中，可以通过录音设备协助记录讨论会的全部过程，同时应为每个参与者都配备一张纸和一支笔，让他们及时把想到的设想记录下来。在实施阶段，组织者可用幻灯片介绍头脑风暴会议的基本原则并补充说明要解决的问题。如果参与者没有头脑风暴的经验，组织者可以带领大家做一些适应性的练习，以敞开思路，然后阐明该次会议的目标议题，鼓励大家进行头脑风暴。接着由各参与者提出自己的设想，并详细阐述设想。如果参与者没有提出相关的设想，组织者需做相应的引导，鼓励大家积极思考，最大限度地发挥个人的创造力。

在头脑风暴法的推动下，借助现代科技与信息业的资源，产业界兴起了一种智慧型产业——现代咨询业。其经营服务活动是通过社会调研、市场预测、科学分析、准确论证、正确决策，以探寻经济社会运行的规律和发展态势，对政府出台政策或企业投资进行风险评估与规避，并提出战略性的规划方案或策略性的建议。北美、英国及其他西欧的咨询业逐步有了新发展：一是规模扩大，个体咨询发展为集体咨询；二是服务领域拓宽，从土木工程扩展到工业、农业、交通运输等经济基础领域。目前，美国作为咨询业发达的国家，其大型咨询公司 1 万多家，其中智囊团类型的综合咨询研究机构为 500～600 家，且人才队伍庞大，人才素质高，人才结构合理、类型广泛、复合型人才较多。

有一年，美国北部大雪导致输电线路严重破坏，造成重大经济损失。美国通用电力公司召集不同专业背景的技术人员，快速成立讨论小组，针对这一问题展开头脑风暴会议，以“自由思考、延迟评判、以量求质、结合改善”为基本原则，在自由畅想的气氛中技术人员共提出 90 多条新设想。会后，公司组织专家对设想进行分类论证，发现“直升飞机扇雪”方案简单可行，这一难题就这样在思想的碰撞中得到了巧妙解决。

为了使参与者畅所欲言，互相启发和激励，达到较高效率，头脑风暴法必须严格遵守下列原则。

（1）推迟判断，禁止批判。对别人提出的任何想法都不能批判、不得阻拦。只有这样，与会者才可能在充分放松的心境下，在别人设想的激励下，集中全部精力开拓自己的思路。力求做到大家提设想，越多越好。

（2）提倡自由发言、畅所欲言、任意思考、任意想象、尽量发挥，主意越新、越怪越好，因为它能启发人们产生出新的想法。

（3）综合改善。鼓励巧妙地利用和改善他人的设想，这是激励的关键所在。每个参与者都要从他人的设想中激励自己，从中得到启示，或补充他人的设想，或将他人的若干设想综合起来提出新的设想等。

在头脑风暴进行过程中，组织者以主持人的身份出现，组织者不仅要熟悉问题，而且必须熟练掌握头脑风暴法的处理程序、方法和技巧。组织者需要按照一定的顺序组织参与者发言，让每位参与者都有机会提出设想。如果轮到的人当时无新的设想，可以跳到下一个。集体头脑风暴的方法可以提出大量设想，当一个参与者提出一种设想的时候，他会自然地将其想象引向另一个设想，但是就在这一瞬间他提出的设想会激发其他成员的联想能力，这就是“连锁反应”。组织者应鼓励大家提出一些从已经提出的设想中派生出来的设想，这种连锁反应很有价值。参与者在头脑风暴中应积极思考，尽可能提出设想，不用害怕自己的设想会遭到别人的嘲笑，哪怕是“荒唐”、“怪诞”的设想。无论如何，学生不能照本宣科，如果有准备好的设想，应在会议前交给组织者。当有多人要求发言时，后发言的参与者因为很可能受到提前发言的参与者的影响而忘记自己的想法，因此应及时把自己的想法记录下来。每次发言最好只提一条设想，否则就会因为失去许多很好的“辩解”机会而使提出设想的效率明显下降。记录员需要记录参与者的设想和名字，并按照设想提出的顺序进行编号供组织者掌握设想的数量。速记无法做到一字不漏，因此只需要记录大意即可，当然也可以使用录音设备记录全部过程。

头脑风暴何以能激发创新思维？根据奥斯本本人以及其他研究者的看法，主要有以下几点。

（1）联想反应。联想是产生新观念的基本过程。在集体讨论问题的过程中，每提出一个新的观念，都能引发他人联想，相继产生一连串的新观念，产生连锁反应，形成新观念堆，为创造性地解决问题提供了更多的可能性。

（2）热情感染。在不受任何限制的情况下，集体讨论问题能激发人的热情。人人自由发言、相互影响、相互感染，能形成热潮，突破固有观念的束缚，最大限度地发挥创造性的思维能力。

（3）竞争意识。在有竞争意识的情况下，人人争先恐后，竞相发言，不断地开动思维机器，力求有独到见解和新奇观念。心理学告诉人们，人类有争强好胜心理，在有竞争意识的情况下，人的心理活动效率可增加 50%或更多。

（4）个人欲望。在集体讨论解决问题过程中，个人的欲望自由，不受任何干扰和控制是非常重要的。头脑风暴法有一条原则，即不得批评仓促的发言，甚至不许有任何怀疑的表情、动作、神色。这就能使每个人畅所欲言，提出大量的新观念。

随着信息时代的到来，社会分工更加精细，逐步形成跨地区、跨企业甚至全球合作商业新模式，为经济社会的发展带来了机遇与挑战。面对日益复杂的各类问题，技术创新的重要性日益凸显，当前，高校学科交叉与融合已经成为技术发展和进步的必然趋势。针对土木工程与水利水电、计算机科学、材料、机械等学科之间的交叉机制，国内很多高校选择开设学术沙龙，邀请不同学科领域的专家担任交叉学科顾问，邀请国内外知名学者担任“访问学者”定期组织专题讲座，各学科研究人员、学生均可参与，围绕有关目标和主体，结合来自政府的政策和社会的需求等信息，引导参与人员共同思考、讨论，通过“头脑风暴”等形式，从客观上创造有利于学科交叉的条件。并以土木工程、计算机科学等学科为核心，以信息类、土木类、建筑类、材料类、机械类相关学科为支撑，围绕“打造节能智慧的建筑”这一研究领域，在学术上相互渗透，在技术上优势互补，建立高质量的交叉学科群体。

另外，也有部分高校开辟全新的大学生创新培养模式，例如，河海大学土木与交通学院为学生开设第二课堂，以土木微讲堂、土木大讲堂、导师制、海外访学等形式的平台为载体，针对各类创新实践活动，成立头脑风暴顾问团，

图 3-15　头脑风暴法模拟举例
（ASCE-ISG 河海大学分会赴香港科技大学交流）

通过学生间、学生与老师间的相互交流，互通有无，扩大学生的知识面（图 3-15 即为 2016 年 ASCE-ISG 河海大学分会开展赴香港科技大学访学交流的活动，共同讨论学习分会发展的场景）。河海大学土木与交通学院结合头脑风暴法，成立顾问团，打造催生创新人才的传承机制，形成适合自身的思维方式，提升学生创新素质，这不但符合“卓越工程师教育培养计划”的要求，也提高了学生的创新意识和学习能力。

3.10 菲利普斯 66 法

菲利普斯 66 法，也叫小组讨论法，该方法以头脑风暴法为基础，采用分组的方式，限定时间，即每 6 人一组，围绕主题限定只能进行 6 分钟的讨论。该方法是由美国密歇根州希尔思达尔大学小组菲利普斯发明的，因此称为菲利普斯 66 法。

这种方法的最佳应用环境是大会场，因人数很多，可通过分组形成竞争，使会场气氛热烈，犹如“蜜蜂聚会”，因此也有人把这种方法叫做“蜂音会议”。

施行菲利普斯 66 法需要首先确定要解决的问题，然后将规模较大的集体团体分为 5～10 人的几个小组，并且在分组之后确定一位主持人兼记录员。小组讨论的时间为 6 分钟，最长不能超过 10 分钟，在讨论结束后，各小组整理记录并报告结果。组织者需要汇总各小组的报告然后向全体参与者汇报，由全体成员进行讨论和评价。

在施行菲利浦斯 66 法时，主持人在会前应考虑小组的构成，现场宜迅速识别出席者的能力，并任命各小组的主持人。作为主持人事前宜熟悉头脑风暴法的原则和要领，同时准备好相关的书面材料，交给出席者。在讨论中未被列入报告的设想不应该舍弃，应该加以搜集供将来应用。

菲利普斯 66 法是头脑风暴法的延伸，其特色是能很快成立讨论小组，参与者在讨论前不需要准备，也不必熟练团体讨论的技巧，因此对刚形成的团体极为适宜。该方法克服了大集体进行智力激励活动时，因为人数多限制自由发言而影响参加者积极性的缺陷，也能够使各小组形成竞争，更有利于激发出创造性的火花，从而提升效率。

思考题

1．如何通过试验确定如图 3-16 所示的混凝土薄壳结构的最佳形状？

参考答案：逆吊试验法（对应 3.2 节逆向思维创新法）

利用逆吊试验法实现形效结构设计最早由西班牙建筑师 Gaudi 提出，其后瑞士工程师 Isler 又对其进行了发展。逆吊试验法的基本思想是利用只拉结构（即结构构件只承受拉力作用）和只压结构（即结构构件只承受压力作用）在受力形态上的一致性。具体做法是：通过在丝线、布等柔软材料上施加（悬挂）重力荷载，并调整荷载分布和边界约束条件，获得设计所需的形状。丝线和布等材料只能承受拉力，不能受弯和受剪，因此判定此时的模型构件中只有拉力。假设将模型固化并翻转 180°，则在相同荷载条件下模型构件中只有压力，如图 3-17 所示。

图 3-16　某薄壳结构

图 3-17　逆吊试验模型

2. 钢板焊接时的温度一般超过 3000℃，普通应变传感器以及传感器粘贴材料在焊接过程中容易失效，试想如何通过试验测量焊接残余应力？

参考答案：钢板开槽法（对应 3.5 节触类旁通创新法）

首先将钢板焊接完成，等冷却后粘贴应变传感器，然后进行开槽，残余应力将释放，通过测量释放的应力而得到焊接残余应力。

3. 手边现有一支重约 35g 的钢笔和一张 A4 尺寸的普通白纸，假设白纸在长边方向两端受简支约束，钢笔位于白纸中心，试问：

（1）白纸能否有效支承钢笔？请从受力角度解释原因并给出简要的分析过程。

（2）若题（1）答案为否定，请在不改变约束条件和材料参数的情况下列举几种提高白纸承载能力的方法，并重新回答题（1）的问题。

（3）根据上述分析和理解，试举例说明实际工程中哪些构件的设计也运用了与题（2）类似的方法。

（注：A4 纸尺寸为 210mm×297mm×0.1mm，重量约为 5g，抗拉强度为 22.2N/mm^2，抗压强度为 7N/mm^2；假设 A4 纸为均质弹性材料，弹性模量约为 40MPa，且不考虑层数变化对其影响；纸质简支结构的挠度限值假定为跨度的 1/200，即$[f]=l_0/200$）

参考答案：

解：（1）本题中纸梁跨度为 210mm，两端简支，纸自重及钢笔对梁的压力可视为作用于梁中点的集中荷载，故该题可简化为图 3-18 所示的模型进行分析。梁所受剪力和弯矩如图 3-19 所示。

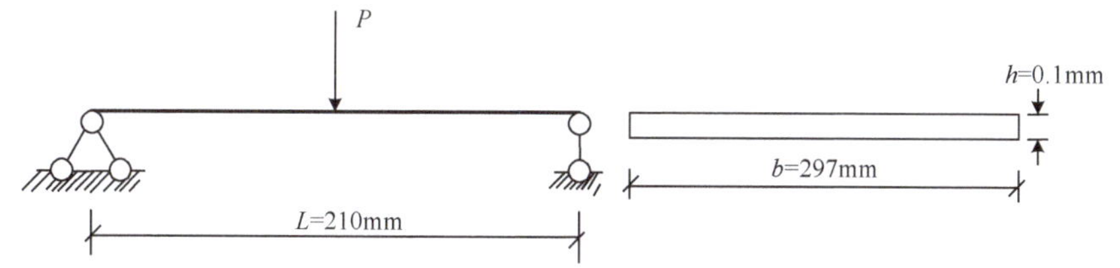

图 3-18　简化后模型

纸梁在中点处有最大的正应力，梁中最大弯曲正应力为

$$\sigma_{\max} = \frac{M_{\max} y_{\max}}{I_x}$$

梁跨中最大挠度为

$$f_{\max} = \frac{PL^3}{48EI} = \frac{ML^2}{12EI}$$

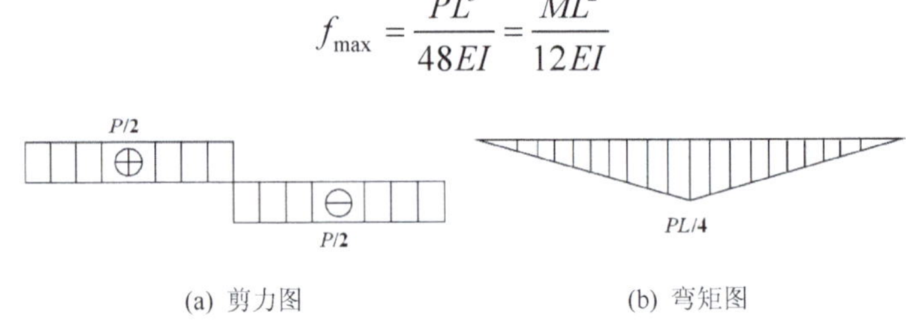

图 3-19　梁剪力图与弯矩图

当白纸不承载时，纸梁上只有自重，由于截面高度很小，截面惯性矩很小，纸梁抗弯刚度 EI 很小。因此，纸梁仅在自身重量情况下就会出现挠度过大而破坏的情况，更不用说承受 35g 的钢笔了。

（2）由（1）可知，梁抗弯刚度越大，相同载荷下挠度越小。所以，校核纸梁的承载能力的关键在于计算截面的抗弯刚度 EI；由于文题假设纸的弹模保持不变，所以在此仅需考虑截面惯性矩的影响。具体分析过程如下。

① 惯性矩影响分析。惯性矩因截面的不同而不同，纸质梁可以做成以下几种截面形式：

图 3-20(a)是 A4 纸沿长边方向对折 4 次形成的矩形截面；

图 3-20(b)是 A4 纸沿长边方向叠 4 层形成的圆环截面；

图 3-20(c)是 A4 纸沿长边方向叠 4 层形成的箱形截面（正方形）；

图 3-20(d)是 A4 纸沿长边方向叠两层形成的双箱截面；

图 3-20(e)是 A4 纸沿长边方向叠两层形成的锯齿形截面（由两个等边三角形组成）。

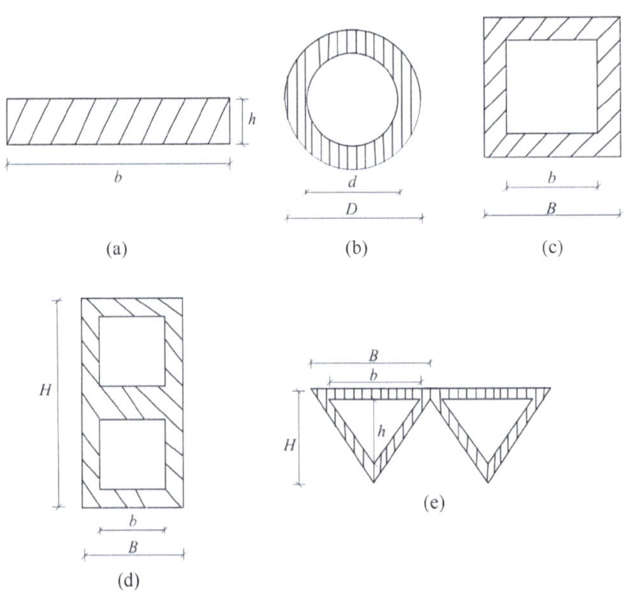

图 3-20　几种可能的截面形式

由表 3-2 可知，针对一张 A4 纸的情况下，双箱形截面的惯性矩最高，圆环截面次之，而单箱形截面略小于圆环截面，锯齿形截面小于单箱形截面，矩形截面最小。

表 3-2　各截面参数及相关计算结果

截面类型	尺寸/mm				惯性矩 I_x/mm^4	承重 35g 时	
						挠度 f/mm[f]=1.05	截面正应力/MPa
a	b	h	—	—	6.34	>250	2386×10^{-3}
	18.56	1.6	—	—			
b	D	d	—	—	2072.12	0.838	110×10^{-3}
	24.01	23.23	—	—			
c	B	b	—	—	1714.00	1.013	105×10^{-3}
	18.99	18.19	—	—			
d	B	b	H	—	57342.49	0.030	6.20×10^{-3}
	18.76	18.36	37.53	—			
e	B	b	H	h	875.30	1.984	311×10^{-3}
	24.95	24.55	21.61	21.26			

② 最大抗拉压应力影响分析。根据题目的已知条件，A4 纸的最大拉应力为 22.2N/mm^2，相当于最大压应力（7N/mm^2）的 3 倍。对于(a)、(b)、(c)、(d)四个截面，中性轴恰好就是截面的对称轴，所以截面受到的最大拉压应力是完全一样的，截面应力分布如图 3-21 所示。而对于等边三角形截面，其截面应力分布则如图 3-22 所示，并非沿 1/2 高度处对称。

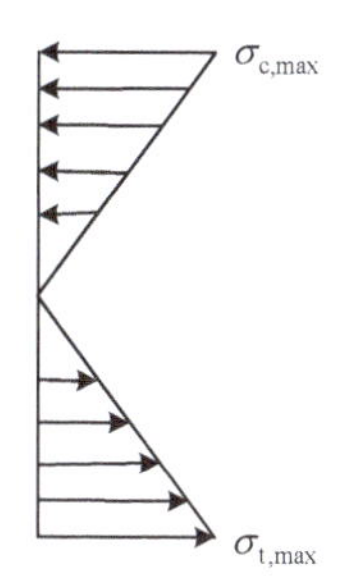

图 3-21　一般截面应力分布

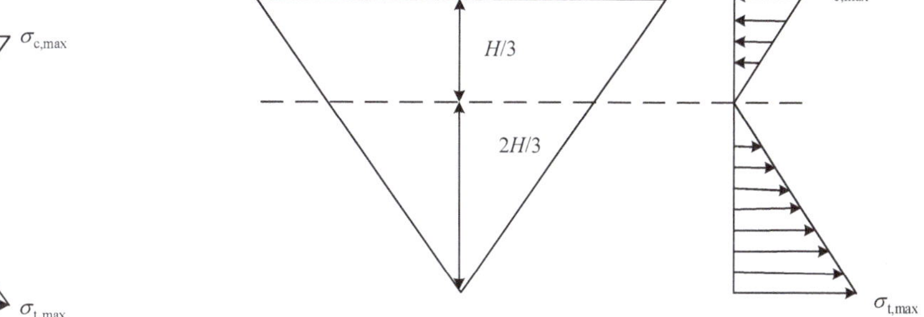

图 3-22　等边三角形截面应力分布

因此，在设计时，应充分考虑抗拉压强度不同这一重要特性，设计出上下不对称的截面，如等腰三角形截面。

③ 平面结构稳定性分析。因截面由纸折叠而成，所以横截面具有薄壁特性。在设计时应充分考虑平面结构的稳定性。一般来说，闭口截面比开口截面稳定，三角形比平行四边形稳定。

综上分析可知，双箱形截面具有最大的惯性矩，而三角形截面又最能充分利用 A4 纸的抗拉压能力不同的特性。因此，在实际设计中还要根据实际结构的受力特点和功能要求选择合适的截面。

（3）题（2）的分析结果表明，相同的材料参数条件下，可以通过结构的受力特点的分析和构件截面形状的设计来获得最优的承载能力。在实际工程中，如桥梁工程中和高层建筑的箱形基础多采用图 3-20(c)、(d)截面；水利水电工程中，输水、输油、输气管道多采用图 3-20(b)的圆环截面；钢结构中的屋面板和轻质隔墙多采用图 3-20(e)的锯齿形截面的薄壁组合结构。

4．混凝土结构加固工程中，加固层材料与旧混凝土之间通过界面间的有效黏结协同受力变形；当截面黏结不好时，新老材料间会出现脱黏问题，并进一步导致加固失败。因而，新老材料结合面处的黏结性能通常备受设计人员和研究者关注，一般采用图 3-23 所示的界面抗剪强度τ进行表征。假定有水泥基复合材料和 FRP 片材两种加固材料，拟分别对混凝土结构进行外贴加固；正式加固前为了解新老材料结合面处的黏结性能，想利用实验室的压力试验机（仅能提供压力）作为加载设备，进行测截面抗剪强度τ的试验，请根据题意设计分别适用于两种加固材料的截面抗剪强度试验的简易装置，并绘制加载示意图。（提示：两种加固材料力学特性不同，水泥基复合材料可对应钢筋网砂浆，FRP 片材可对应碳纤维布）

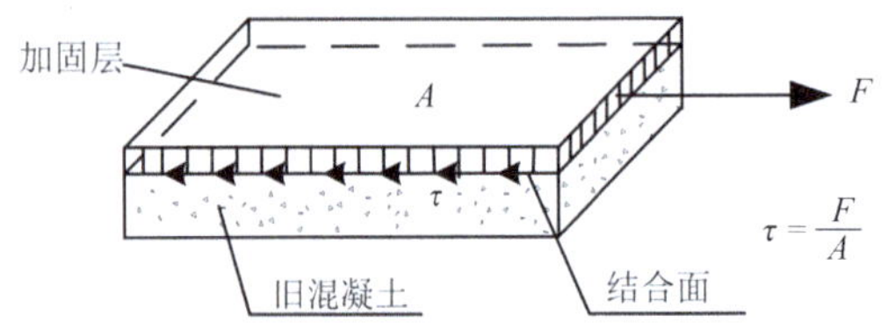

图 3-23　新老材料界面黏结示意图

参考答案：

根据题意可知，新老材料间的界面黏结性能试验的关键是要在两种材料的结合面处形成有效剪应力，所设计的试验装置要能使新老材料间形成错动。分析两种加固材料的特性可知，水泥基复合材料中的水泥基抗拉强度有限，易受拉开裂，因此不能直接采用让加固层受拉的试验方案，同时考虑试验设备限制，因此宜采用图 3-24 所示的双面剪切试验装置；同样，FRP 片材很薄，刚度不足，无法承受较大压力，因此宜让片材受拉形成界面剪应力，同时考虑压力试验机只能提供压力的特点，宜采用图 3-25 所示的双面剪切试验装置。

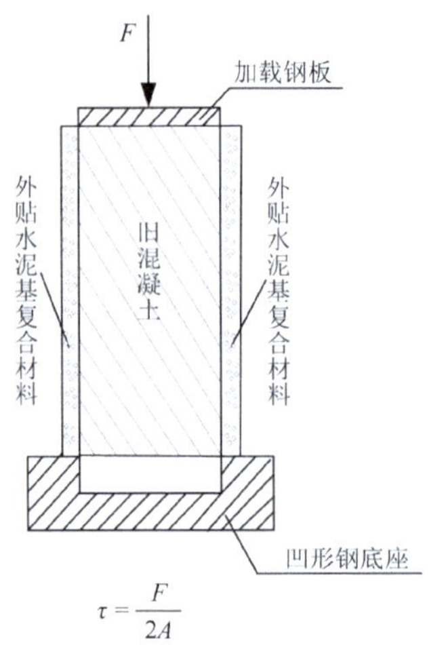

图 3-24　水泥基复合材料加固混凝土的剪切试验装置

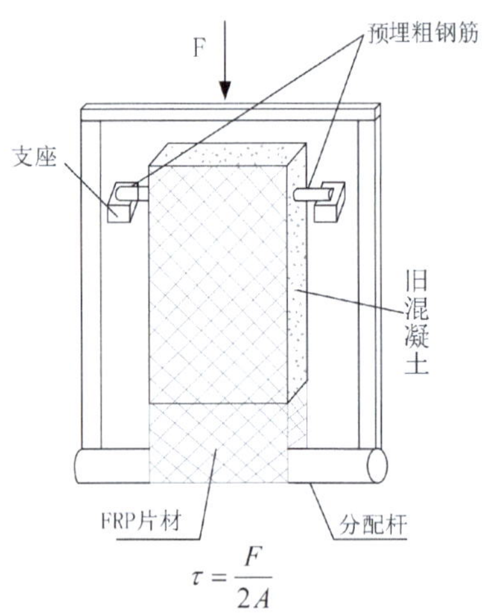

图 3-25　FRP 片材加固混凝土的剪切试验装置

第 4 章　土木类大学生小型创新实验

实验教学是衔接课程理论与实践的重要桥梁。在很长一段时期内，高校中一般都仅提供常规的指标测定实验供学生操作，而忽视了在这个基础性实践环节对学生创新精神的培养。近年来，为了激发学生的创新能力，创新设计型实验在一些工科基础力学课程中广泛开展，尤其鼓励学生自主设计实验、自主制作实验模型装置，来验证实验原理或模拟实际现象。这不仅加深了学生对书本理论知识的理解记忆，也为原本枯燥的教学过程增添了乐趣。

本章介绍河海大学为土木、交通专业研制的几个演示模型实验装置及其操作方法。这些小型实验灵活、简便、易操作，性价比较高。并且其实验装置可以分解成多个模块，不同模块的拼装组合可用于不同的实验。实验者可以自己动手组装，更大程度地发挥动手能力及思维创新能力，从而加深对土木类专业基础课程（如土力学、钢筋混凝土结构、道路材料等）相关理论知识的理解。

4.1　高液限土的膨胀特性演示实验

4.1.1　简述

以蒙脱石为主要矿物成分的膨胀土是一种高塑性黏土，其具有吸水膨胀、失水收缩和反复胀缩变形、浸水承载力衰减、干缩裂隙发育等特性，致使膨胀土地基易在干湿交替环境下产生不均匀的竖向或水平胀缩变形，从而导致上部建构筑物的位移、开裂、倾斜甚至破坏，危害很大。在工程中，一般不将其直接用作填料，必须经过必要的技术处理。

我国膨胀土分布广泛，地质环境复杂多变，随着工业化和城镇化的不断推进，膨胀土对工程建设的不利影响也逐渐明显，对膨胀土的相关研究也得到了越来越多的重视。在《土力学》学习中常常接触土体压缩沉降的我们似乎难以想象膨胀土的膨胀过程，也不能直观感受到膨胀土到底能“膨胀”到什么程度。

那么如何在实验室中模拟出膨胀土的膨胀现象？我们又如何减弱膨胀土的膨胀特性呢？以下就是一种设计实验的描述。

4.1.2　实验材料与仪器

（1）选用一种高液限膨胀土（小于 0.074mm 的颗粒含量大于 50%，液限大于 50%，塑性指数大于26的土称为高液限土）作为实验对象，如本书中所选用的膨胀土液限为 139.3%，塑限 32.2%，颜色呈浅红色。

（2）膨胀土的膨胀性演示模型（包括：①模型置样槽及土体；②真空泵；③镂空隔板；④密封盖），模型筒直径 14cm、高 18cm，如图 4-1 所示。

（3）直径 13cm 的滤纸。

（4）纯水。

（5）饱和石灰水。

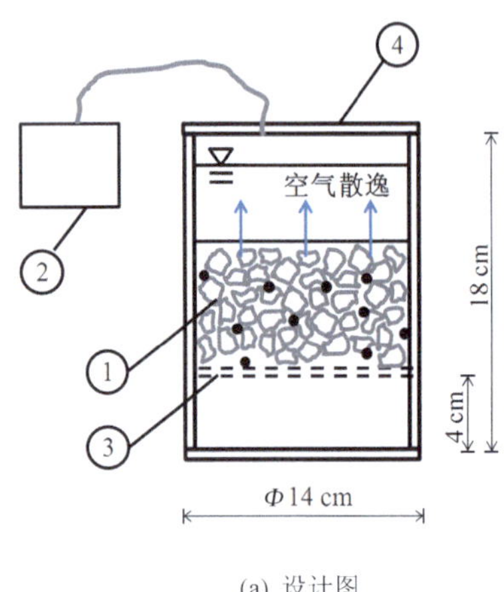

(a) 设计图

(b) 实物图

图 4-1 膨胀土膨胀性演示模型

本实验采用真空泵来类似进行真空抽气饱和，使膨胀土孔隙中的空气溢出，孔隙中充满水。此外应注意避免饱和石灰水与空气长时间接触。

4.1.3 实验步骤简述

（1）在距模型筒底部 4cm 处设置一镂空隔板，隔板下部注水，上部垫滤纸。将实验所采用的膨胀土承装入筒，倒入适量的纯水，并在模型筒顶部添加一个可与真空泵直接相连的密封盖，记录土体高度。

（2）打开真空泵开始抽气，可以看到气泡从土上层的水中逸出，上部的水慢慢下渗。土体表面先是出现几个较小的隆起，逐渐隆起部分增多增大，最终土体整体向上膨胀。继续抽气直至基本没有气泡逸出后半个小时，如图 4-2 所示，并记录土体高度。

(a) 实验前

(b) 实验后

图 4-2 膨胀土膨胀性演示实验现象

（3）打开密封盖，加入适量的饱和石灰水，重复步骤（2），如图 4-3 所示，并记录土体高度。

(a) 实验前

(b) 实验后

图 4-3　改良膨胀土膨胀性演示实验现象

4.1.4　实验结果揭示

未加入饱和石灰水时，土体高度上升为原始的 1.3 倍左右，即土体体积膨胀为原始土体的 1.3 倍；而加入饱和石灰水后，土体体积膨胀为原始土体的 1.2 倍。

4.1.5　实验原理揭秘

吸水膨胀、失水收缩性质是黏性土的共性，只有当黏性土的胀缩性增大到一定的程度，产生膨胀压力或收缩裂缝，足以危害建筑物稳定安全时，才可将其称为膨胀土。通过以上实验，我们可以观察到，随着土体含水率的增加，膨胀土的体积变化十分明显，这一体积变化极大地影响了工程施工的安全稳定。

那么“膨胀”这一过程是如何产生的呢?

显微电镜下可以清晰看出，蒙脱石的晶胞是由两层硅氧四面体和一层夹于其间的铝（镁）氢氧八面体组成的 2:1 型层状硅酸盐矿物结构。晶胞外围是以负电性的二价氧离子为边界，两个晶胞表面的同性相斥使得晶胞间距增大，加之一些晶胞中还存在内部正电荷的置换或损失，将导致晶胞间负电性增强，斥力进一步增大，在宏观上就表现为土粒比表面积增大、土粒间孔隙增加，水容易侵入。更因为水分子具有极性，侵入孔隙中，不是到此一“流”，而是到此一“留”，也就进一步增加了晶胞间距和宏观孔隙。

由于蒙脱石强大的吸水能力造成以其为主要组分的黏土拥有显著膨胀的特性，诞生了名为膨胀土的特殊工程土。

而在我们的实验中可以发现，加入石灰水可以减少土的膨胀，那么这样做的原理又是什么呢？石灰解离出的钙离子与黏土胶体颗粒中的钾离子、钠离子进行交换，增加了晶胞的正电价，从而一定程度上中和了土粒带有的负电特性，减少同性相斥，缩小了水分子可以“见缝插针”的空间，里面的水被挤出去，外界的水也进不来，膨胀土的胀缩特性也就得到了缓解。

4.1.6　拓展延伸

目前膨胀土改良方法主要有物理方法、化学方法、生物技术改良及利用固体废弃物改良等。物理方法有掺纤维改良、风化砂改良；化学方法有石灰改良、水泥土改良、固化剂改良、改性剂改良；固体废弃物改良有粉煤灰改良、掺绿砂改良、电石渣改良、碱渣改良、煤矸石改良、矿渣复合料改良等方法。

建议同学查阅相关资料，在实验条件允许的情况下选择几种改良方法，自行设计实验，比较各种方法对膨胀土性质的改良作用，并综合考虑经济效益与施工工艺，采用数学分析法评判各种方法的优劣。

4.2 盐碱地形成过程演示实验

4.2.1 简述

盐碱地是一种独具特色的重要生态类型，也是宝贵的土地资源，根据联合国教科文组织和粮农组织不完全统计，全世界盐碱地的面积为 9.5438 亿 km^2，其中我国为 9913 万 km^2。我国碱土和碱化土壤的形成，大部分与土壤中碳酸盐的累积有关，因而碱化度普遍较高，严重的盐碱土壤地区植物几乎不能生存。

各种盐碱土都是在一定的自然条件下形成的，其形成的实质主要是各种易溶性盐类在地面作水平方向与垂直方向的重新分配，从而使盐分在集盐地区的土壤表层逐渐积聚起来。影响盐碱土形成的主要因素有气候条件、地理条件、土壤质地和地下水、河流、海水以及耕作管理等。在实验室，如何来模拟盐碱地的形成过程呢？下面就是一种盐碱地形成过程演示实验的描述。

4.2.2 实验材料与仪器

（1）盐碱地（实验选用了渗透性较好的砂土，砂土渗透系数为 1.4×10^{-2}cm/s，并采用饱和食盐水进行实验）形成演示模型（包括：①模型置样槽；②镂空隔板；③水位控制阀；④碎石垫层；⑤陶瓷加热灯；⑥温度计），直径 15cm，高度 18cm，如图 4-4 所示。

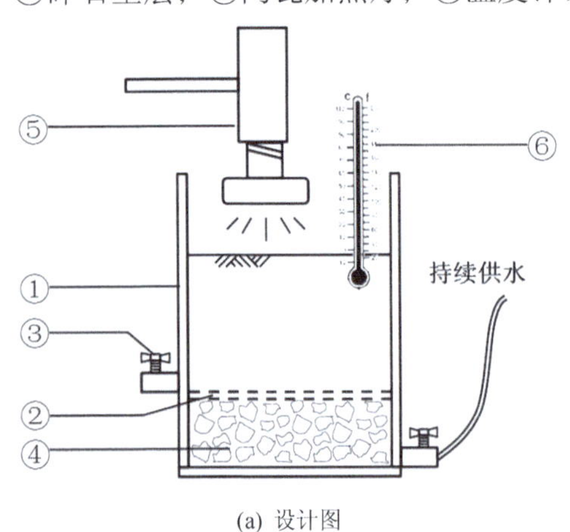

(a) 设计图

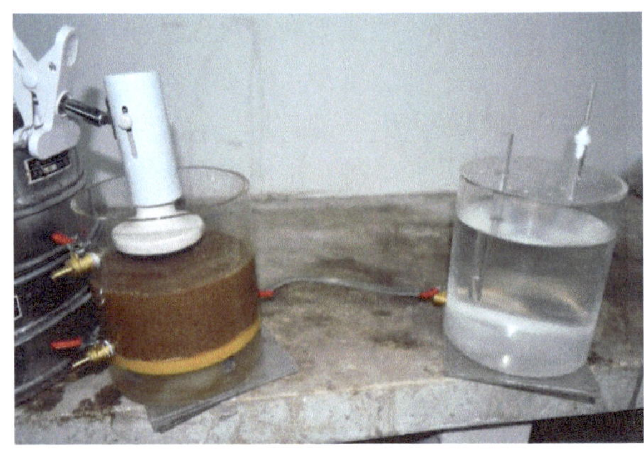

(b) 实物图

图 4-4 盐碱地形成演示模型

（2）滤纸，直径大概为 14cm。

（3）可溶性盐类，主要为 NaCl 等。

4.2.3　实验步骤简述

（1）制作一规格直径 15cm、高 18cm 的模型筒，距底部 4cm 处设置一镂空隔板，隔板下部放置碎石垫层，上部垫滤纸承装 10cm 的透水性较好的砂土。

（2）摆好加热灯，灯泡伸入置样槽中，靠近土体表面（模拟阳光的热辐射）。

（3）在碎石垫层中放入足量的盐。

（4）将供水管另一头连接水龙头，打开水位控制阀及水龙头，对实验装置持续供水，观察现象。

4.2.4　实验结果揭示

如图 4-5 所示，持续供水 1h 左右，在土表面沿着与筒体接触的位置开始出现一些颜色较淡的白斑，陶瓷加热灯底部砂土表面也出现白斑，白斑逐渐向四周扩大且白色越来越深。

(a) 实验前

(b) 实验后

图 4-5　盐碱地形成实验前后正常土体表面变化

持续供水 2～3h 后，砂土表面出现大量的白色晶体，与初始的颜色差别较大，现象较为明显。此时，我们在开头所见到奇怪现象便一一呈现出来了。

4.2.5　实验原理揭秘

本实验主要模拟了现实中盐碱地的形成，其形成的实质主要是各种易溶性盐类在土层中作水平方向与垂直方向的重新分配，从而使盐分在集盐地区的土壤表层逐渐积聚起来。其影响因素主要有以下几种。

（1）气候。在我国东北、华北的半干旱地区，春季地表水分蒸发强烈，地下水中的盐分随毛管水上升而聚集在土壤表层，这是主要的“返盐”季节，类似于实验中“出现白斑”的现象。夏季雨水多而集中，大量可溶性盐随水渗到下层土中或溶于地下水中流走，这就是“脱盐”季节，类似于实验中的“白斑消失”这一现象。但在西北地区，由于降水量很少，土壤盐分的季节性变化不明显。

（2）地形。从大地形看，水溶性盐随水从高处向低处移动，在低洼地带积聚。盐碱土主要分布在内陆盆地、山间洼地和平坦排水不畅的平原区，如松辽平原。本实验中在碎石垫层中放入足量的盐，水经过碎石垫层时，盐分即会溶解形成浓度较高的盐水，类似于现实中水溶性盐的积聚。从小地形（局部范围）来看，土壤积盐情况与大地形正相反，盐分往往积聚在阳光充足的局部小凸处，类似于本实验中白斑主要出现在陶瓷加热灯的底部。

（3）土质。质地粗细可影响土壤毛管水运动的速度与高度，本实验中应采用透水性较好的砂土。

（4）地下水。地下水影响土壤盐碱主要在于地下水位的高低及地下水矿化度的大小，地下水位高，矿化度大，容易积盐。本实验通过水位控制阀控制土体下部恰好淹没在水面中，且保证了液面稳定在一定高度，并且本实验中的“地下水”中含盐分较高。

4.2.6 拓展延伸

目前全球盐碱地面积已达 9.5 亿 km^2。土壤盐碱化已成为重要的环境问题之一。究其原因主要是不适当灌溉、植被破坏和海水内侵。在人口不断增长、耕地逐渐减少的情况下，改良利用盐碱地具有重要意义。采取的基本方法包括工程措施、耕作措施和综合措施。植树造林是改良盐碱地的生物措施之一，不但可以改善环境、抑制土壤盐碱化,而且可以直接利用盐碱地生产林木果品，提高盐碱地的生产能力和经济效益。

盐碱地是一种重要的土地资源。随着人口压力不断增大，人们越来越重视开发改良大片分布的盐碱荒地来缓解危机。当前，有关盐碱地的研究主要集中在土壤盐渍化的评估与测量、土壤水盐运动、劣质水利用和物理、化学、生物等不同措施改良盐碱地效果方面。我国盐碱地面积大、分布范围广，如何科学合理、可持续地开发利用对国家生态环境建设和后备耕地资源拓展具有重要意义。

前面已经介绍了盐碱土的形成与气候条件和土壤质地有关，在实验条件允许情况下，同学可自行设计实验，改变实验条件，如对比不同温度、不同土质条件下，观察盐碱地形成的情况。

4.3 管涌及流土现象演示实验

4.3.1 简述

提起土的渗透破坏，学习过《土力学》的同学在脑海里应该立刻会回想到两个名词——“管涌”与“流土”。管涌是指在渗流作用下，土体中的细颗粒被地下水从粗颗粒形成的孔道中带走，从而造成土体塌陷的现象。流土是指在渗流作用下，土体表面出现局部土体隆起，甚至某一范围内的颗粒或颗粒群同时起动而流失的现象。

至此同学可能会有疑问，只有细小颗粒流失、而粗大颗粒留在原位的管涌真的会发生吗？“沸腾”般的流土到底有多剧烈呢？以下就是一种设计实验的描述。

4.3.2 实验材料与仪器

（1）管涌及流土实验模型（包括：①模型置样槽；②排水阀；③水位控制阀；④镂空隔板；⑤流速控制阀；⑥恒压供水瓶；⑦气压控制阀；⑧水流控制阀；⑨起升架），如图 4-6 所示。

（2）滤纸。

（3）本实验中所采用的管涌型土的粒组频率曲线如图 4-7 所示。渗透系数为 1.7×10^{-2}cm/s。流土型土为较细颗粒黏土，渗透系数为 4.8×10^{-5}cm/s。

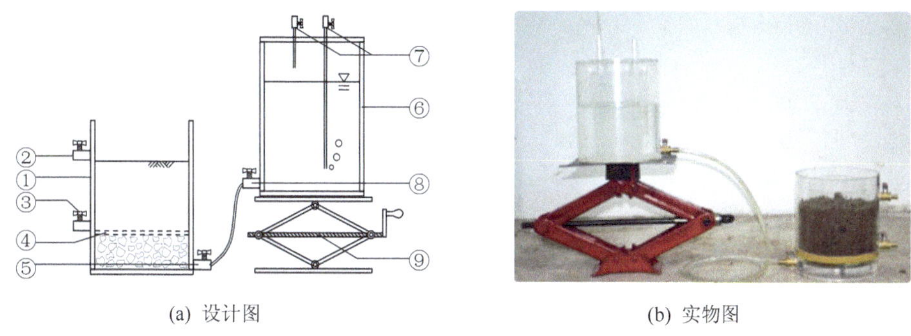

(a) 设计图　(b) 实物图

图 4-6　管涌及流土演示实验模型

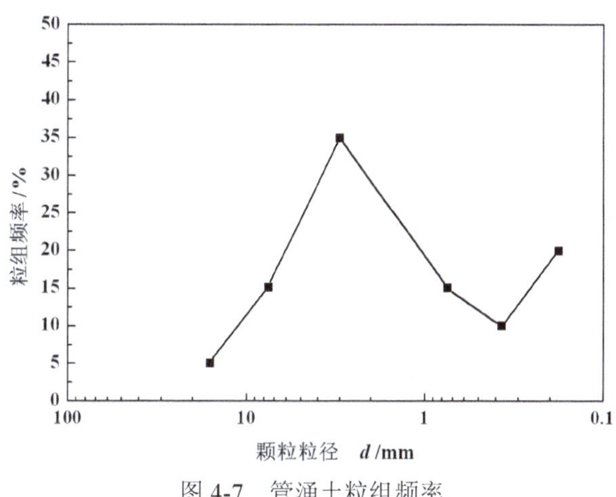

图 4-7　管涌土粒组频率

4.3.3　实验步骤简述

（1）组装好供水装置以及置样装置，用水管将二者连接，保持所有水阀均为关闭状态，并在供水装置的恒压供水瓶中加入足量的水；分别根据管涌型土的判别标准和流土型土的判别标准配置一组管涌型土和流土型土。

（2）在实验筒中放入事先配好的管涌型土，打开排水阀、流速控制阀及水流控制阀。

（3）将实验筒中的管涌型土改为流土型土，重复实验步骤（2）。

4.3.4　实验结果揭示

管涌实验开始阶段，渗透作用较小，颗粒无明显错动现象。通过起升架提升进水装置，当水头逐渐增大时，可以看到细颗粒开始在粗颗粒中错动，开始时错动较慢且数量较少，随着水头增大而逐渐增快增多，并在土体表面出现一些颗粒翻动，最终翻动强化，形成砂沸的现象，如图 4-8 所示。

在流土实验中，当土体破坏时，可以看出土体出现明显的裂缝。随着水头的增大，裂缝逐渐发展扩大，直至裂缝基本贯通土体，如图 4-9 所示。

(a) 渗透前颗粒分布均匀

(b) 细颗粒错动

(c) 细颗粒翻涌

(d) 砂土翻涌增大

(e) 多处出现冒砂

(f) 颗粒全部沸腾

图 4-8 管涌型破坏实验过程现象

(a) 实验前

(b) 土体出现裂缝

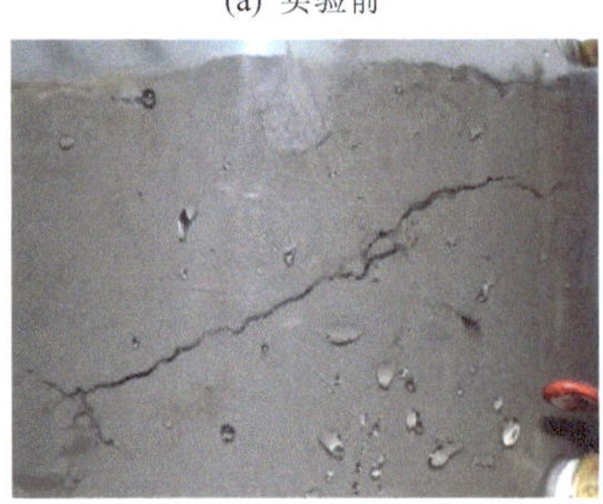

(c) 土体裂缝开展

(d) 土体最终形成裂缝

图 4-9 流土型破坏实验过程现象

4.3.5　实验原理揭秘

大量实验和理论研究表明，当无黏性土的骨料孔隙中仅有少量填料时，土的级配较差，土中细粒填料在水流作用下发生渗流流动遇到的阻力较弱，只要较小的水力梯度就足以推动填料发生管涌；而如果无黏性土的骨料孔隙中填料含量增多，以至骨料孔隙内全被填料塞满，填料受到的阻力最大，土体便不会发生局部的管涌，而只能发生整体流土破坏的状况。

4.3.6　拓展延伸

实验的一个重要变化因素在于，水力梯度需要通过供水的水头变化来实现。由于一般的自来水水头在 10m 以上，比实验所需的水头大得多，连接到水龙头通过水龙头调节供水水头，改变水力梯度是不可行的。因此初步设计采用一个手摇式起升架抬高供水桶，而供水桶设计为一个可以提供恒压恒定流速水流的装置，从而实现供水水头的连续变化。

但是对于一般的开口供水瓶，随着溶液不断流出，水位一直下降，而液流的流速与静水压力成正比，因此所提供的水流流速越来越慢，不能提供恒压恒定流速的水流。用于医用洗滤的马里奥特瓶可以提供恒定流速的水流。在实验时将马里奥特洗脱瓶加塞塞紧，塞中插入玻璃管，使玻管下口深入洗脱液的底部，从而当液体流出时，瓶顶形成真空，空气只从玻璃管中进入，玻璃管下口即为接触空气点，因此只要溶液不低于玻璃管下口，玻璃管口以上溶液的增减将不影响静水压，从而自动保持流速的恒定。所提供的静水压即是插入水中的玻璃管下口高出土样进口处的高度差。由此将马里奥特瓶引进了模型中，作为供水装置，从而模拟渗流情况。实验装置设计如图 4-10 所示。

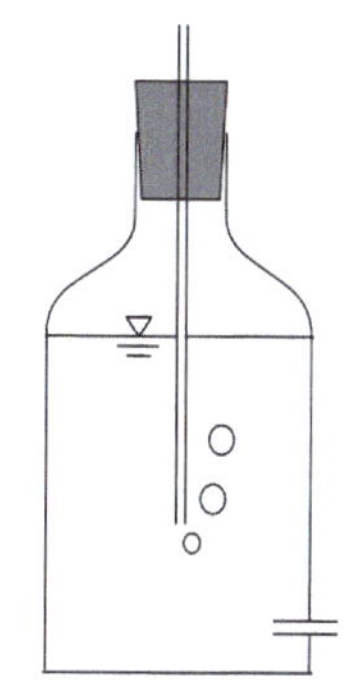
图 4-10　马里奥特瓶示意图

管涌和流土的产生需要具备两个条件：一个是土体所受的水力坡降的大小；另一个是土体的组成。主要防止渗透破坏的措施如下：设置水平及垂直防渗体，增加渗径，以降低渗透坡降或截阻渗流；设置排水沟、减压井等，降低下游渗流出口处的渗透压力，对易发生管涌的地段铺设反滤层，对下游可能发生流土的地段加设盖重等。

在实际工作中，管涌和流土一般难以严格区分，特别是防汛抢险时，也通常把二者统称为管涌险情。当发生管涌险情时，常采用反滤铺盖法、无滤反压法、透水压渗台法和水下管涌抢护等抢护方法。

4.4　土的剪胀剪缩性演示实验

4.4.1　简述

提及松砂与紧砂的区别，学过《土力学》的同学会立即想到剪胀性与剪缩性。顾名思义，我们定义土体因剪切而体积膨胀的现象称为剪胀，因剪切而体积缩小的现象为剪缩。为什么土体在受剪的时候会出现不同的体积变化呢？这个现象蕴含着什么样的土力学原理呢？以下就是一种设计实验的描述。

4.4.2 实验材料与仪器

（1）剪胀剪缩实验模型（包括：①内外螺纹接口；②套箍；③橡胶管，内部承装土体；④测压管及水位线），如图 4-11 所示。

（2）较粗颗粒的砂土，1mm 以上粒径占 80%。

（3）带颜色的水。

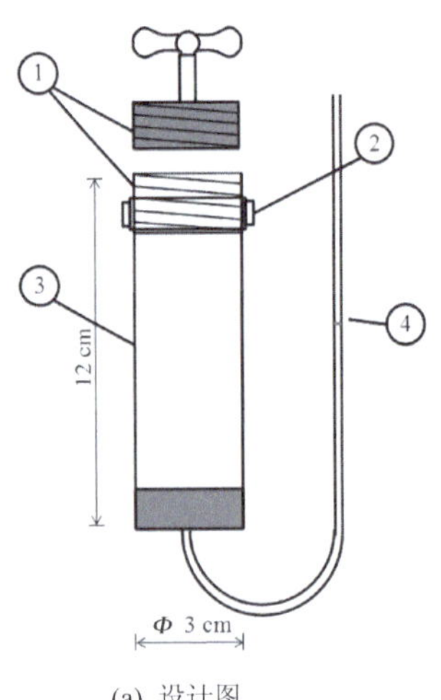

(a) 设计图

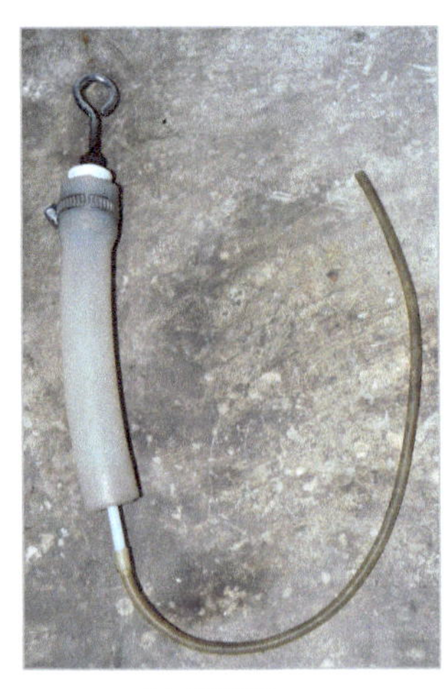

(b) 实物图

图 4-11 剪胀剪缩实验模型图

4.4.3 实验步骤简述

（1）将适量砂土分层装入上述剪胀剪缩实验模型中，每装一层便将其压缩紧密，盖上上盖，用手指扭剪橡胶管，观察测压管液面位置变化。

（2）然后将砂土以极其自然的状态装入橡胶管中，重复上述实验步骤，观察测压管液面位置变化。

4.4.4 实验结果揭示

通过上述实验，我们可以清楚地看到，同样通过手指扭剪，与装有密实砂土橡胶管相连的测压管内液面明显下降，而另一个液面却明显上升了，如图 4-12 和图 4-13 所示。

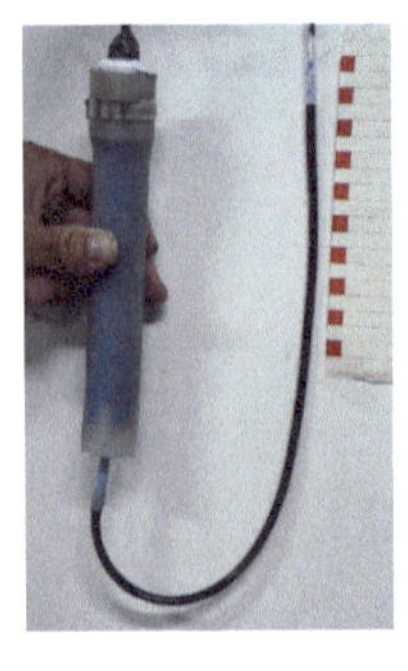

(a) 剪胀前液面

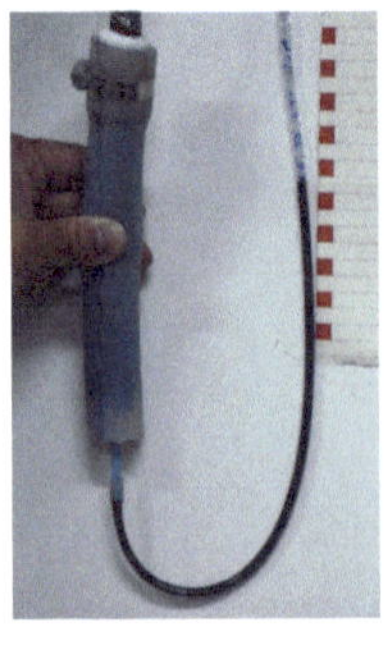

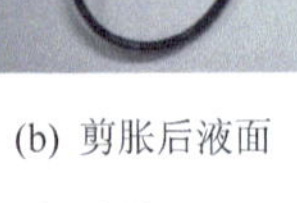

(b) 剪胀后液面

图 4-12 剪胀性实验效果

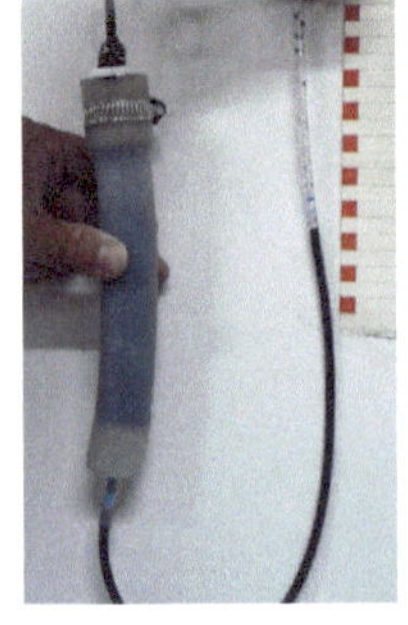

(a) 剪缩前液面

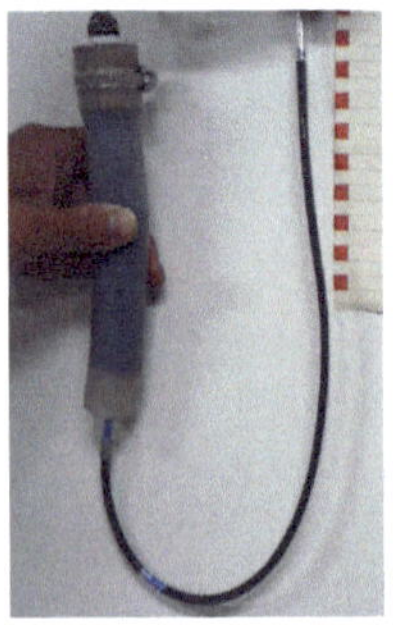

(b) 剪缩后液面

图 4-13 剪缩性实验效果

4.4.5　实验原理揭秘

广义的剪胀、剪缩性是指剪切路径下引起的材料体积变化。

土的剪胀性实质上是剪应力引起土颗粒间相互位置的变化，对于密实的砂土，就是使土体由排列紧密的状态错动为较为疏松的排列不规则状态，从而使颗粒间的孔隙加大。而发生了土体体积增大，而对于本实验，为了更清晰地看出土体的剪胀变化，采用测压管及有颜色的液体来标记对比，一旦土体体积增加，就会表现为从右侧的管线中吸水，右侧管线的水头就会下降。

而土的剪缩性质与剪胀性质恰恰相反，土颗粒由排列不规则的状态趋向于排列规则的状态，颗粒间孔隙减小，从而体积减小，表征为向右侧管线中排水，右侧管线水头就会上升。

4.4.6　拓展延伸

本实验操作简便，演示时可以邀请学生扭压橡胶管，让学生亲身感受土体受剪体变的神奇特质，从而加深对土体剪胀、剪缩性质的记忆与认知。

土体的剪胀、剪缩性是由多种效应控制的。颗粒间的相互翻越或抬起是产生剪胀的主要原因。颗粒在外力作用下的相互滑动、颗粒间的胶接破坏及颗粒的压碎是导致剪缩的重要影响因素。而颗粒的形状和取向在不同剪切条件下既可产生剪胀，也能产生剪缩。一般认为，土体的剪胀、剪缩性是这几种效应的综合表现，在不同土中或者同种土的不同剪切阶段中这几种效应互有消长。

因此，在实际的工程及实验研究中，往往还存在土体剪胀性与剪缩性的相互转化，尤其是砂土。无论多密实的砂土，在剪切初期都会出现短暂的剪缩现象。并且砂土越密实，其剪缩过程越短，剪胀过程越明显。同学可以通过查阅资料，进一步了解相关知识。

4.5　朗肯土压力以及库仑土压力原理演示实验

4.5.1　简述

朗肯（Rankine）土压力理论和库仑（Coulomb）土压力理论是计算主动土压力和被动土压力的两种基本理论。朗肯理论认为挡墙后填土达到极限平衡状态时，与墙背接触的任一土单元体都处于极限平衡状态，然后根据土单元体处于极限平衡状态时应力所满足的条件来建立土压力的计算公式。朗肯理论假设土体是具有水平表面的半无限体，墙背竖直光滑。采用该假定，目的是使墙后土单元体在水平方向和竖直方向为主应力方向。

库仑理论是库仑于 1776 年根据研究挡土墙墙后滑动土楔体的静力平衡条件，提出的计算土压力的理论。他假定挡土墙是刚性的，墙后填土是无黏性土。当墙背移离或移向填土，墙后土体达到极限平衡状态时，填后填土是以一个三角形滑动土楔体的形式，沿墙背和填土土体中某一滑裂平面通过墙踵同时向下发生滑动。根据三角形土楔的力系平衡条件，求出挡土墙对滑动土楔的支承反力，从而解出挡土墙墙背所受的总土压力。下面就是一种对朗肯土压力以及库仑土压力原理演示实验的描述。

4.5.2 实验材料与仪器

（1）土压力破坏模型（包括：①模型槽体；②挡墙；③手旋式推进；④顶撑及滑墙），如图 4-14 和图 4-15 所示。

（2）染料。

（3）无黏性砂土，内摩擦角约为 30°。

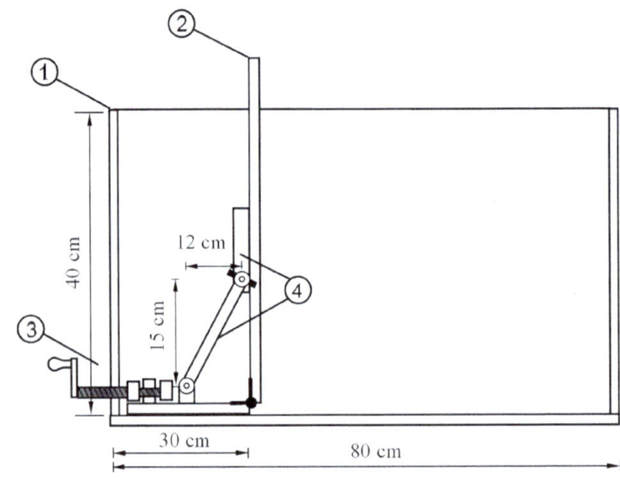

图 4-14 土压力破坏模型设计正视图

图 4-15 土压力破坏模型实物图

4.5.3 实验步骤简述

（1）制作尺寸为长 80cm、高 40cm、宽 25cm 的透明槽体；由螺旋测微计的结构，采用螺旋推进的方式改变位移，螺距采用 0.6mm，扩大悬臂，则旋转半圈可以在破坏位移数量级内；为了改变挡土墙角度，墙角用活页连接，设计采用可滑移的支撑固定角度。

（2）正式演示土压力破坏实验时，在实验槽中分层填土，用染料染色的砂土和原色砂土间隔填充。

（3）将挡土墙直立，将挡土墙面涂油以减小墙背的摩擦，填土填充平整。

（4）最后旋转手轮，使挡墙分别背离和向着土体旋转，直至土体发生破坏，观察实验现象。

4.5.4　实验结果揭示

土体均发生了破坏，但两种土体破坏的形态不相同。背离填土方向旋转的土体出现了近似竖直方向上的贯穿裂缝而发生破坏，如图 4-16 所示；向着填土方向旋转的土体出现了斜向上的贯穿裂缝，如图 4-17 所示。

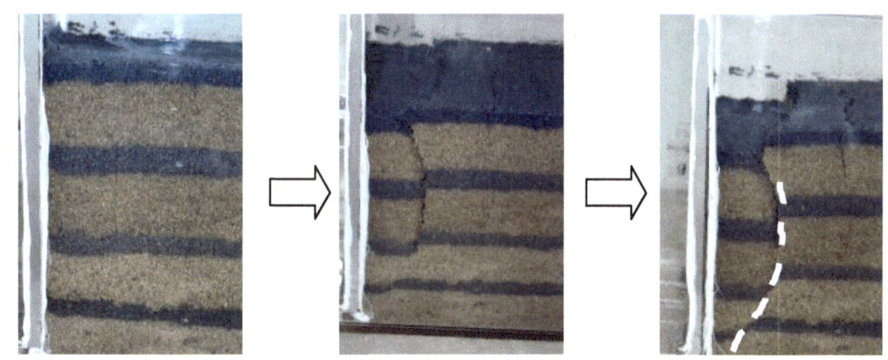

图 4-16　主动土压力破坏（局部渐进变化图）

图 4-17　被动土压力破坏（全景图）

4.5.5　实验原理揭秘

通过对《土力学》相关知识的学习我们知道，当土体达到极限平衡状态时，产生的破坏面与大主应力面的夹角为 $\theta_f=45°+\varphi/2$。因此，当土体达到主动极限平衡状态时，如果竖直面是光滑平面，则水平面为大主应力面，造成破坏面与水平面的夹角为 $\theta_f=45°+\varphi/2$。对于本章的土，内摩擦角 $\varphi=30°$，所以发生主动破坏时，θ_f约为 60°，所以我们在实验过程中发现，背离填土方向旋转的土体出现了近似此夹角的倾斜向下裂缝而发生破坏；而当土体达到被动极限平衡状态时，竖直面为大主应力面，则破坏面与水平面的夹角为 $\theta_f=45°-\varphi/2$，易知此时 $\theta_f=30°$ 左右，因而实验过程中，向着填土方向旋转的土体出现了近似此夹角的倾斜向上裂缝而发生破坏。

4.5.6 拓展延伸

朗肯土压力理论与库仑土压力理论是土压力计算的基本理论,在工程中得到了广泛的应用。朗肯理论通过研究半无限土体在自重作用下的极限平衡状态的应力条件，求出作用在挡土墙上的土压力强度及土压力大小，属于极限应力法。库仑理论则是根据挡土墙后滑动楔体达到极限平衡状态时，用静力平衡条件得出作用于墙背上的总土压力，属于滑动楔体法。

应用朗肯土压力理论一般要求墙背垂直、光滑，墙后填土表面水平，而库仑理论则考虑了墙背粗糙、墙背倾斜等多种情况，适用范围较广。但朗肯理论公式简单易记，因此人们即使在墙背倾斜情况下，也经常使用朗肯理论进行近似计算。

本实验选用了无黏性砂土作为实验土体，墙背垂直、填土面水平作为条件，学生可在实验条件允许情况下，自行设计实验，观察在填土面水平的黏性土、填土面倾斜的无黏性土、填土面倾斜的黏性土等情况下，土体发生主动破坏和被动破坏时裂缝开展变化的情况。

4.6 饱和土体振动液化演示实验

4.6.1 简述

在实际工程中，饱和松散的砂土地基，在强震情况下，可能会引起地基的液化破坏，造成建筑物失稳。液化现象，是地基土粒骨架应力与水的应力发生改变的结果。在正常情况下，建筑物地基应力σ全部由土粒骨架承担，即$\sigma_0=\sigma$；但当遭遇地震时，砂土颗粒由于受到振动，将由松散状态趋于密实，使孔隙水受到降压；同时也由于地震波历时短暂、排水受到限制，从而引起地基中孔隙水压力的瞬时升高，此时地基中的应力表示为

$$\sigma_0 = \sigma' + u \tag{4-1}$$

式中，σ_0为建筑物地基总应力；σ'为砂土骨架应力，称有效应力；u为孔隙水压力。

在地震过程中，砂土因振动不断趋于密实，孔隙水压力u也不断累积升高，有效应力σ'随之不断减少，达到一定程度后，地基就因抗剪强度的减小而失稳。如果继续振动，可使孔隙水压力u的升高达到总应力σ_0，有效应力σ'近于零，此时即使是在平坦无荷载作用的地基上，也会产生砂土流动的液化现象，使地基完全失去承载能力。可见砂土液化是与振密现象相互联系的。那么，在实验室如何来模拟土体的振动液化过程？下面就是一种饱和土体振动液化演示实验的描述。

4.6.2 实验材料与仪器

（1）振动液化模型（包括：①实验振动台；②弹簧支架；③模型置样槽；④测压水管；⑤电机；⑥偏心砝码；⑦直流电源；⑧建筑模型），如图 4-18 和图 4-19 所示。

（2）较细颗粒的砂土，砂土粒径小于 1mm 的颗粒含量为 60%。

（3）水。

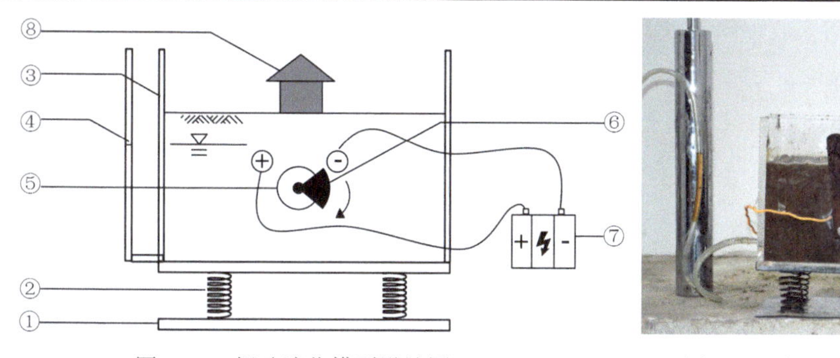

图 4-18　振动液化模型设计图

图 4-19　振动液化模型实物图

4.6.3　实验步骤简述

（1）根据混凝土制作时所采用的振动台的样式，设计了合适大小的模型槽，下方用四根硬质弹簧支撑。

（2）采用小型电动机提供动力，将电动机固定在模型槽侧壁上，塑料管套封使之与土隔绝。电动机上安装合适重量的偏心砝码，从而带动整个模型槽的左右和上下方向的振动。

（3）从模型底部引出一根测压管，用以观察振动液化时孔压变化。

（4）在槽中装好砂土，并使初始水位略低于砂土表面。

（5）打开电源，观察现象。

4.6.4　实验结果揭示

振动前砂土表面潮湿但无积水。打开电源，振动开始后，测压管水位有 2～3cm 的上升，重物逐渐下沉且表面开始积水，最终重物完全沉入土体表面以下，土体表面大量积水，如图 4-20 所示。

(a) 液化前表面

(b) 液化后表面

图 4-20　液化前后土体表面状态

4.6.5　实验原理揭秘

饱和土体液化现象是指饱和砂土或粉土在振动作用下表现出液体性质的现象，也可以说是在往返荷载作用下饱和砂土或粉土骨架间的连接遭到破坏而产生体变的现象。

在振动荷载作用时，砂土颗粒离开原来稳定的位置而运动，并力求达到一个新的稳定位置，使饱和砂土或粉土趋于密实。而细粒砂土或粉土的渗透性比较弱，孔隙中的水不能及时排除，致使孔隙水压力不断增大。根据太沙基有效应力原理，颗粒间的有效应力也就相应地减小。当孔隙水压力增长直至有效应力成为零时，砂土颗粒局部或全部处于悬浮状态。此时，土体抗剪强度等于零，形成“液化”现象。

4.6.6 拓展延伸

液化问题是土动力学和岩土地震工程研究的重要课题之一。强震下饱和砂土易发生液化并可能加重震害，在机械和波浪荷载作用下土体也存在液化问题。研究液化及相关工程问题具有重要的理论和工程意义，一直是工程抗震领域的前沿方向。

随着液化问题研究的深入，现场条件下直接开展实验成为一条新途径。这种方法可以从一个新的角度了解土体液化的响应规律。在此研究需求背景下，人工源震动下现场液化实验得到了发展，用于补充上述认识手段的不足，以便更好地掌握实际场地中土体液化响应规律和液化土体的特征。目前以此开展的研究，总体成果有限，国内更是处于起步阶段，需要大力发展。

通过对土力学书本上相关知识的学习，在实验条件允许情况下，可自行设计实验，观察不同级配的砂土在动荷载作用下砂土颗粒的液化变化情况。

4.7 混凝土动态弯拉实验

4.7.1 简述

混凝土作为一种非均匀的准脆性材料，在损伤断裂破坏过程中具有应变软化、损伤局部化的特征。随着近年来实验技术、理论方法和数值分析水平的不断进步，混凝土力学行为的研究和模型方法也经历了不断发展的过程。混凝土受到地震或冲击等动力荷载作用时，其动态力学行为与静力状态下有完全不同的破坏过程和耗能机制，对混凝土的动态破坏过程进行研究具有重要意义。

我们在进行混凝土的 SHPB（分离式霍普金森压杆）弯拉实验时（霍普金森杆冲击实验是将混凝土试件夹在入射杆和透射杆之间，使用高压气体、爆炸等方式对撞击杆进行加速，冲击入射杆并传递应力波，对试件进行动力加载），很可能在透射杆发生响应之前，试件就破坏了，不仅试件达到了准静态平衡的假设无法满足，透射杆上也采集不到有效数据，无法求得试件的动态弯拉强度。那么怎样解决这个问题呢？在冲击过程中，惯性力的作用是否影响了试件的强度呢？惯性力的大小又该如何确定呢？如果让同学来解决这些问题，你会怎么做？下面就是一种混凝土动态弯拉实验的描述。

4.7.2 实验材料与仪器

（1）水泥胶砂三联试模，尺寸为 40mm×40mm×160mm。

（2）分离式霍普金森实验装置（包括入射杆、透射杆、撞击杆、气源、发射管、发射器、示波器、动态应变采集仪、氮气、应变片）如图 4-21 所示，具体参见河海大学结构实验室分离式霍普金森实验装置。

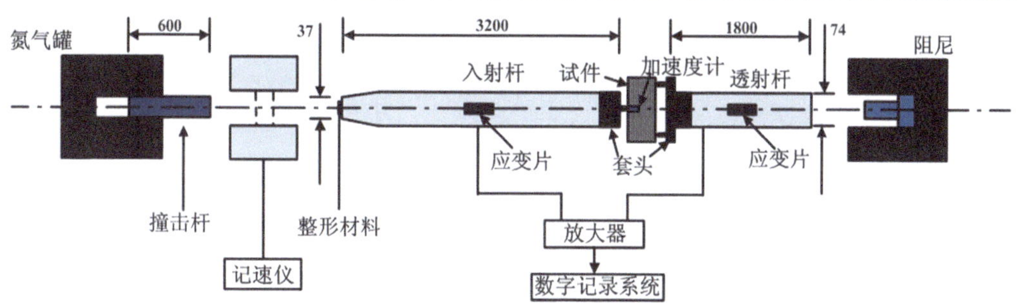

图 4-21　动态弯拉实验加载装置设计图（单位：mm）

（3）凡士林。

4.7.3　实验步骤简述

（1）准备好实验所用的混凝土试件。

（2）在入射杆和透射杆中部粘贴应变片，应变片的长向与杆轴线方向相同，采用全桥接线。

（3）将桥盒与应变片的导线连接，且应变仪调零，若不能调零，则线路连接有问题，检查连接线路。

（4）将试件放置在入射杆与透射杆端头之间，并在接触处涂抹适量凡士林。

（5）打开气源阀，将气压调至预定实验方案中的气压。首先将撞击杆用软管推动到发射管底部，在入射杆受冲击截面粘贴一枚特制紫铜片，进行波形整形；将试件放在入射杆和透射杆的端头之间，夹紧，使试件不能移动。将应变仪及示波器调零，开启发射器开关，待撞击杆撞击入射杆后，保存数据。

4.7.4　实验结果揭示

图 4-22 所示是混凝土试件及其加持方式。加载过程中，混凝土试件中部截面逐渐出现裂缝，裂缝区域不断扩大，最终混凝土试件发生断裂。

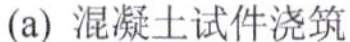

(a) 混凝土试件浇筑

(b) 试件夹持方式

图 4-22　混凝土试件及其夹持方式

4.7.5　实验原理揭秘

霍普金森实验的基本原理主要基于一维弹性波理论，在实验过程中，入射杆和透射杆皆处于弹性阶段，利用应变片记录相应测点处的应变。在开始时，应变片记录的波形成为入射波，由于波阻抗发生了改变，在入射杆与试件接触面会形成反射波，只有部分应力波会传播到试件中，最后传到透射杆中，由于透射杆中无法得到有效数据，此时可以通过测得的入射杆上的应变计算出冲击力的大小：

$$F_c(t) = -C_B Z_B[\varepsilon_i(t) + \varepsilon_r(t)] \tag{4-2}$$

式中，F_c 表示冲击力；C_B 表示波速；Z_B 表示波阻抗；ε_i 和 ε_r 分别表示入射杆上记录的入射波和反射波。

本实验采用的混凝土是一种准脆性的材料。在动态弯拉实验过程中，试件的支撑点在试件断裂前不会受到力的作用，即在实验过程中测量不到透射波。因此不能通过普通的静态弯拉模型计算断裂面处的强度，我们采用了一种无限长梁模型来等效计算断裂面处的弯拉强度，通过该模型的等效关系式和边界条件求得弯矩与冲击力之间的关系表达式：

$$M = \frac{1}{4\alpha}\int_0^t \frac{F_c(\tau)}{\sqrt{\pi(t-\tau)}}\mathrm{d}\tau \tag{4-3}$$

式中，α 为参数，$4\alpha^4 = \dfrac{\rho S}{EI}$；$M$ 表示弯矩；F_c 表示冲击力；t 表示试件的断裂时间。

由于试件本身在撞击过程中会有一定的惯性力存在，这又是与静态实验不同的，为了得到惯性力，我们采用在试件上粘贴加速度计，可以得到该点处的位移，根据材料力学中的虚位移原理即可得到该点处的惯性力，从而得到真实的冲击力和真实的弯矩。

4.7.6 拓展延伸

混凝土是典型准脆性材料，其力学性能和试件几何尺寸密切相关，存在尺寸效应。研究混凝土材料尺寸效应规律对大尺寸混凝土构件设计与应用具有重要的工程意义。混凝土尺寸效应研究主要集中在抗压强度尺寸效应方面。弯拉强度是混凝土材料的基本力学参数，是判断结构开裂、发生脆性破坏的重要指标。目前，关于混凝土材料弯拉强度尺寸效应的全面研究较少。

有研究表明，随着粗骨料粒径的增大，混凝土材料弯拉强度降低。关于粗骨料粒径对混凝土材料弯拉强度尺寸效应影响的文献较少。因此，学生可在实验条件允许情况下，开展最大骨料粒径为 10mm、20mm 和 30mm，尺寸为 100mm×100mm×400mm、150mm×150mm ×550mm 和 200mm×200mm×700mm，27 组素混凝土梁动态弯拉实验，分析不同骨料粒径下混凝土材料弯拉强度和尺寸效应规律。

4.8 正交异性钢桥面板顶板-U 肋连接细节疲劳开裂实验

4.8.1 简述

近年来，随着经济的快速发展、交通需求的日益增长，大跨度桥梁已经逐步成为现代桥梁的主要结构形式，我国相继修建了大批大跨径桥梁，如润扬长江大桥、江阴长江大桥、苏通长江大桥等。大跨径桥梁要求更小的结构自重和更高的结构强度，而钢箱梁因具有自重轻、承载能力高、抗扭刚度大、抗风性能好、制作与施工便捷等优点，广泛应用于大跨径桥梁的主梁结构。正交异性钢桥面板（图 4-23）作为钢箱梁的重要组成部分，在使用过程中，疲劳开裂日益严重，如图 4-24 所示。目前，针对正交异性钢桥面板的应力分析复杂，理论分析困难，足尺实验开展不易。因此，需考虑如何在实验室模拟实际工程状况？又怎样通过实验模拟研究开裂背后的原因？下面以正交异性钢桥面板顶板-U 肋连接细节（即截取面板中部分顶板和 U 肋）为疲劳实验标准试件设计实验进行模拟分析，并进行详细的讲解。

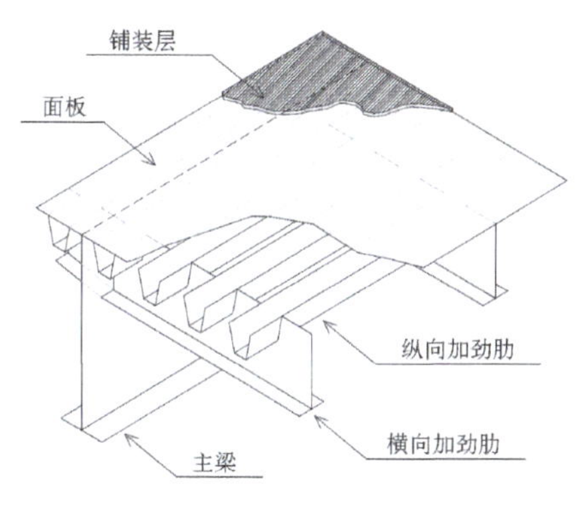

图 4-23　正交异性钢桥面板典型构造

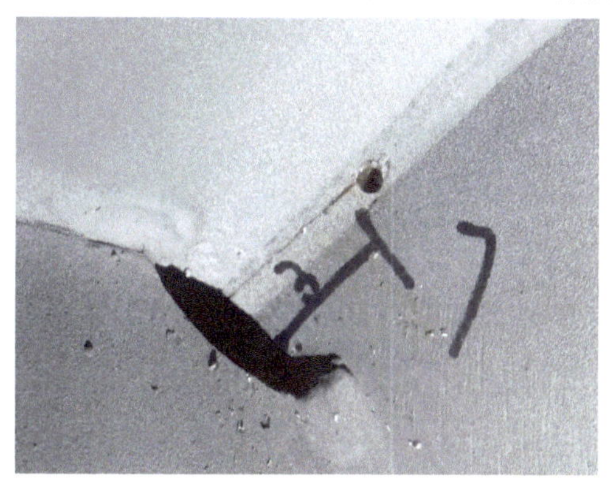

图 4-24　正交异性钢桥面板疲劳裂纹

4.8.2　实验材料与仪器

（1）疲劳实验标准试件——正交异性钢桥面板顶板-U 肋连接细节，如图 4-25 和图 4-26 所示。

（2）疲劳试验机（图 4-27 中偏心电动机）。

（3）机架、基座等。

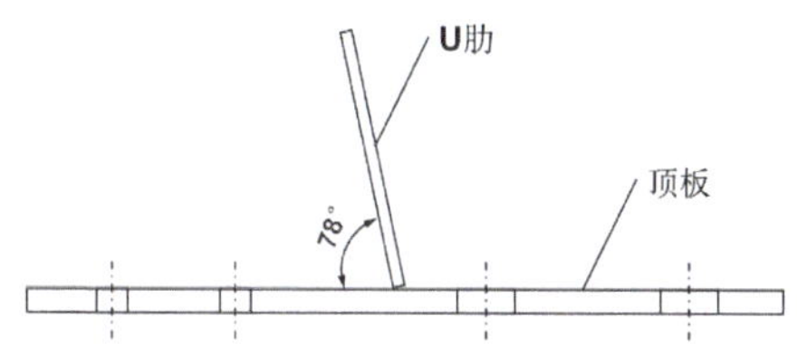

图 4-25　疲劳实验标准试件示意图

图 4-26　疲劳实验标准试件实物图

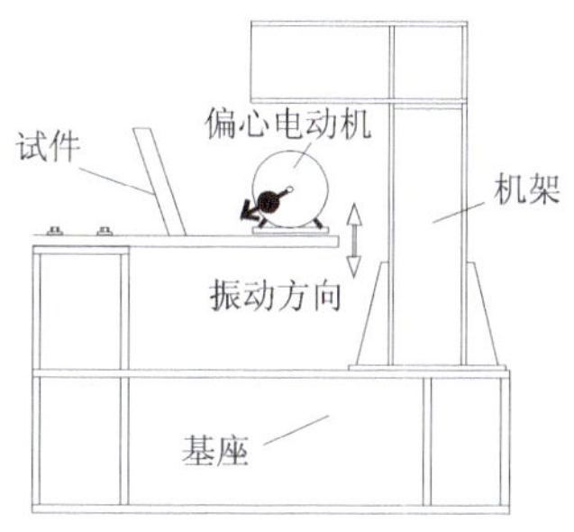

图 4-27　整体实验装置

4.8.3 实验步骤简述

（1）将试件固定在机架上，拧紧螺栓，使试件和机架形成一个整体。

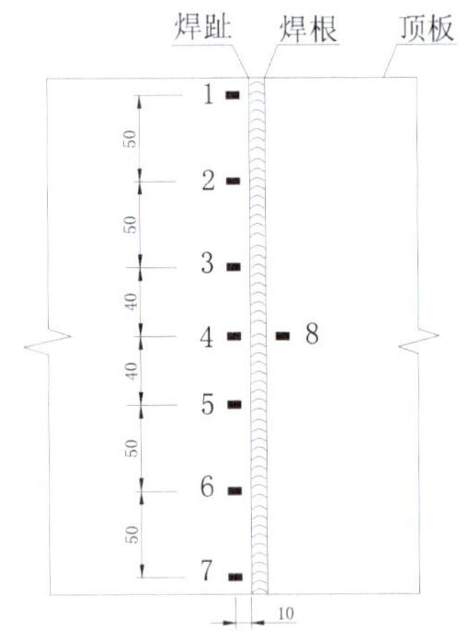

图 4-28 应变片贴片位置尺寸图

（2）将应变片粘贴至试件表面，贴片位置如图 4-28 所示。

（3）将疲劳试验机安置在试件上，拧紧螺栓，使试件和疲劳试验机形成一个整体。

（4）开启疲劳试验机，加载至试件破坏。

（5）另留一组试件作静载实验，以确定在相同应力静载下，试件经过相同实验时间，并不会发生破坏。

4.8.4 实验结果揭示

在实验过程中，可以发现，试件在疲劳试验机的长期反复荷载作用下，即使施加的应力低于钢材自身抗拉强度，甚至低于其屈服点，试件仍会出现开裂等破坏现象。实验初期，试件并无明显变化，实验后期试件焊趾或焊根处出现微观裂纹并不断开展，最终试件断裂破坏。而在相同应力、时间作用下，静载实验的试件并无明显的破坏。

4.8.5 实验原理揭秘

现实生活中，钢桥面板的疲劳开裂主要由以下几方面因素造成：钢桥面板在直接承受车轮荷载时，局部应力集中严重，车辆经过时可在局部引起数次应力循环；焊缝处难以避免存在焊接缺陷和残余应力；设计时没有考虑疲劳或疲劳考虑不合理等。同时，在实际生产实践中，材料内部总存在着微小裂纹、气泡等微观缺陷，在反复荷载作用下，缺陷相对明显处应力集中现象较为突出，产生应力高峰区，继而微观裂纹不断发展。顶板与 U 肋连接处，应力集中现象突出，当荷载反复循环达到一定次数 n 次（一般将 n 称为金属疲劳寿命）后，此时试件有效截面承载力不足以继续承载外部荷载，试件开裂，发生疲劳破坏。本实验利用疲劳试验机对试件施加定幅正弦波荷载，并实时采集（或定时采集，根据需要）应力数据，进行分析，同时，利用磁悬液、超声探测仪等辅助探伤工具探测试件的损伤情况。

4.8.6 拓展延伸

事实上，发生疲劳破坏并非名义最大应力σ_{max} 反复作用的结果，而是破坏部位足够大小的应力幅反复作用的结果。

影响疲劳寿命的因素有很多，包括循环应力（寿命因应力及其效应的复杂程度而异，如应力的周期图形、应力分布、应力幅度等）、残留应力（金属经焊接、切削、铸造、抛磨等加工过程后，可能会产生足以降低疲劳强度的残留应力）以及材料的内部缺陷（铸造缺陷如气体孔隙、非金属夹杂物、缩孔铸疵等，会降低疲劳强度）等。

针对疲劳开裂现象，国内外学者已进行过大量研究，尤其在断裂力学学科起步、微观结构研究进一步发展以及有限元分析软件开发后，疲劳开裂研究也更进一步，对此方面有兴趣的读者可以找一些相关文献阅读。

针对疲劳实验的长期性，许多研究人员对疲劳试验机做了大量的改进工作，读者也可以发挥自己的聪明才智，提出新的创意来改进实验仪器，以缩短实验时间。同时，也可以从提高实际工程结构的疲劳性能角度出发，开拓思路，对实验进行改进。

4.9　钢筋混凝土柱拟静力实验加载装置设计

4.9.1　简述

强震作用下，钢筋混凝土结构或构件会进入非线性反应状态，并在经受有限次循环荷载作用后发生破坏。为研究地震中钢筋混凝土结构或构件自加载至破坏过程中的受力特点及变形性能，通常需对钢筋混凝土结构或柱、桥墩及剪力墙等竖向承重构件进行拟静力实验（又称低周反复荷载实验），即在研究对象的正反水平方向重复加载和卸载过程以模拟地震过程中结构或构件所受的往复振动。在实验室，我们如何模拟这种过程呢？下面以钢筋混凝土柱为研究对象，展开拟静力实验加载装置设计的描述。

4.9.2　实验材料与仪器

假定实验条件受限制，开展钢筋混凝土柱拟静力实验仅有以下实验仪器和条件。

（1）液压千斤顶加载系统若干套。

（2）力传感器、位移计若干。

（3）数据采集系统一套。

（4）固定螺栓及工字形钢若干。

（5）500t 长柱压力试验机一台。

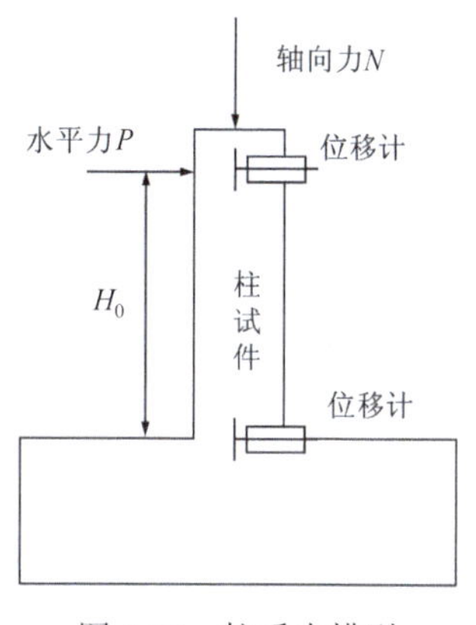

图 4-29　柱受力模型

而实验构件及装置设计如下所述：考虑到钢筋混凝土柱在水平力作用的情况下，柱子的反弯点通常在柱半高位置处，此处仅存在轴力与剪力，因此柱子的受力模型如图 4-29 所示。根据该受力模型，采取柱端固定（铰接）、柱上部施加水平力的加载方式进行实验，对应的实验装置如图 4-30(a)所示。力传感器和滑车等辅助设备的安装参见图 4-30(a)。通过在横向钢梁跨中安装液压千斤顶加载系统，施加柱子试件的竖向荷载，通过水平方向安装的液压千斤顶施加水平力。具体的拟静力加载装置实物图参见图 4-30(b)，液压千斤顶加载系统参见图 4-31。

而根据地震中钢筋混凝土柱同时受轴向力和水平力作用的特点，同时考虑到采用悬臂柱试件进行实验时柱顶摩擦约束可能对实验结果产生不利影响，尤其是实验轴压比较高时。因此，拟静力柱试件可设计为十字形构件，并采取柱端固定（铰接）、柱中部施加水平力的加载方式进行实验，柱试件及加载设计如图 4-32 所示。由图可知，柱试件中部无水平约束，可自由水平移动，相当于悬臂柱的柱顶自由端的水平侧移不受限制，因而不存在柱顶摩擦约束的影响。

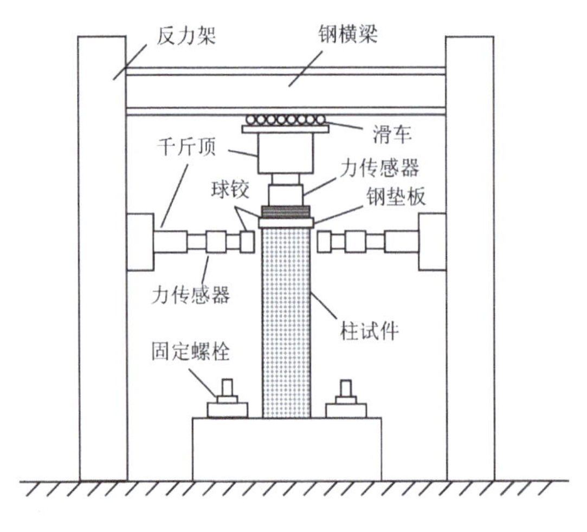

(a) 加载示意图

(b) 装置实物图

图 4-30 拟静力实验加载装置

(a) 加载千斤顶

(b) 液压油泵

图 4-31 液压千斤顶加载系统

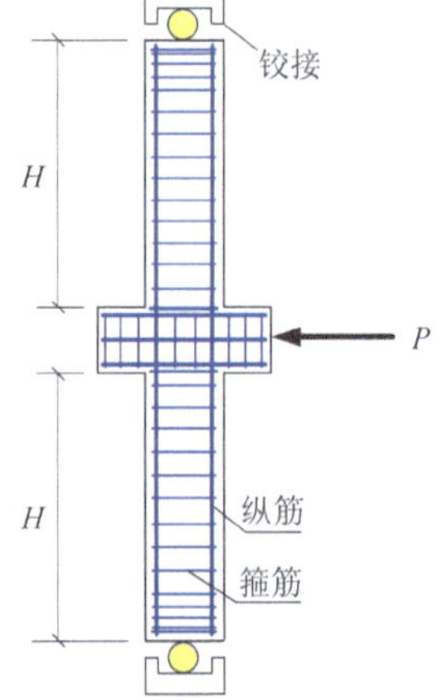

图 4-32 试件及加载设计

由于柱试件主要承受水平力作用，在进行拟静力实验设计时需要考虑水平力施加支承点问题。利用 H 型钢制作成如图 4-33(a)所示的口字形钢框架，在钢框架立柱中部可安装液压加载系统施加水平力。钢框架由两个半口字形钢架组成，在框架顶底两端的中部采用连接装置和锚固螺栓连接后形成一个自平衡体系，松开框架两端的连接装置及锚固螺栓后可方便柱试件安装。此外，力传感器、位移计及其他辅助设备的安装参见图 4-33(a)。

对于柱试件竖向荷载的施加，一是可以通过在钢框架顶部中间安装液压加载系统施加；二是可利用已有的 500t 长柱压力试验机施加，利用钢框架和压力试验机组成的钢筋混凝土柱拟静力加载装置实物图参见图 4-33(b)。需要说明的是，无论采用哪种方案来施加竖向荷载，均不影响实验结果及实验顺利进行。此外，与图 4-30 所示的实验加载装置相比，图 4-33 的实验加载装置在高度调节上会更便捷，能更好地满足不同剪跨比的柱试件进行拟静力实验。

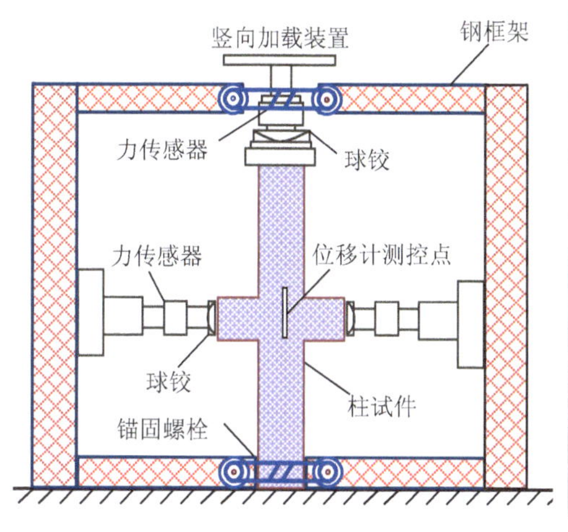

(a) 加载示意图

(b) 加载装置实物

图 4-33　加载实验装置

由于十字形柱试件的上下端均为铰接，其端部弯矩为零，最大弯矩出现在试件中部，可按梁柱节点边缘处的弯矩取值。将其按照图 4-29 所示的等效悬臂柱进行分析时，应将实验实测的力和位移值分别除以 2 绘制荷载-变形滞回曲线。

4.9.3　实验步骤简述

（1）设计并制作实验构件。

（2）安装实验构件及对应的测试方案。

（3）先施加恒定的竖向荷载，以模拟在重力情况下产生的柱子轴力水平。

（4）确定单向反复加载制度（位移控制、荷载控制以及变形-荷载双控制）。

4.9.4　实验结果揭示

图 4-34 为某钢筋混凝土柱拟静力荷载（P）-变形（Δ）实验结果，其中荷载由力传感器测得，位移由位移传感器测得。实验曲线从第一次加载到峰值，从峰值卸载到零，再反

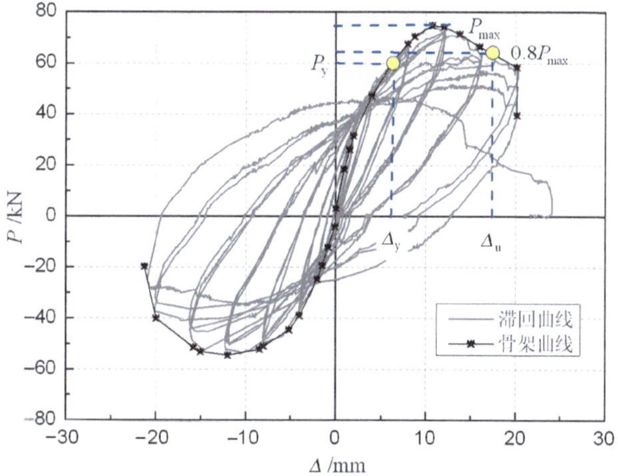

图 4-34　某钢筋混凝土柱拟静力实验结果

向加载至峰值，从反向峰值卸载到零，形成第一个滞回环。如此重复，由一系列滞回环形成的曲线称为滞回曲线，如图中浅色曲线所示；滞回曲线包围的面积衡量了构件的耗能能力，耗能能力强则地震破坏的风险降低。将第一次加载曲线及滞回曲线各峰值点相连，可得到滞回曲线的包络线（或称为骨架曲线），如图中深色曲线所示。包络线反映了构件从加载到破坏全过程的变形能力，通常用位移延性系数$\Delta=\Delta_u/\Delta_y$进行定量表征，其中，Δ_y为屈服位移，一般取构件纵筋首次屈服时对应的位移；Δ_u为最大位移，一般取荷载下降至峰值荷载 80%时对应的位移。位移延性系数越大则表明地震变形能力越强，反之地震破坏危险性越大。

4.9.5 实验原理揭秘

进行结构或构件实验就是通过在实验室条件下模拟结构或构件所处的环境或作用情况，进而对其所处工况下的受力特点和变形性能进行分析，以达到指导结构设计并保障结构安全的目的。尽管建筑结构在服役过程中受到各种作用，但以荷载作用最为主要，因此结构工程实验重在如何有效模拟实际荷载作用，并以所模拟荷载工况下的结构受力情况（强度）和变形性能分析为主要着眼点。完整的结构实验是一项复杂而细致的工作，实验能否达到预期目的主要取决于实验前规划是否周详、实验中测量方法和仪器装备是否合适、实验后现象和数据分析是否合理等，这其中就包括实验方案和实验装置设计，可以说是结构实验成功与否的关键。一套好的实验方案和合适的实验装置设计，能有效保证模拟的荷载工况与实际受力情况相一致，所得的实验结果除可用于结构计算理论验证或创立外，还可指导实际工程设计和施工；反之则可能导致实验失败，无法达到预期目的。

本案例要求进行结构实验装置设计，就是要求在明确地震作用下结构柱的受力特点后，利用结构实验室的实验条件和简易设备完成柱拟静力实验方案设计。尽管地震作用非常复杂，但等效后的结构柱受力模型相对简单，可按压弯构件的受力特点设计实验方案。当然，即便是简单的结构受力模型，当实验目的和荷载工况有改变时，采用不同实验装置进行实验所得的实验结果差别很大，甚至可能得到不合理的结果。图 4-30 和图 4-33 的结构柱拟静力实验装置均可完成相关实验，但当试件所受的轴压力较大时，前一种设计方案由于存在柱顶摩擦力影响，其实验精度会比后一种设计方案差。此外，由于结构实验主要考量结构在荷载作用下的受力和变形性能，有效模拟实际工况下的荷载施加往往是实验成功的关键，因此利用结构实验室的有限设备和仪器搭建符合自己研究目的的实验装置和平台是进行结构工程研究和创新实验的常用手段和必备技能。

需要说明的是，结构工程创新实验并不单单指改进或搭建实验装置和平台，还包括温度、湿度及收缩等非荷载作用环境的模拟和创立，新型结构体系的创立和实验，新型结构材料及体系相关实验等。但这些结构类创新实验对实验对象的理论基础和知识储备要求相对较高，随着学习和研究的深入，同学会接触到更多的结构类创新实验。

4.9.6 拓展延伸

地震作用下钢筋混凝土柱受到轴向荷载和水平两个方向反复荷载的共同作用，受力状态复杂。国内外对地震作用下钢筋混凝土柱受力性能的研究主要集中在拟静力实验和数值模拟两个方面。数值模拟研究主要集中在数值模拟方法的探讨，提出了纤维模型、多弹簧模型等计算模型。经过大量的实验验证，数值模拟方法具有一定的准确性。

在查阅有关资料，学习相关有限元软件后，可利用纤维模型对地震作用下钢筋混凝土柱的受力性能进行数值模拟研究，更真实模拟钢筋混凝土柱在地震作用下的力学行为。

4.10　大空隙沥青混合料渗水性能测试实验

4.10.1　简述

随着工业化与城市化建设的进一步推进，当今中国正面临着各种各样的水问题。在这一背景下，“海绵城市”理论的提出为这些问题的解决提供了新的思路。道路透水性铺装作为“海绵城市”的重要基础设施，其表层材料大空隙沥青混合料（OGFC）具有吸水、渗水和蓄水的功能，在很大程度上决定了海绵城市建设的成败。那么在考虑路面横坡和降雨强度的情况下，如何模拟雨水在路面 OGFC 表层中的完整流动路径？如何在 OGFC 渗水能力达到饱和形成路表径流时，分析 OGFC 表面的径流特征？如何准确测试和全面评价 OGFC 的渗水性能？以下就是一种设计实验的描述。

4.10.2　实验材料与仪器

（1）渗水性能测试装置（包括：①蓄水槽；②高度调节螺栓；③平板；④下底板；⑤沥青混合料试件；⑥通孔；⑦泄水孔；⑧铰链；⑨内部渗水排水管；⑩表面径流排水管；如图 4-35(a)和(c)所示）。

（2）渗水性能测试装置蓄水槽（包括：①储水槽；②通孔；③隔板；④排水管；⑤泄水槽；⑥泄水孔；⑦螺丝；如图 4-35(b)所示）。

（3）蜡、加热电炉、量筒、黏土太空泥、游标卡尺、水桶。

（4）实验所用的大空隙沥青混合料。

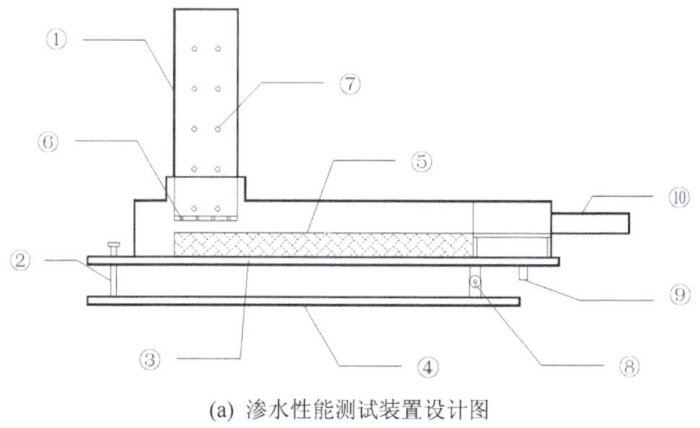

(a) 渗水性能测试装置设计图

图 4-35　渗水性能测试装置

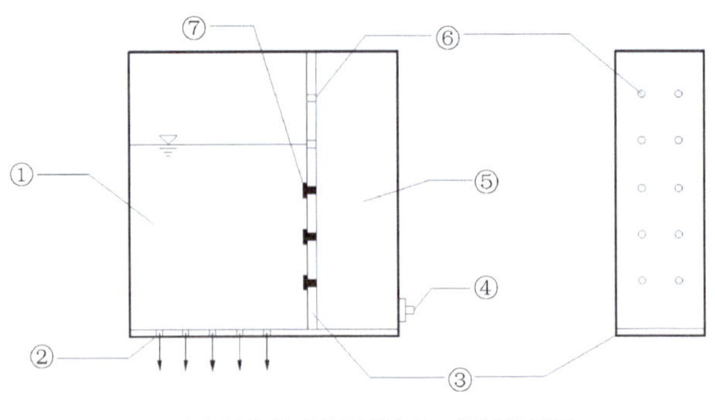

(b) 渗水性能测试装置蓄水槽、隔板设计图

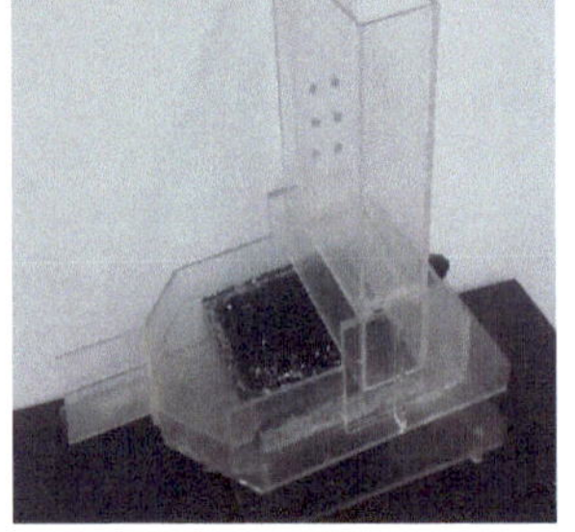

(c) 渗水性能测试装置实物图

图 4-35 渗水性能测试装置（续）

4.10.3 实验步骤简述

（1）为满足模拟雨水流动路径的需求，采用石蜡密封试件的四个表面（三个侧面和一个底面），如图 4-36 所示的未标阴影表面，将上表面作为雨水接承面，右侧竖直面作为渗水面。

（2）将密封完成的试件放入装置的凹槽中，使用黏土太空泥填充装置与试件间的空隙并用石蜡密封，如图 4-37 所示。

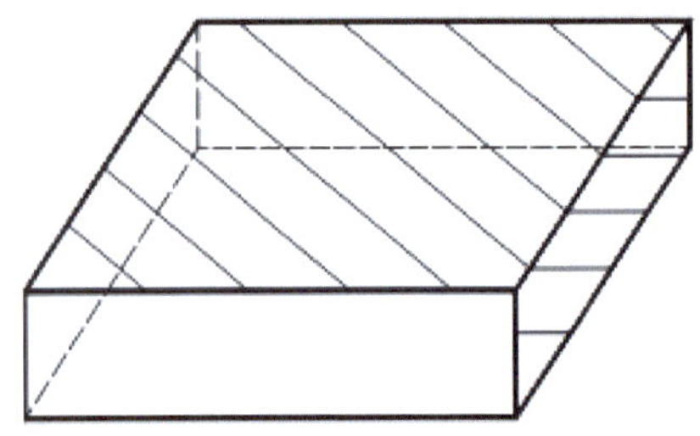

图 4-36 密封试件四个面（未标阴影）的空隙

图 4-37 密封完成后实物图

（3）按指定路面横坡旋转螺栓，调节平板左侧的高度，达到指定路面横坡。

（4）向蓄水槽中注水，待水头达到相应高度后稳定水头，如图 4-38 所示。

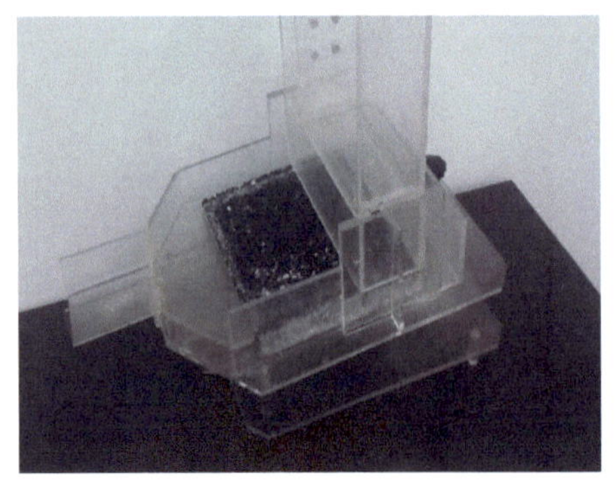

图 4-38 大空隙沥青混合料渗水性能测试实验过程图

图 4-38　大空隙沥青混合料渗水性能测试实验过程图（续）

4.10.4　实验结果揭示

在试件表面径流排水管和内部渗水排水管处放置盛水容器，计时 t s 后停止集水，分别测量所收集的试件表面水的体积 V_1 和渗透水的体积 V_2。计算全面评价 OGFC 渗水性能的三个指标：表面排水系数 SDC、渗透系数 PC 及渗透系数衰减度 PL。

1. 表面排水系数 SDC 和渗透系数 PC

分别按式（4-4）和式（4-5）计算 OGFC 表面排水系数 SDC 和渗透系数 PC：

$$\mathrm{SDC}=V_1/t \tag{4-4}$$

$$\mathrm{PC}=V_2/t \tag{4-5}$$

式中，V_1 为 OGFC 表面排出水的体积，ml；V_2 为 OGFC 渗透面流出水的体积，ml；t 为蓄水槽泄水时间，s。

2. 渗透系数衰减度 PL

按照式（4-6）计算车辙引起的渗透系数衰减度：

$$\mathrm{PL}_i=\frac{\mathrm{PC}_0-\mathrm{PC}_i}{\mathrm{PC}_0}\times 100\% \tag{4-6}$$

式中，PL_i 为车辙实验 i min 后混合料渗透系数衰减度（%）；PC_0 为车辙实验前混合料的初始渗透系数，ml/s；PC_i 为车辙实验 i min 后混合料的渗透系数，ml/s。

4.10.5　实验原理揭秘

经过大量的实验，可以得出外部因素（降雨强度、路面横坡）和内部因素（OGFC 的永久变形）对 OGFC 渗水性能的影响如下。

1. 降雨强度和路面横坡

当路面坡度不变、降雨强度改变时，在 5 种不同降雨强度下，两组不同空隙率的试件对应的表面排水系数 SDC 和渗透系数 PC 的变化曲线如图 4-39 所示。由图可知：①OGFC 的渗透能力未饱和时，表面排水系数 SDC 和渗透系数 PC 随着降雨强度的增加而增加，前者的增长幅度小于后者；②OGFC 的渗透能力饱和后，表面排水系数 SDC 随着降雨强度的增加而增加，渗透系数 PC 趋于稳定。因此，在 OGFC 沥青混合料设计过程中，应根据所在地区的降雨强度，确定合适的 OGFC 空隙率，保证足够的渗透能力，从而降低雨水从 OGFC 表面排走的概率，确保路面的抗滑性能。

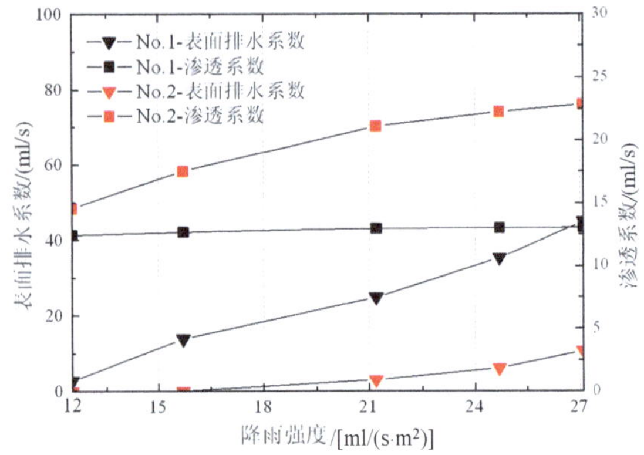

图 4-39 SDC 和 PC 随降雨强度变化曲线

当降雨强度不变、路面横坡变化时，两组不同空隙率的试件对应的表面排水系数 SDC 和渗透系数 PC 的变化曲线如图 4-40 所示。由图可知：①随着路面横坡的增加，在 OGFC 渗透能力未到达到饱和时，雨水优先从 OGFC 的连通空隙中渗透，因而渗透系数 PC 增加；②降雨强度一定、路面横坡增加时，渗透系数 PC 增加，表面排水系数 SDC 相对减小。因此在应用中，可适当选择较大的路面横坡，使 OGFC 具有较佳的渗水性能。

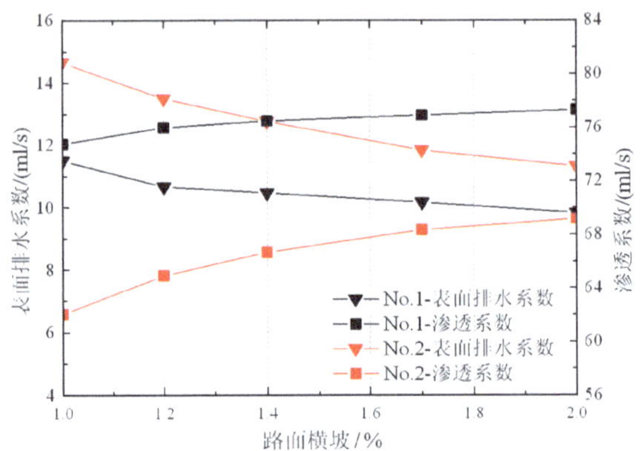

图 4-40 SDC 和 PC 随路面横坡变化曲线

2. OGFC 的永久变形

在车辙实验中，选取 8 组不同空隙率的 OGFC 试件，使用车辙实验仪分别碾压 10min、20min、30min、40min、50min 和 60min 后取出试件。采用研制新装置测试每种 OGFC 试件在不同碾压时间下的渗透系数，记为 P_{10}、P_{20}、P_{30}、P_{40}、P_{50} 和 P_{60}。实验后得渗透系数衰减度如图 4-41 所示。由图可知，随着车辙碾压时间的延长，8 组 OGFC 的渗透系数均呈现先快速下降后缓慢下降的趋势，这说明车辙永久变形在试件内部形成了渗水“瓶颈”，延缓或部分阻碍了水流的顺利渗透。

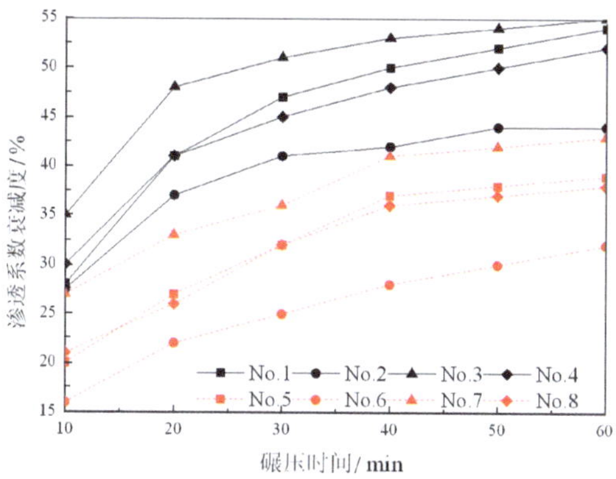

图 4-41 渗透系数随车辙碾压时间变化曲线

4.10.6 拓展延伸

OGFC 路面不仅需要耐磨耗、耐气候、耐水流侵蚀等耐久性，而且还需要排水及降噪等功能，这是进行配合比设计的同时需要考虑的问题。尽管这种路面已经应用于国外，并且有了较为成熟的设计方法，但设计时可以结合此种路面的应用范围、适合当地气候条件的集料级配、改性沥青纤维的品种、马歇尔设计指标要求以及施工方法等内容的研究，形成适应我国道路现状的 OGFC 设计方法。

第 5 章　土木类大学生创训类竞赛进阶

5.1　如何做好创新训练项目

自 2011 年起，我国教育部在“高等学校本科教学质量与教学改革工程”中确立并实施了“大学生创新创业训练计划”（简称创训项目），其中包含创新训练、创业训练和创业实践三类。由于土建工程自身的行业特点和相应高教领域的教育特色，目前，土木类大学生参与的创训项目多是以科技研究、创新实践为目标的创新训练。好的土木类创训项目在符合基本要求的同时，也应具备创新性、可行性和实用性，并能够对土木、交通行业及社会做出一定的贡献。下面简要介绍开展创训项目过程中需注意的几个问题。

1. 选题

选题是重中之重，决定创训项目的创新性、可行性以及项目的价值，也限定了本科生在规定期限内能否顺利地完成项目。掌握选题的关键和方法后，应确定选题。课题设置的一般建议：①作为本科生选题，主题应在中小科学问题的实践层面，尽量不要过于追求学术理论层面；②课题要小而精，不要过大、过高、过难，在规定时间内（一般为 1 年）有能力完成该项目；③应查阅资料，确定课题的新颖性和可行性，掌握土木、交通行业的发展趋势，了解历年项目，确定自己项目与以往的不同之处及优点，不要做重复的课题。

2. 研究背景和意义

为什么做这个课题是每个申请创训项目的队伍必须要思考的问题。通常从两方面回答这个问题：一是这个问题很重要，必须要解决；二是解决该问题能给社会带来很多好处，即学术论文中必须涉及的“研究背景和意义”。如何用学术语言清晰、缜密地阐述研究背景和意义，是申请人回答好“为什么做这个课题？”的关键。

3. 研究内容

研究内容是为了达到创训项目的目的而展开的研究，通常是针对研究背景中存在的问题，提出自己解决问题的思路。研究内容是项目完成的几个主要步骤和内容，不能太多、太乱，各内容之间需有明确的主线，并能体现项目作品的可行性和创新性。内容要切题，结构要层次分明、逻辑严密、条理清楚、思路清晰。可将核心问题分解成 3～5 个次级问题，针对每个次级问题依次设置相应的研究内容。各研究内容之间在纵向和横向维度应具有合理的逻辑关系，研究内容之间不能互相包含，也不能没有相关性，所有研究内容整合为严密的整体。

4. 研究方法

研究方法是实现研究内容的支撑，一般包括文献调查法、观察法、思辨法、行为研究法、历史研究法、概念分析法、比较研究法等。研究内容的完成需要一系列紧密相关的流程，每个流程涉及不同的研究方法，选择合适的研究方法也是至关重要的。

5. 项目成效

每个项目选题都有其针对研究背景而产生的意义，以及其最终要达到的研究目的。而最终创训项目是否能达到课题设立之初而定的目标，并产生何种效益，这需要通过不同的方法进行验证和证明。选择合适的方式证明项目成效，不仅能更清晰地认识到该项目的意义所在，也能够更直观地向读者呈现出项目目标和优势。

5.1.1 如何做好土木方向创训项目

土木方向创训项目的流程如图 5-1 所示，主要包括选题与立项、项目实施过程和方式以及结题与展示三个环节。结合土木工程的学科特点，立项内容主要有理论推导类、试验研究类和数值研究类等，实施方式主要有理论研究、试验研究、程序编制和数值模拟等。参加创训项目的大学生在每个环节上均应有相对明确的认知，以自身为主体，并处理好细节，以获得项目的成功。

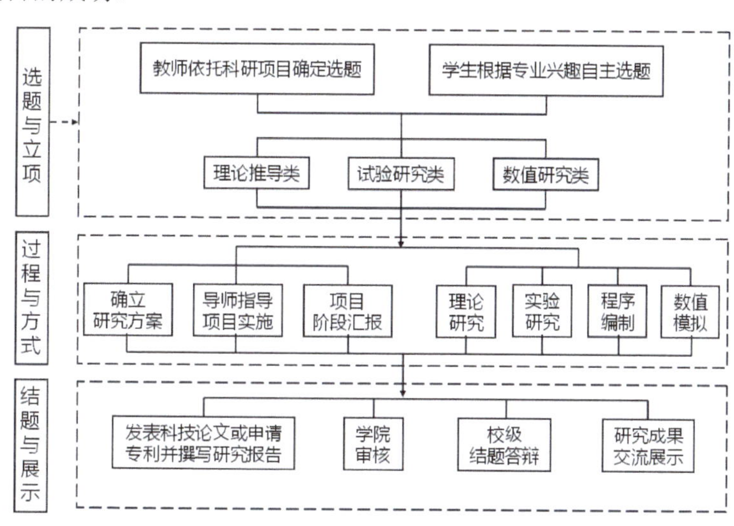

图 5-1　土木方向大学生创新训练计划项目的实施流程

1. 选题与立项

与大学课堂教学相同，创训训练过程也需遵循“双主”原则，即教师的主导性和学生的主体性。一方面，教师出题的时候应把握好选题的难易程度。由于大学生缺少足够的专业知识，技术难度的把握非常具有挑战性。另一方面，大学生如果想成功完成创训项目，应充分发挥自己的主观能动性，主动和指导教师交流，深入了解课题，及时完成选题难度的修正，从而保障自己更好地完成创训项目。

1）选题类型

大学生选题立项分为两类：一类是教师立项类，即教师依托科研项目直接确定题目或者给学生提供多个题目以供选择；另一类是学生立项类，即学生根据专业兴趣自主选题。针对教师立项类，指导教师根据所承担的科研项目、教学任务等拟定项目名称，并撰写立项报告，然后学生组队申请对应项目，并在立项教师的指导下实施和完成项目；学生立项类则是学生作为项目负责人，结合自身感兴趣的专业问题进行立项申请，并邀请有关老师作为指导老师，指导实施和完成项目。相比之下，由教师立项项目通常是其科研的一部分，具有较好的资金保障和一定的研究基础，而且还有研究生作为导师助手协助指导，项目的创新性和科技水平也都经过一定的前期论证，是创训项目的主要来源。

大学生创训项目选题主要有理论推导类、试验研究类和数值研究类等，根据大学生的知识储备，大部分学生选择试验研究类的创训项目。这主要是因为理论推导类和数值研究类均要求学生具有较强的理论基础，难度相对较高。当然这三者不是完全隔离的，也可以在同一个项目中以试验研究类为主，辅助以数值研究或者理论研究。

2）自主选题的关键

创训项目的初衷是培养学生的思考能力和动手能力，鼓励大学生自主选题，所以，抓住自主选题的关键也很重要。

（1）掌握新问题或热点问题。随着社会经济发展，土木工程领域出现很多新问题和新事物。解决这些新问题通常伴随着创新性，是创训项目立项的重要方向。国家定期发布的五年规划，中华人民共和国住房和城乡建设部（简称住建部）和中华人民共和国交通运输部（简称交通部）定期发布的主要立项课题，中华人民共和国科学技术部（简称科技部）定期发布的科研选题方向，都是为近期新出现的土木工程问题而设定的研究热点。申报者可以根据以上信息确定创训项目选题，以保证作品的创新性、实用性、可行性。

例如，2017年科技部公布的“十三五”重点研发计划中有“绿色建筑及建筑工业化”，该重点专项包含的内容与传统土木比较相关的有：①绿色建材；②绿色高性能生态结构体系；③建筑工业化；④建筑信息化。大学生可以结合自己所在学校的优势选择相关的方向，进一步细化，找到合适的选题内容。例如，在方向②中涉及的高性能组合结构体系的研究，与平时课程所学的钢筋混凝土结构和钢结构设计关系密切，大学生可在接触了这些课程后探索组合结构的性能研究。又如当前国内很多城市在夏天饱受内涝的问题，为此提出了“海绵城市”的发展计划。在海绵城市的发展中，需要用到透水混凝土，如何研制这种材料，既保证一定强度又有透水性也值得大家研究。

（2）具有一定的好奇心。大学生正处于富有精力和激情的年龄阶段，有着极强的好奇心和学习潜力。大学生不应被动地接收老师和课本传达的知识，而应以自己的知识为基础，带着怀疑与好奇心去看待老师传授和书本讲述的知识，并通过研讨和查阅资料判断知识是否正确，是否存在缺陷。若存在问题，应该如何改正。教材中的很多理论会有前提和假设，如果这种假设不被满足，该如何处理。例如，《土力学》中的太沙基一维固结理论有多条假设，如果有假设不满足，该如何计算土体的固结。又如“材料力学”课程有四条基本假设，如果有假设条件不满足，又该如何计算结构构件的内力和应力。带着这种怀疑和好奇心，就有可能有新的发现，并可能发展为创训主题。例如，“土力学”课程讲述到渗流时提及了管涌和流土的区别，由此引发了学生对上述两种破坏问题的好奇心，然后学生自主选题，并通过与老师的交流，确定了创训项目“不同围压及变水头条件下堤防侵蚀型管涌试验研究”。除了具体的知识点，很多学生对科研充满了好奇心，想了解科研是怎样的一个过程，并想通过已学的知识去完成一件未知的事情，锻炼自身的主动学习能力。例如，在一个题为《PCC 桩桩身变形监测和桩土相互作用研究》的创训项目中，监测手段用到光纤，学生最初的兴趣是被如何利用一根普通的光纤去测量桩身的温度和应变所激起的。可见，大学生对学习上的好奇心和对知识的探索精神，能够促成很多创训项目的立项和选定，也是促成自主选题的关键。

3）立项前的准备工作

（1）理性组队。学生在选题时应判断自己或者整个团队是否感兴趣，并应根据选题的难易程度确定自己或者整个团队能否胜任。有些学生因为本身对创训缺乏兴趣，一旦在项目过程中遭遇挫折和困难，就会选择放弃，影响整个团队的进展。为此在选题阶段，大家应该理性组队，在有兴趣的前提下，确保大家能够取长补短，充分发挥每位组员的优势。

（2）阅读文献。为了加深对选题的认识，大学生应该学会如何使用学校图书馆的文献数据库，这也是创新训练的一个重要环节。大学生可通过选题的关键字，自行查阅文献，优先阅读本领域内顶级期刊上的论文。目前常用的中文文献库有中国知网、维普和万方等，常用的英文文献数据库有 Science Direct、Engineering Village、ISI Web of Science 和 Springer Link 等。同时，也可以选择阅读先前相近创训项目的结题报告及相关的毕业论文，或者参加指导老师课题组的学术讨论，以增进对选题内容的理解。针对检索到的文献或者论文，通过阅读其摘要、引言和结论判断其与选题的相关性，对相关性比较高的需要进一步精读，明确文献的研究内容、研究方法以及研究方法的使用条件、难易程度、精度、优点和缺陷等。通常文献的不足有以下几点。

① 研究对象的范围有限：例如，在钢筋混凝土结构防连续倒塌的研究中，大量的研究关注钢混框架的防倒塌性能，而对于框架结构中的填充墙以及楼板关注相对较少。那么填充墙和楼板是否对结构的防倒塌性能有影响以及有多大的影响，需要进一步的研究。

② 方法使用范围受限：例如，隐式有限元在分析结构的静力性能方面非常适用，但是如果需要研究结构的大变形性能，隐式有限元方法在应用时可能因为单元变形过大而无法收敛，无法获得理想的结果。这时就需要考虑其他方法，如显式有限元法或者离散元法等。

③ 方法的难易程度：例如，在数值模拟砌体填充墙的性能时，在有限元模型中，可以把砌体和砂浆等效为一种均质材料，采用弥散模型，也可以将砌体和砂浆当作两种材料分别建模考虑。其中前者的均一化处理比较简单，后者更为精确但是难度也更高。

④ 方法的优缺点：例如，在结构构件测试中，可以采用力或者位移控制来实行加载方案。力控制可以比较精确地反映结构构件的极限承载力，但是过了该承载力后的结构性能就无法展现了；而采用位移控制可以较好地展示结构构件的完整抗力曲线，甚至包括软化段，但是其在承载力的精度上相对偏弱些。

文献分析一定要客观，既要客观地肯定文献的优势、已取得成果，也要辩证地总结文献有待进一步研究的问题，从而确定项目的研究特点和突破点。

（3）细化内容。在充分理解选题的基础上，需要细化立项内容，从而增加项目的可行性。例如，指导老师给出一个基本的创训立项议题《南海礁砂土坡的稳定性研究》，该议题研究内容较广，这就要求小组成员自己细化并确立具体的研究内容。该创训小组通过查阅大量文献，比较类似的研究内容，借鉴其中的研究方法与手段，选定了几个研究内容，最终通过与老师讨论确定了《坡度、降雨和水位对南海礁砂土坡稳定性研究》这一确实可行的项目课题。

2. 项目实施

创训项目与课程学习的最大区别在于创训项目需要学生边做边学，是以解决问题为核心的主动学习。这就要求大学生依据选题确定的研究内容，自主学习，确定合适的研究技术路线，并选择科学的实施方法，从而保证项目的有效实施和顺利完成。

1）研究技术路线

土木方向创训项目实施的研究技术路线并不是完全独立的，也可以相互组合使用，主要包括以下几种。

（1）理论研究。理论研究类似于大学生数学建模，通过一定的理想化假设，去粗取精，呈现研究对象涉及的核心问题，之后通过数学模型对所研究的对象进行描述。然后对模型进行求解，研究模型中各个参数在一定合理取值范围内对所研究对象的影响，解释所研究对象的内在机理和规律。在对数学模型进行求解时，未必能够推导出解析解。若不能，还需要通过编制程序，以数值的方法求解模型。除了采用常规的 C、C++以及 Fortran 语言编程求解模型，软件 Matlab、Maple 以及 Mathematic 更加适合数学模型的数值求解。

（2）试验研究。试验研究是对所研究对象进行实物的研究，其中试验方案的确定至关重要。针对结构力学性能测试的试验方案包括构件设计、加载方案、约束方案以及测量方案。以简支梁测试为例，其加载方案和约束方案比较固定，而构件设计和测量方案的确定取决于研究目的，即要研究什么类型的简支梁以及哪些信息需要通过试验获取。比较常见的测量信息包括应变、位移和力等。每种物理量的测试需要采用不同的传感器和数据采集器，所以试验前，还需了解传感器原理以及数据采集器原理，确保试验的顺利进展。试验过程中，及时记录数据，并辅助以图片。试验结束后，则需进一步对试验数据进行处理，通过绘制试验曲线和制作表格，反映测量方案是否成功，以及试验目的是否达成。若不成功，则需进一步改进。

（3）数值模拟。数值模拟是运用成熟的数值算法，如有限元法和有限差分法等，通过可视化软件对研究对象进行数值模拟试验。数值模拟相对于试验研究成本较低，但是由于数值模拟涉及较多的数值方法背景以及各类材料模型参数的取值，其数值模型的准确性通常需要与已有的试验结果进行比对验证加以证明，只有验证过的数值模型才可以用于进一步的参数研究。

数值模拟的流程包括模型前处理、模型求解和模型后处理。前处理是建立模型、划分网格、赋予单元类型及材料特性、施加边界约束和指定加载方案。模型求解是将所建数值模型在上述指定条件下的平衡状态展现出来。模型后处理则是将整个加载历程或者某个加载时刻下的物理信息展现出来，包含内力、应力、变形和应变等，而这些物理信息将用于描述所研究对象的性能和机理。

2）科学的实施方法

创训是一个探索过程，下一步会产生怎样的结果、能不能达到自己预期的目标，并不是完全确定的。为了在有限时间内成功完成创训项目，需要合理规划，采用科学的实施方法。

（1）分类思想。当研究内容较多或目标比较明确时，需要进行合理分类，确保后期研究能做到准确对应和有的放矢。例如，在创训项目《塑钢纤维混凝土的动态力学性能研究》中，需要测试的混凝土试件数量很多。为此，按照待研究参数，如材料强度、纤维掺量和加载速率等进行分类，对所研究的试件进行合理的命名编号，从而可有效地与试验数据做到一一对应。而在创训项目《钢筋混凝土框架结构倒塌的模型破坏研究》中，需要制作两个小比例模型结构，并施加重力荷载，然后分别研究在不同单柱移除工况下（一个角柱失效和一个边中柱失效）的结构动力响应以及倒塌模态。对不同工况需要的测量方案需要做不同的调整，从而记录关键信息。

（2）控制变量思想。当影响参数较多，而又想掌握每一个参数对研究结果的影响时，可以采用控制变量。即持续变化待研究参数而同时保持其他参数不变。例如，创训项目《坡度、降雨和水位对南海礁砂土坡稳定性研究》聚焦于三个参数，即坡度、降雨和水位。为了逐一考察每个参数对南海礁砂土坡稳定性的影响，都会保持另外两个参数不变。又如创训项目《浅埋结构抗冲击性能研究》中，研究上覆土层厚度、浅埋结构的顶板厚度及其配筋率对浅埋结构抗冲击性能的影响。在研究上覆土层厚度影响时，保持浅埋结构的板厚及配筋率不变。

（3）类比思想。类比思想强调的是对知识的迁移能力。例如，在创训项目《PCC 桩桩身变形监测与桩土作用研究》中，其创新点是将光纤技术用于监测桩体的应变，借鉴了光纤在其他结构变形监测的思路和技术方法。例如，在创训项目《桥面工程除冰能量桩系统优化设计与热力学特性研究》中，研究能量桩储热时缺少方法，但是可借鉴地源热泵的规范方法。又如混凝土和岩石两种材料，都是属于抗压能力强、抗拉能力弱的材料，二者的研究方法一定程度上也可以相互借鉴。所以采用类比思想，需要敏锐地捕捉到不同对象的共同点。

创训项目中科学的实施方法有很多种，这里不一一列举，仅以上述例子抛砖引玉，关于科学方法的介绍也可参考第 3 章。

3）实施过程的建议

通过笔者的问卷调查，本科生得出如下有助于创训项目实施的共识。

（1）制定研究计划和项目进度表，严格按照时间来完成创训项目，尤其要充分利用暑假和寒假的时间，尽量争取提前完成项目。时间抓得紧，才能拥有主动权，才有足够的时间撰写论文和专利，一旦时间不足，往往导致创训项目草草收场。

（2）创训小组成员应具有较好的团队协作精神，彼此任务分工明确，组员独立承担起各自的任务，保持良好的沟通，同时又能相互鼓励、相互支持，克服研究过程中遇到的困难。

（3）定期向指导老师汇报进度，和老师保持良好的沟通，让指导老师对研究方法进行适当的把关。遇到不懂的问题和疑惑，小组成员聚到一起讨论，力图自行解决，若找不到解决方法，可及时向导师和学长请教。

（4）在试验阶段，也需要多读文献，条件允许的话，尽量多读英文文献，相应的方法、内容和信息量会更足，更具指导意义。

3. 项目实施的技术成果

在项目实施过程中取得的成果，可以总结并转化为期刊论文和专利。而论文和专利的撰写均具有相应的格式，需要指导老师严格把关。由于很多学生是初次撰写科技类论文，撰写之前还需多阅读相关文献，学习别人的组织架构与表达方法。

4. 项目结题与展示

项目结题是对大学生创训项目的实施情况以及取得的成果进行全面检查，同时也是学生自己对整个项目的梳理、总结和归纳。学校或学院会对立项时期计划的成果数量（如发表论文、授权、申请专利等）进行核查，并进行答辩，以保证创训项目完成的质量。

对于优秀的创训成果可以海报或展板甚至辅助以研究产品的形式进行展示和交流，这既是对优秀团队及指导老师的鼓励和宣传，又可让更多老师和学生能够了解创训项目的魅力，提升老师和学生参与创训的积极性。

5.1.2 如何做好交通方向创训项目

本节以创训项目需注意的几项问题为出发点，对项目作品从构思到完成的过程进行阐述。

1. 选题

本节先阐述项目选题的关键，分析交通类创训的选题范围及往年项目选题规律，并介绍几种简单有效的选题方法。

1）选题关键

（1）符合主题要求。首先，交通学科的作品可以提高交通技术，促进交通行业的发展；其次，应根据项目研究领域选择相应的主题。

（2）具有创新性。作品的创新性应考虑两点：一是从哪些方面实现创新；二是作品创新性的表现形式。古语“人无我有，人有我优”诠释了创新性的定义。简单的理解是，别人没有的东西，我们有了；即便大家都有的东西，我们的比别人的更好。学术上可理解为“新”、“借用”和“改进”三个层次。

“新”表现为发现了一种全新的交通材料，解决了一个从未解决的交通问题，设计了全新的交通理念、技术、方法或实验方案，提出了一种全新的交通理论。例如，2016 年全国大学生交通科技大赛（以下简称交通赛）一等奖作品《享停车-私人车位智能管理与共享系统》（南京理工大学）提出的车位主可以自动上锁解锁车位，而当车位主开启共享功能后，就能把闲置时段的车位出租，用以改善城市停车难、停车乱的现象，是一个全新理念。

“借用”是将其他领域已有的方法、理论等应用于交通领域，进而解决交通领域的问题。例如，2016 年全国交通赛一等奖作品《面向交通安全与节能的驾驶人状态智能感知与音乐调节 APP》（北京航空航天大学）将心理学、生物学的理论技术应用到交通领域，用以监视、改善驾驶员的情绪，以保证驾驶安全。

“改进”是对现有的交通技术、方法、实验方案、理论、设备进行优化，使其在精度、便捷性、性价比等方面变得更佳。例如，2016 年全国交通赛一等奖作品《考虑降雨强度和路面横坡的大空隙沥青混合料渗水性能测试装置的研制》（河海大学）从降雨强度和路面横坡两个方面对大空隙沥青混合料渗水性评价指标进行完善，进而设计了一种新的大空隙沥青混合料渗水性能测试装置。

因此，作品的创新性可以从“新”、“借用”或“改进”三个方向实现。

创新性有两种表现形式。一种是技术创新，包括方法创新、理论创新、系统创新等。该表现形式主要应用于交通运输规划与管理和载运工具运用工程、道路与铁道工程参赛主题中，例如，2015 年全国交通赛 A 组一等奖获奖作品《地铁大客流动态监测与管控决策系统》（中南大学）、2016 年 C 组一等奖作品《基于废旧橡胶气囊的智能化隧道保温技术》（东南大学）设计隧道温度监控系统，根据监控数据，利用橡胶实现隧道自动保温技术。另一种是产品创新，包括设备创新、材料创新等。该表现形式主要应用于交通信息工程及控制和载运工具运用工程、道路与铁道工程参赛主题中，交通大赛作品的形式也分为这两种类型，如 2015 年 B 组一等奖获奖作品《竖曲线道路会车辅助装置》（河海大学）、2016 年 D 组一等奖作品《列车伸缩式碰撞吸能装置》（中南大学）。

（3）具有可行性。可行性是项目不仅在理论上是先进的而且在实际中也可以通过。可行性表现在以下几点。

① 科学可行性，应保证科学上成立，不违反客观规律。

② 社会可行性，符合国家政治体制、方针政策、经济结构、法律道德等要求。

③ 技术可行性，按照现有的理论基础和技术条件可以实现，保证技术合理，而不是看不见、摸不到的空中楼阁。

④ 经济可行性，性价比要高，用最少的价格实现最佳的效果，而不能实现作品付出的代价远大于作品的收益。

⑤ 风险可行性，有些项目可能带来一定的环境破坏等损失，应保证其风险远低于收益。

⑥ 学生可完成性，学生可完成性是最重要的一点，项目一定是本科生能在规定时间内完成的课题。

（4）具有实用性。实用性应满足以下几个方面。

① 项目要能为交通行业服务，解决实际和重要的交通问题。若研究对象不是交通中存在的问题或者是交通中很弱的问题，则没有研究的必要。

② 应尽量满足大多数人的交通要求和需要，仅能满足小部分人的要求和需要的项目不具有实用性。

③ 应能应用于大多数交通环境中，若项目的使用条件较苛刻，仅在某些特殊的交通环境中使用，则实用性不佳。

④ 项目的用户接口及界面设计充分考虑人体结构特征及视觉特征进行优化设计，界面尽可能美观大方，操作简便实用。

例如，地铁自动售票机可以节省乘客购买车票的时间，减少地铁环境内的人群拥挤，降低地铁人群突发事件的产生。地铁售票机可以使用硬币、纸币购买车票。其设计高度既能满足正常人的使用也能满足残疾人和儿童的使用。可以通过选择终点站名称或乘车费用购买车票，操作简单。因此，地铁售票机具有实用性。

2）选题范围

交通是一个复杂的系统，可供选择的题目多种多样。本部分以全国大学生交通科技大赛为例，从不同角度解析交通类创训选题范围，以供读者参考。

（1）运输方式。交通运输工程包括公路运输、铁路运输、水路运输、航空运输、管道运输五种方式，每种运输方式均可作为创训的选题。

（2）道路运输。道路运输系统包括人、车、路、环境四部分，随着信息技术的发展，智能交通已成为道路运输的研究热点。人、车、路、环境、智能交通均可作为项目主题。

人包括行人、驾驶员、乘客等交通参与者以及交通管理者等，可以从保护行人、保证驾驶员驾驶安全、为乘客提供安全舒适的乘车环境、为管理者提供快速及时的管理方案选题。

车包括小汽车、公共汽车、公共自行车、自行车等出行工具，可以从车辆自动驾驶、公共交通优先、绿色交通、停车场设计等方面选题。

路包括公路、城市道路、交通设施，可以从道路新材料、线路几何设计、道路养护等方面立项。

环境包括照明、绿化、标志标线、护栏、限行、限速、单行、恶劣天气等交通环境、交通管理环境以及天气环境，可以从新材料、新方法等方面考虑。

智能交通包括数据采集、数据传输、数据处理、数据发布等数据管理环节，主要实现自动检测、自动控制。

（3）研究热点。近阶段，交通安全、通行效率、节能减排、智慧交通、保护弱势交通出行者等方向是研究热点。

（4）表现形式。项目的最终表现形式可以是方法、设备、材料、系统、软件、设计等。

3）选题方法

掌握选题的关键和范围后，应确定项目选题。有的学生可能用几个月的时间筛选题目，浪费宝贵时间。本节介绍几种简单但有效的选题方法。

（1）抓住新问题或热点问题。随着社会经济发展，交通问题越来越严重，并出现很多新问题。解决交通涌现的新问题是大赛选题的重要途径。国家定期发布的五年规划、交通部和住建部定期发布的主要立项课题、科技部定期发布的科研选题方向都是为近期新出现的交通问题而设定的研究热点。读者可以根据以上信息确定大赛选题，以保证作品的创新性、实用性；也可通过关注社会重大交通新闻，确定项目主题。

如近年来，南方梅雨季节引发城市大面积积水，造成交通瘫痪、居民生命和财产损失严重。2015 年 10 月，国务院办公厅印发《关于推进海绵城市建设的指导意见》，部署推进海绵城市建设工作。例如，在全国交通赛获得一等奖的创训作品《考虑降雨强度和路面横坡的大空隙沥青混合料渗水性能测试装置的研制》（河海大学），正是以“海绵城市”为研究目标，设计一种新渗水性能测试装置，以解决强降雨引起的城市内涝问题。

（2）将不可能转为可能。科技日新月异的进步，以前交通禁止的事情或者暂时不能实现的事情，借助科技的力量，也可能实施而成为可能。虽然暂时交通禁止或不能实现，但对人类和社会有意义的课题，往往能形成有价值的参赛课题。

如我国交通法规定，为了保证交通安全，保证红绿灯的有效执行，红绿色盲不能考取驾照，驾驶车辆。据报道，世界色盲人数在男性中占到 8%，也就是说，我国大约有 6000 万个男性是色盲。若通过技术改造，让色盲人可以驾驶车辆，则有 6000 万人可以享受驾驶车辆带来便利，社会意义巨大。创训项目《红绿色盲无障碍驾车的交通信号配色方案研究》提出了让红绿色盲驾驶车辆的技术方法，并获得了 2010 年全国交通赛一等奖。

（3）运用学习积累。大学生教材中会写明理论、方法、观点的使用条件和不足，降低理论、方法、观点的使用条件，弥补理论、方法、观点的不足，都是对交通行业的巨大贡献。通过查找教材理论、方法、观点的使用条件和不足也可以确定项目主题。再者，实验过程中，可能发现实验结果与已有知识相悖或常识不同，甚至失败，不要忽视这个问题，要认真分析问题产生的原因，可能就会有新的发现，进而设定项目主题。

如竖曲线是交通事故黑点。目前相关研究多停留在理论层次，通过事后型和事前型两种研究方法，对道路线形引发交通事故问题进行理论分析，已有的安全措施无法显示盲区交通状况。创训项目《竖曲线道路会车辅助装置》可以显示竖曲线盲区，提高竖曲线处的交通安全，由于想法独特、研究路线完备，获得 2015 年全国交通赛一等奖。

2. 研究背景及意义

1）研究背景

研究背景应能明确表达出 “在目前交通环境和未来交通发展趋势情况下，必须要做这件事情；不做这件事，会给社会造成巨大损失” 的意思。

证明事情必须做的角度很多，如研究主题存在诸多问题，目前研究或措施不能有效解决问题，给社会造成巨大财产生命损失等。列举相关证据时需注意两点：一是证据应是全面的，且证据之间应有递进的逻辑关系，切忌片面杂乱无章的证据链。因此，阐述证据时，应先说明研究对象的重要性，再说明研究对象存在的问题，证明研究对象是研究热点，最后说明研究存在不足。二是尽量用客观的数据描述证据，避免使用主观性文字。

（1）研究对象的重要性。重要性可以从研究对象在交通中的地位、产生的经济效益、获得的社会效益、对人类活动的贡献等方面阐述。如研究对象为高速公路，可以说明“2013 年年底，我国高速公路通车里程占公路总里程的 2.40%。完成了全社会公路营业性货物周转量 40.79%、全社会公路营业性旅客周转量 40.76%的运输任务”。若研究对象为高速公路出口匝道，可以说明“日本有 80%的先导产业分布在高速公路出口匝道附近，其产品和原材料几乎全部通过高速公路运输”。

（2）研究对象存在的问题。对交通行业而言，存在的直接问题主要是交通安全和通行效率，间接的影响包括因交通事故和拥堵造成的经济损失、环境污染等。若出口匝道交通安全存在问题，则可以说明 “匝道的路线长度占整个高速公路长度不到 5%，而 30%的高速公路交通事故发生在匝道上”。若说明交通拥堵造成的危害，则可以这样说“交通拥堵带来的经济损失占城市人口可支配收入的 20%，相当于每年国内生产总值（GDP）损失 5%～8%，每年达 2500 亿元人民币”。

（3）热点分析。研究热点可以从三方面描述，第一种是罗列国家的相关政策、指导文件等；第二种是分析研究数量；若前两种没有找到相关资料，可以通过分析调查结果的方法证明研究对象是热点问题。

例如，证明海绵城市是研究热点，可以这样说明：2013 年习近平总书记在《中央城镇化工作会议》讲话中强调：“提升城市排水系统时要优先考虑把有限的雨水留下来，优先考虑更多利用自然力量排水，建设自然存积、自然渗透、自然净化的海绵城市”；或者“国务院办公厅 2015 年 10 月印发《关于推进海绵城市建设的指导意见》，部署推进海绵城市建设工作”。

知网（CNKI）和汤森路透（SCI）具有对其数据库内论文统计的功能，可以分析某类研究对象在一定时间的论文发表数据，进而得到在学科中的发表比例、各学科近几年发表论文数量增长的比例、某种研究方法的引用率、追踪某研究方向的最新进展等。通过分析结果可以说明研究对象是研究热点。

调查也是一种反映研究对象是热点的手段。可以通过随机抽样调查的数据分析，证明被调查人员认为该问题很重要，应尽快解决。

（4）现状分析。现状分析不仅包括文献资料的研究现状分析，还包括现有应用现状分析。文献应包括近几年发表的论文、报告等资料，可以代表研究趋势、研究前沿的技术、方法。也应包括发表年代较早，但经典的学术论文、报告等资料。文献现状分析是重点，需明确文献研究对象，采用何种研究方法，研究方法的使用条件、难易程度、精度、优点、缺陷，研究方法是否经过实例验证等方面分析。在对文献进行分析后，应对相关文献进行总结，分析目前学术研究可以改进之处。当文献较多时，可按研究内容将文献分类，对每类文献分析后，再总结学术研究可以优化之处。文献不足之处主要包括以下几点。

① 某研究对象研究数量较少：例如，交通流的相关理论多建立在高速公路这样的连续流基础上，但对一般公路上的中断流研究较少。随着物联网的发展，一般公路最终会纳入物联网之中。缺少一般公路中断流的研究，一般公路纳入物联网有一定难度。

② 方法使用环境受限：例如，交通事件检测方法多应用于交通流较多的情况，当交通流处于低峰时，很难检测出交通事件。实际上，低峰时段，如黑天发生的交通事件数量较多，后果严重。因此，交通事件检测方法应尽可能检测出各种流量状态下的交通事件。

③ 方法的难易程度：有些方法实现起来十分复杂，造成计算时间长、操作容易失误、实现较为困难等问题，对参加交通科技大赛的作品而言，若复杂和简单想法效果相差不大，能用简单方法解决问题，尽量不选用复杂方法。例如，交通事件救援需要争分夺秒，若检测事件过长，则影响救援效果。

④ 方法精度：例如，交通事件检测效果除了平均检测时间（MTTD），还包括检测率（DR）、误报警率（FAR）两个指标，通常情况下两个指标相互制约，检测率越高，误报率也越高，而现实情况是需要检测率高、误检率低的检测方法。因此为保证检测率牺牲误报率或者保证误报率牺牲检测率的检测方法都是存在问题的方法。

⑤ 方法的优缺点：交通中有些复杂的方法，如神经网络，具有很强的非线性拟合能力，可映射任意复杂的非线性关系，而且学习规则简单，便于计算机实现等优势，但也具有不能解释模型推理过程和推理依据、需要大量数据进行学习、当数据不充分的时候无法

进行工作等不足。如果能找到一种具有神经网络的优势，同时还能克服其缺点的方法，神经网络的不足就不是缺点了。

⑥ 实例验证：没有经过实例验证的方法值得质疑，用建立模型的数据验证可行性的方法让人对其效果产生怀疑，用特定数据验证方法可行性和效果的方法也存在问题。如果文献存在以上情况，可认为文献存在缺陷。

应用情况的分析与文献使用情况分析相似，这里不再赘述。应用情况的不足包括耗能高、制造费用多、操作复杂、携带困难、界面不友好、精度不高、无法满足一部分使用需求、建造材料不宜获得、经常故障、特殊区域不能使用等。

2）研究意义

研究意义包括学术意义、实践意义两个方面。描述项目的学术和实际意义时，要写得具体、有针对性，不能漫无边际地空喊口号。无论何种研究意义，都应能解决研究背景中提出的问题。

（1）学术意义。学术意义是指对于学科理论体系的构建和研究的意义。可以利用其中的思想方法、观点和规律，解释一些社会问题和自然现象，主要是一些关于人、世界、宇宙、人的认识等是怎样产生的这类追根寻源的问题。可以从与以前研究相比，作品增加了什么内容，有什么新的见解；与同时代相比，有什么突破之处，在某个理论体系中起了什么作用；作品在后续研究中，为理论发展起到何种促进作用，为一种理论体系的完善增补了什么等方面描述。

方法、材料等表现形式的项目可重点阐述其学术意义。例如，方法的学术意义可体现在将某种方法引入一个新的领域，如扩大方法的适用条件、提高方法的精度、降低方法的误差、缩短方法的计算时间、克服方法的缺点等。材料的学术意义主要体现在发现材料的新特性、提高材料优势方面的特性、降低材料劣势、发现材料新的规律、将材料用于新的领域等方面。

（2）实践意义。实践意义在于可以利用其中的思想方法、观点和规律，指导、分析、判断具体实践活动中遇到的问题和现象。实践意义相对学术意义更具体、更物质和更客观。设计、材料、软件、系统、设备的项目均有很强的实践意义。可以从成本、效率、实时性、效果、节能等方面描述作品材料的实践意义，或是强调其可以更好地保障人的生命安全、减少社会的经济损失、降低环境污染程度、保证社会的稳定性。为体现实践意义的客观性，可用具体数字说明。

3. 研究内容

本节重点介绍交通规划与管理、交通信息工程及控制和载运工具与运用工程三个主题的研究内容。

1）交通规划与管理

交通运输规划与管理主要研究交通运输系统规划设计与决策管理的理论与方法。通过对交通运输系统的综合规划设计与评价，对交通运输系统运营过程的科学管理，优化交通运输系统资源配置，协调交通供需关系。主要研究方向包括路网规划、交通设计、公共交通组织、交通安全和交通管理与控制等。

（1）路网规划。路网规划运用定性与定量分析相结合的方法，权衡规划区的交通发展，以一定交通资源条件下的交通需求与交通供给的动态平衡关系为研究基础，研究在规划区内修建适度交通设施，选择合理交通方式，为出行和经济发展提供交通条件。参考教材包括《交通工程学》、《交通规划原理》、《交通调查与分析》、《城市交通》、《城市交通网络分析》、《交通区位理论》、《交通规划》、《道路勘测设计》、《运筹学》。

（2）交通设计。交通设计运用数学、物理定律来描述交通特性，并根据用路者的特性改进交通设计方法，力求设计出符合人的生理、心理反应、行车规律及相关交通规范的交通设施。参考教材包括《交通工程学》、《交通流理论》、《交通设施设计》、《道路通行能力分析》、《交通行为学》、《交通系统分析》、《道路勘测设计》。

（3）公共交通组织。公共交通运输以客流分布为依据，结合路网规划和交通设计相关知识，应用系统工程学的理论，统筹优选的相关知识，设计公共交通全部路线的起讫点、路径及各路线之间相互衔接的最佳布局方案。参考教材包括《城市交通网络分析》、《交通枢纽规划与设计》、《停车场规划与设计》、《公共交通运营管理》、《城市公共交通组织与管理》、《交通需求管理》、《城市公共交通规划的理论与实践》。

（4）交通安全。交通安全运用系统论、信息论、控制论的原理和方法，综合分析影响交通安全的道路条件、交通条件和环境条件，揭示产生交通事故的机理和规律，科学的预测、预报交通事故，从而保证道路交通安全。参考书籍有《交通工程学》、《道路交通安全学》、《道路交通工程设施设计》、《交通安全与环保》、《交通设计》、《交通工程设施设计》、《道路勘测设计》、《概率论与数理统计》。

（5）交通管理与控制。交通管理与控制运用管理科学、系统科学和控制论的原理组织、诱导交通，以期减少拥堵、提高安全水平、最大限度的利用交通空间。参考教材包括教《交通工程学》、《交通管理与控制》、《交通管理技术》、《交通组织》。

2）交通信息工程及控制

交通信息工程及控制以信息技术在交通运输领域中应用为核心，是控制、通信、计算机、微电子、信息等技术在交通领域中的交叉集成应用。在动态实时交通数据的基础上，将先进的信息技术、通信技术、控制技术、人工智能技术、安全技术等技术有效地集成，并应用于交通运输系统，从而建立起大范围内、全方位发挥作用的信息化、智能化、安全、准确、高速的先进交通系统。研究方向包括交通信息系统、交通管理系统、公共交通系统、车辆控制系统货运管理系统、电子收费系统、紧急救援系统等。

（1）交通信息系统。交通信息系统应建立在完善的信息网络基础上。交通参与者通过装备在道路上、车上、换乘站上、停车场上以及气象中心的传感器和传输设备，向交通信息中心提供各地的实时交通信息；交通信息系统得到这些信息并通过处理后，实时向交通参与者提供道路交通信息、公共交通信息、换乘信息、交通气象信息、停车场信息以及与出行相关的其他信息；出行者根据这些信息确定自己的出行方式、选择路线。更进一步，当车上装备了自动定位和导航系统时，该系统可以帮助驾驶员自动选择行驶路线。

（2）交通管理系统。交通管理系统主要是给交通管理者使用，用于检测控制和管理公路交通，在道路、车辆和驾驶员之间提供通讯联系。它将对道路系统中的交通状况、交通事故、气象状况和交通环境进行实时监视，依靠先进的车辆检测技术和计算机信息处理技术，获得有关交通状况的信息，并根据收集到的信息对交通进行控制，如信号灯、发布诱导信息、道路管制、事故处理与救援。

（3）公共交通系统。公共交通系统采用各种智能技术促进公共运输业的发展，使公交系统实现安全便捷、经济、运量大的目标。例如，通过个人计算机、闭路电视等向公众就出行方式和事件、路线及车次选择等提供咨询，在公交车站通过显示器向候车者提供车辆的实时运行信息。在公交车辆管理中心，可以根据车辆的实时状态合理安排发车、收车等计划，提高工作效率和服务质量。

（4）车辆控制系统。车辆控制系统帮助驾驶员实行本车辆控制的各种技术，从而使汽车行驶安全、高效。车辆控制系统包括对驾驶员的警告和帮助、障碍物避免等自动驾驶技术。

（5）货运管理系统。货运管理系统以高速道路网和信息管理系统为基础，利用物流理论进行管理的智能化的物流管理系统。综合利用卫星定位、地理信息系统、物流信息及网络技术有效组织货物运输，提高货运效率。

（6）电子收费系统。电子收费通过安装在车辆挡风玻璃上的车载器收费站收费车道上的微波天线之间的微波专用短程通讯，利用计算机联网技术与银行进行后台结算处理，从而达到车辆通过收费站不停车交费的目的，且所交纳的费用经过后台处理后清分给相关的收益业主。

（7）紧急救援系统。紧急救援以电子信息系统、电子管理系统和有关的救援机构和设施为基础，将交通监控中心与职业的救援机构联成有机的整体，为道路使用者提供车辆故障现场紧急处置、拖车、现场救护、排除事故车辆等服务。

交通信息工程及控制任何研究方向的研究基础都是交通数据，包括交通数据的采集、传输、处理和控制的基本理论与技术。需要交通运输工程、信息与通信工程、计算机科学与技术、控制科学与工程方面的教材。交通运输工程知识可明确交通运输领域对交通信息及控制的需求，参考教材包括《交通系统分析》、《交通需求分析》、《城市交通规划》、《交通与环境》、《交通规划与土地使用》、《交通模型》、《公共交通系统》等。信息与通信工程知识支撑交通信息采集与传输的理论与技术，参考教材包括《智能交通》、《交通通信原理》、《交通信息技术》等。计算机科学与技术知识支撑交通信息处理的理论与技术，参考教材包括《智能交通》、《数据库系统》、《计算机实时应用》、《人工智能》等。控制科学与工程知识支撑交通信息控制的理论与技术，参考教材包括《智能交通》、《人工智能》、《高级控制系统》等。

3）载运工具与运用工程

载运工具与运用工程主要研究载运工具运行、可靠性、安全、检测、维修、技术管理，涉及机械工程、材料科学与工程、电子科学与技术、管理科学与工程及系统工程等以及交通信息技术、微电子技术、计算机技术、综合集成技术等高新技术。研究方向包括载运工具安全与检测控制技术、载运工具运用管理、节能与环境保护、载运工具新材料运用技术等方面。

（1）载运工具安全与检测控制技术。载运工具安全检测与控制技术方向综合应用载运工具安全工程、计算机技术、信息技术、控制理论与技术、车辆传动技术、检测技术等先进理论与技术，研究载运工具状态安全防护、速度安全控制、安全人机工程、关键部件检测诊断、各种传动控制、多机网络重联控制、辅助控制等。

（2）载运工具运用管理。主要研究领域包括载运工具管理信息系统、运用模拟系统、运用可靠性、维修管理。

（3）节能与环境保护。研究载运工具内、外部热环境，振动与噪声环境问题，汽车排放预测与大气污染控制，清洁汽车动力，现代发动机控制策略，发动机故障诊断系统，汽车动力传动综合控制技术。

（4）载运工具新材料运用技术。主要研究内容包括环境健康材料、复合材料、功能-结构一体化材料和高性能结构新材料的合成、制备与应用，以及各种材料的先进加工技术在各种载运工具中的应用技术与理论研究。

参考教材包括《交通工程学》、《计算机技术基础》、《汽车工程》、《汽车运用工程》、《汽车诊断技术》、《汽车电器新技术》、《机械原理》、《机械设计》、《制造技术基础》、《汽车构造》、《汽车理论》、《热工与发动机原理》等。

4. 研究方法

本节根据研究流程的先后顺序介绍不同流程常用的一些研究方法。

1）数据采集

数据是科学研究的基础。数据的获得方式包括交通调查、交通仿真、科学实验三种。

（1）交通调查。调查法是获取数据最常用的方法。它是有目的、有计划、有系统地搜集有关研究对象现实状况或历史状况材料的方法。交通调查分为现场调查和问卷调查两种。现场调查通过人或设备获得交通流量、速度、车头时距等定量参数，并对调查搜集到的大量资料进行分析、综合、比较、归纳，从而为人们提供规律性的知识。问卷调查是以书面提出问题的方式搜集资料的一种研究方法，即调查者就调查项目编制成表式，分发或邮寄给有关人员，请示填写答案，然后回收整理、统计和研究。当数据很难通过现场调查获得时，可采用问卷调查的方式获取。

（2）交通仿真。交通数据分析结果可靠的前提是样本量足够大。由于时间、经济、安全等方面的因素，交通调查获得的数据无法满足数据分析样本量的要求。此时，可采用交通仿真的手段。交通仿真软件分为微观和宏观两类。微观仿真软件包括：Vissim，一般做交叉口仿真；Legion，做行人微观仿真。宏观仿真软件包括：TransCAD，做路网仿真；Cube，四阶段法。此外，还包括照明仿真软件 TracePro、LightTools，绿化景观仿真软件 Terragen Classic、SketchUp 等。无论何种仿真都要通过验证，没有通过验证的仿真结果不能成为研究所用的数据。

（3）科学实验。载运工具与运用工程及道路与铁路工程相关的数据基本都是通过科学实验获得的。确定实验对象后，根据研究的需要，通过交叉实验设计以确定实验的方案数量，主动操纵实验条件，改变对象的存在方式、变化过程，通过控制研究对象发现与确认事物间的因果联系。通过科学实验以发现、确认事物之间的因果联系。

2）确定方法

确定研究方法的手段很多，根据研究资料的不同，可以分为文献研究和实证研究；根据建立模型的方式不同，可以分为模型比选和模拟方法；根据研究手段的不同，可以分为定性方法和定量方法。

（1）文献研究法。文献研究法是根据一定的研究目的或课题，通过调查文献来获得资料，从而全面地、正确地了解掌握所要研究问题的一种方法。文献研究法被广泛用于各种学科研究中。其作用有：①能了解有关问题的历史和现状，帮助确定研究课题；②能形成关于研究对象的一般印象，有助于观察和访问；③能得到现实资料的比较资料；④有助于了解事物的全貌。

（2）实证研究法。实证研究法是科学实践研究的一种特殊形式。其依据现有的科学理论和实践的需要，提出设计，利用科学仪器和设备，在自然条件下，通过有目的、有步骤地操纵，根据观察、记录、测定与此相伴随的现象的变化来确定条件与现象之间的因果关系的活动。主要目的在于说明各种自变量与某一个因变量的关系。

（3）模型比选法。模型比选法是根据以往的学术经验，选择几个可能合理的数学模型，通过研究数据分别建立数据模型，根据模型的验证指标或参数选择最合适的模型。

（4）模拟方法。模拟方法主要用于建立数据模型，是根据数据分析结果，依照数据的主要特征，判断数据符合何种分布，与哪些模型相似，根据模型和原型之间的相似关系，通过模型来间接研究所需模型的一种形容方法。

（5）定性方法。定性分析法就是对研究对象进行“质”的方面的分析。具体地说，就是运用归纳和演绎、分析与综合以及抽象与概括等方法，对获得的各种材料进行思维加工，从而去粗取精、去伪存真、由此及彼、由表及里，达到认识事物本质、揭示内在规律的目的。

（6）定量方法。在科学研究中，通过对研究对象的规模、速度、范围、程度等数量关系的分析研究，认识和揭示事物间的相互关系、变化规律和发展趋势，借以达到对事物的正确解释和预测的一种研究方法。通过定量分析法可以使人们对研究对象的认识进一步精确化，以便更加科学地揭示规律，把握本质，理清关系，预测事物的发展趋势。定量方法的结果更加客观，因此尽可能使用定量方法。

5. 项目成效

可以通过实例验证和前后对比的方法证明项目的效果。

1）实例验证

实例验证可以证明方法的可行性。针对不同的情景对新设备方法进行实例验证，说明新设备或方法的可靠性。若表现形式是方法，应通过具体的实际情况，将方法实现一次，并验证方法得出的结果的准确性、误差率等在接受范围之内。若表现形式为设备、软件等，尽量将实物制作出来，并验证实物的有效性。项目效果包括可靠性、可移植性、使用方便程度等指标。将新设备或方法应用在不同的环境中，验证新设备或新方法适用条件广泛，说明新设备或方法的使用时间较长，便于检测或维修，证明此项目具有广泛的应用前景和发展潜力。

2）前后对比

将未使用项目作品之前的结果与使用项目作品后的结果进行对比，用数据直观说明项目方法在交通安全、运行效率、环境保护、节能减排等方面具有很好的效果。例如，若项目是为了解决交通拥堵问题，可以分别计算未使用项目作品时交通拥堵时间和使用后拥堵时间，通过对比拥堵时间证明方法的有效性，也可将减少的拥堵时间转化为GDP，更直观说明项目作品的有效性。对新旧设备或方法在费用上进行对比，比较新旧设备或费用性价比，体现项目作品成本上的优势。

5.1.3 创训成果形式

大学生在本科创训阶段，所能取得的创新成果主要体现在论文、专利和软件著作权的申请上，而专利和软件著作权申请本身又属于一项技术工作，下面简单介绍专利以及软件著作权申请的基本情况和流程。

1. 专利申请知识简述

1）专利的定义

专利是专利权的简称，它是指一项发明创造向中华人民共和国知识产权局提出专利申请，经依法审查合格后，向专利申请人授予的在规定的时间内对该项发明创造享有的专有权。

2）专利的类型及特点

专利分为发明专利、实用新型专利和外观设计专利三种，三种专利的特征比较见表5-1。

表5-1 不同类型专利比较表

专利类型	发明专利	实用新型专利	外观设计专利
含义	包括产品发明和方法发明	有一定形状或者构造的产品	对产品的形状、图案等做出的新设计
技术水平	较高	较低	较低
市场寿命	较长	较短	较短
审查制度	实质审查制	初步审查	初步审查
审批流程	较长	较短	较短
费　用	较高	较低	较低
保护期限	20年	10年	10年

3）专利申请的提交

专利申请提交的途径包括以下几个。

（1）个人提交。包括纸质申请和电子申请两种形式。

（2）委托专利代理机构提交。说明书初稿完成后，提交给专利代理机构，代理人会提出修改意见，申请人根据修改意见修改定稿，提交给代理机构，代理机构会办理申请的相关手续，提交专利申请。

通过专利代理人申请专利，可以保证申请文件的完整性，以及说明书格式的规范性和正确性，不会因格式问题延误专利申请。

4）专利的审批

发明专利申请的审批程序包括受理、初审、公布、实审以及授权五个阶段，其流程如图5-2所示。

实用新型或者外观设计专利申请在审批中不进行早期公布和实质审查，只有受理、初审和授权三个阶段。

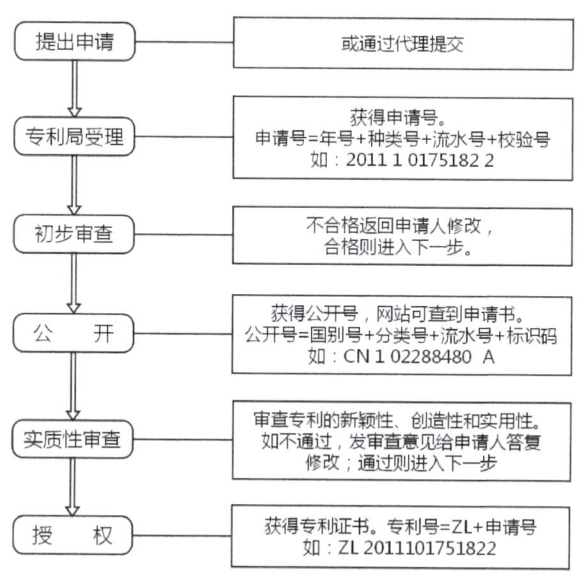

图 5-2　发明专利审批流程图

5）专利的检索与查询

专利的检索与查询包括以下途径。

（1）国家知识产权局网站，提供专利的所有信息查询，包括申请文本全文、专利法律状态信息、收费信息、通知书发文信息等。网址：http://www.sipo.gov.cn。

（2）其他网站专利搜索引擎，也提供专利信息的查询，如专利搜索引擎 http://www.soopat.com 等。

2. 软件著作权申请知识简述

1）软件著作权的定义

计算机软件著作权简称软件著作权，它是指软件的开发者或者其他权利人依据有关著作权法律的规定，对于软件作品所享有的各项专有权利。

2）软件著作权的登记申请

软件著作权的登记申请包括以下途径。

（1）个人登记申请。

（2）委托专利代理机构登记申请。

通过专利代理人申请软件著作权，可以保证登记申请表信息的完整性和正确性以及格式的规范性，不会因为格式问题延误申请时间。

高校内比较常见的软件著作权申请流程：软件完成之后，需要配合软件编写四个文档（程序源代码、登记申请表、申请说明书和使用说明书）→登录校网站进行登记申请→学校科技处成果科收到登记申请后会将材料提交给专利代理机构→专利代理机构与申请人取得联系共同完成登记申请表（与第一步提到的登记申请表不同）→在登记申请表上盖公章及申请高校的事业单位法人证书复印件（加盖公章）→将登记申请表及法人证书复印件邮寄至专利代理机构。

3）软件著作权登记申请详细流程

软件著作权登记申请一般分为两个阶段。第一阶段：网上登记申请。

（1）软件完成之后，需要编写程序源代码、登记申请表、申请说明书和使用说明书。

（2）登录校网站进行登记申请。这一步必须使用导师的账号和密码，学生账号没有此权限。故这一步可由导师代为申请（需将第（1）步准备好的四份文档发给导师），或者借用导师的账号由一作自己完成申请。

（3）学校科技处成果科收到登记申请后会将材料信息整理，转交专利代理机构。

第二阶段：《登记申请表》盖章及领用事业法人证书复印件（加盖公章）。

（1）代理机构将信息整理后会与申请人联系共同完成登记申请表。

（2）登记申请表确认后需申请人用 A4 纸单面打印，并且需要在第三页加盖公章；申请领用高校的事业单位法人证书复印件（加盖公章）。

4）软件著作权登记查询

自将《登记申请表》及法人证书复印件邮寄至专利代理机构之日起，一般三个月后即可查询到登记公告。

查询方法：登录中国版权保护中心（http：//www.ccopyright.com.cn/cpcc/regquery/onlineRegisterForms.jsp），在“版权登记大厅”栏目下的右侧，进入“计算机软件著作权登记公告”，在公告页面处录入“软件名称”“登记号”“著作权人”其中任意一项进行查询，就可以查询到已登记并取得证书的软件情况。

5.2 土木类创训竞赛实战

土木类大学生目前参加的创训类竞赛主要包括全国土木工程专业本科生优秀创新实践成果竞赛和全国大学生交通科技大赛。其中全国土木工程专业本科生优秀创新实践成果竞赛（以下简称全国土木大创赛）是由全国高等学校土木工程学科专业指导委员会主办（以下简称土木专指委），旨在探索以项目为载体的研究性学习和个性化培养方式，激发学生学习的主动性、积极性和创造性，培养大学生的创新能力和实践能力，最终奖励取得土木工程专业优秀创新实践成果的本科学生，是全国土木工程专业本科生学术科研的最高奖项之一。全国大学生交通科技大赛（以下简称全国交通大赛）是由国家教育部高等教育司、交通运输部人事教育司支持，教育部高等学校交通运输与工程学科教学指导委员会（以下简称交通教指委）主办，交通工程教学指导分委员会组织的全国性交通科技创新竞赛。它是国内第一个由诸多在交通运输工程领域拥有优势地位的高校通力合作促成的大学生学科竞赛，是一个以大学生为主体参与者的全国性、学术型的交通科技创新竞赛项目。这两类创新竞赛项目都是以大学生创新训练实践计划为基础，学生自主选题，在导师的指导下，在规定的期限内完成课题，申报并参加全国竞赛的项目。

5.2.1 不同作品形式释义

针对上述两项创训类竞赛，参赛作品展现形式主要包括申报书、研究报告、PPT、论文支撑、专利支撑、软件、实物模型、视频等。对全国土木大创赛来讲最重要的材料是申报书、PPT，必不能少的材料是科研成果，如专利、论文和软件著作权等，锦上添花的材料是实物模型等。而对全国交通大赛最重要的材料是研究报告、PPT，必不能少的材料是实物模型、软件和视频，锦上添花的材料是专利和论文。

1. 申报书

对于全国大创赛来讲，土木专指委初审主要依据申报书内容评定项目成绩，因此申报书的撰写尤为重要，甚至会成为能否推荐参加一等奖角逐的关键。申报书的制作在成果奖的申请中至关重要，申报书应包括成果的所有信息，但不能将成果杂乱无章地堆砌，而应有条理地展示。在确定申报题目后，需按给定模板要求撰写申报书。申报书主要分为三部分：成果综述、成果意义、相关支撑材料目录，其中最主要的是成果综述部分。

成果综述包括成果内容、技术思路、实施过程及创新点。建议首先介绍项目背景，即现有技术或者现象的大致情况、存在的问题（针对项目所解决的问题）以及带来的不利和危害，从而推出申报的项目。即先提出现有的一些问题，所推出的项目是为了解决这些问题而展开。在项目介绍的过程中，如果申报项目是由几个分项目组成，应当注意这些分项目之间的联系，并且介绍每个分项目时要最终回到总项目上来，使项目整体看起来是一个有机的整体。如果项目是单独的，在介绍过程中要注意创新点的把握，突出介绍这个项目中创新的部分。项目内容展现时最好做到图文并茂，对于实物操作型项目，适当使用一些实物模型以及操作过程中展示现象的照片；而数据分析型项目则在合适位置插入图表并配好相应解说。总之，撰写者在编写成果综述时应将已获得的各项成果，围绕着一个主题有机整合起来，中心突出、逻辑严谨、语言通顺。针对每项成果，要明确写出所要解决的主要问题、解决思路以及社会意义和价值。

成果意义实际上就是再一次推出申报项目所解决的之前技术所不能解决的问题，又或者是解决现有的某一种现象，并且改善这一种现象可能导致的一些影响。

申报书的相关支撑材料目录。应当包括：相关论文、申请或授权专利、相关奖励和社会评价等，需附原件复印件。在成果表述时如涉及图片，尽量提高插图的清晰度以保证申报书的美观性；在文字表述时，尽量减少第一人称“我”的出现，如果实在需要，可用“笔者”代替，成果若由团队合作完成则用“团队”；在编排段落编号时，要注意多级编号的顺序，如“一”“（一）”“1”“（1）”“①”。

总而言之，申报书在撰写时要保证其在内容上充实有序，在格式编排上清晰合理，做到“内外兼修”。

2. 研究报告

针对全国交通赛，研究报告有两个重要作用：一是初赛阶段，研究报告外送评审专家，报告的好坏决定了作品是否有机会参加复赛；二是复赛的答辩阶段，评委专家查看研究报告的时间可能会比听取作品介绍的时间要长。本节先介绍研究报告的主要内容，再说明撰写研究报告的注意事项。其中主要包括标题、摘要、关键词、引言、正文、结论、参考文献等部分。

1）标题

标题应要求准确、简练、醒目、新颖，尽可能覆盖全部关键词以反映论文内容、研究范围和深度，让评委看到标题就对课题产生浓厚的兴趣。标题中应避免不常见的缩略词、字符、代号和公式，以便提供实用信息。标题命好后，最好用关键词表检查下，可作索引用的字都包括进去，并把重要的字尽可能靠前写。

2）摘要

摘要是对论文内容不加注释和评论的简短陈述，字数以 200～300 字为宜。应意思完整、语言流畅，有条有理，用简练的语言、层次分明地阐述课题要做什么、为什么要做、怎么做、成果如何、理论或实践意义。包含四要素，即课题的目的、研究背景与意义、研究方法、研究结果和结论。目的应指出研究的范围、目的、重要性、任务和前提条件，不是主题的简单重复。方法多是简述课题的工作流程，研究的主要内容，在这个过程中所做的工作，包括对象、原理、条件、程序、手段等。结果主要是陈述研究之后重要的新发现、新成果及价值，包括通过调研、实验、观察取得的数据和结果。结论则是通过对这个课题的研究所得出的重要结论，包括从中取得证实的正确观点，进行分析研究，比较预测其在实际生活中运用的意义，理论与实际相结合的价值。

3）关键词

关键词是为了文献标引工作，从论文中选取出来用以表示全文主题内容信息的单词或术语。研究报告关键词以 4～6 个为宜，另立一行排在摘要左下方，尽量使用《汉语主题词表》提供的规范词。关键词是从论文的题名、提要和正文中选取出来的，是对作品的高度概括，是对表述论文中心内容有实质意义的词汇，应尽量反映作品的主要内容。可从题名、摘要、层次标题和正文的重要段落中抽出与主题概念一致的词和词组。关键词顺序也有要求，第一个关键词应列出该文主要工作或内容所属二级学科名称；第二个关键词应列出该文研究得到的成果名称或文内若干个成果的总类别名称；第三个关键词应列出该文在得到成果或结论时采用的学科研究方法的具体名称。

4）引言

引言要概括作者意图，说明选题的目的和意义。引言要短小精悍、紧扣主题。不要与摘要雷同或成为摘要的解释，不要注释基本理论，不要推导基本公式，不要介绍基本方法，不过谦也不吹嘘，应言简意赅，真正起到“引导”作用。常见的引言包括以下内容。

（1）研究背景与意义，具体内容见上述。

（2）前人研究成果及其评价，对主题范围内的文献进行评述，引用他人信息时，必须深刻理解、融会贯通，以反映参赛小组对目前研究现状了然于胸。

（3）课题的性质、范围及其重要性，突出研究目的或要解决的问题，可以加上作品达到研究成果的研究方法和实验设备等。

5）正文

正文主要是介绍如何实现研究目的或解决问题的。其是表达一项研究工作中最主要的、最精彩的和具有创造性的内容。本节重点介绍正文的内容和撰写注意事项。

（1）正文的内容。正文主要包括分析问题和解决问题。分析问题可以运用 4 个“W”和 1 个“H”，4 个“W”分别是 What、When 和 Where、Who， 1 个“H”是 How much。解决问题是一个“H”，即“How”。

① What。What 主要是分析发生了何事，界定问题的范围，搜集问题的相关信息。可采用交通调查、科学实验等方法。无论何种方法应详尽重点描述，如数据采集应写清楚对哪些交通设施采集数据，数据的种类，采集间隔，采集时间、地点，数据采集方法，数据是否是随机的，数据样本量能否支撑研究需要，数据处理方法，数据符合哪种分布，数据表现出的客观规律等信息。对所要讨论的现象（概念）如何进行观察度量交代清楚。不管是访谈、调查、实验，要观察什么指标都必须明确。在每一个概念都有明确的观察度量指标的基础上，才有可能探讨它们之间的因果关系，就是所谓的效应等问题。将理论成果与实验数据可产生的成果描述清楚。

② When、Where 和 Hou much。When 和 Where 是特征分析，分析不同时间、地点情况下问题的时间和空间特征。Hou much 是各种时空特征发生的频率。When 和 Where 将问题分解、细化，按严重程度对问题进行排序，可确定制定解决方案的优先顺序，并使得解决问题的方法更具有针对性，更全面。Hou much 分析出哪种特征的问题出现频率最大，进而确定制定解决方案的优先顺序。

③ Who。Who 主要分析问题的影响因素。通过概率统计、事故数、鱼刺图等方法分析问题有关的影响因素，找出对问题贡献度最大的影响因素，分析影响因素对问题的贡献程度和贡献方向，解析各影响因素之间的关系，为解决问题提供依据。

④ How。解决问题包括论证和论证步骤。在分析问题的基础上，基于分析结果，设计解决问题的方案，针对每个研究内容确定研究方法。研究方法应是有理论依据，从可行性、可操作性、经济性等方面说明选用的方法是目前可选方法中的最佳方法。课题的技术路线由研究内容之间的逻辑关系确定，因此技术路线也应具有逻辑性和连贯性，为让评委直观理清技术路线。解决问题的方法见上述，这里不再赘述。

（2）撰写注意事项。正文各部分确定后，需保证各部分之间的逻辑性和连贯性，让整个研究报告形成一个整体，且重点突出。重点应自己强调出来，不要让评审去找，可以使用不同字体和颜色；关键地方可以用简单和通俗的话描述出来；研究报告要通俗易懂，不能让评委去猜。语言应准确，避免含糊其辞和过急言论。正文可以适当插入一些表格，如思路流程图、装置对比图等，图表应保证清晰度。数据分析时，可以采用图表的形式。表格最适用于比较并行的数据资料，但缺乏视觉效果。一般而言，能用图不用表，能用表不用文字。常见的图形包括圆饼图、柱状图、条形图、曲线图。圆饼图用于显示比例，将分割块的数目限制在 3～6 块，用颜色或碎花的方式突出最重要的块；柱状图用来显示一段时间内数量的变化情况，将竖条的数目限制在 4～8 条最佳；条形图用来比较数量；曲线图用于说明趋势。能用图表就用图表，所有的人都会先挑图表看。相关概念、公式不能有错误，不能有错别字，尤其是题目、关键词、黑体字。参考文献格式统一。说清楚打算做什么。文字内容不能重复：相同的内容不能重复，分清研究内容、研究目标和关键科学问题。研究内容是在关键科学问题指导下需要具体做的事。研究目标是在其他解释这些科学问题的基础上达到的结果，可以谈得更远一些。

6）结论

结论是对作品研究的成果、解决问题的扼要总结，在研究报告中起到画龙点睛的作用，是评委最关注的部分，要求有理、有据、有新思想、新见解。结论不是摘要的简单重复，必须有事实证明，不宜罗列过多的事实，也不要简单重复、罗列实验结果，是从正文全部材料出发，经过推理、判断、归纳等过程而得到的新的作品创新性成果、新见解，提出建议、研究设想、仪器设备改进意见、尚待解决的问题等内容。结论要用肯定的语气和可靠的数字写作，决不能含糊其辞，模棱两可。结论应包括以下内容。

（1）说明作品所提方法、观点、理论等的适用范围，解决了什么理论或实际的问题。

（2）说明成果意义，对前人有关本问题的看法做了哪些检验，哪些与本结果一致，哪些不一致，做了哪些修改与补充。

（3）本文尚未解决的问题，解决这些问题可参考的关键及今后的研究方向等。

7）参考文献

科学研究工作总是在前人基础上发展提炼的。凡论文中引用前人的文章、数据、结论等资料时，均应按文中出现的先后次序，列出参考文献表。这样做，足以反映出起初的科学依据、严肃的科学态度、尊重前人的科学成果，还有利于读者了解此领域里前人做过的工作，便于查找有关文献。列参考文献的范围应以与本文密切有关，多列或不列都是不妥的。标注方式按《文后参考文献著录规则》GB 7714—87 进行。

3. PPT

PPT 是进入答辩环节以后众多材料中的重中之重。PPT 的内容、形式、讲解影响着评委对作品的印象。本节从 PPT 的内容、形式和讲解三个方面进行介绍。

1）PPT 的内容

作品 PPT 要有故事性。让评委听着觉得作品学术价值大、理论水平高，有潜在的应用价值。逻辑是学术型 PPT 的灵魂，整个 PPT 前后整体要有逻辑，要瞻前顾后，各部分之间有逻辑，各幻灯片之间有逻辑，先后顺序有逻辑，每张幻灯片中的内容先后也有逻辑。学术 PPT 通常包括四个内容：为什么做这个研究？怎么做的研究？研究结果是什么？研究有什么样的效果？语言逻辑应完整、简明扼要、连贯、合乎逻辑。在汇报过程中不能出现逻辑跳跃或逻辑断层。PPT 可严格遵循研究报告的思路来做。本节按照 PPT 中内容出现的先后顺序对 PPT 内容进行描述。

（1）首页。首页应包含作品题目、参赛学校、指导老师姓名、答辩人姓名、其他参赛学生姓名、答辩日期等信息。具体页面组织根据 PPT 背景自行设计。参赛题目应重点突出，PPT 背景可选择与作品内容相关的图片。

（2）目录页。目录页可以以“研究内容”“汇报内容”等命名，具体名称根据 PPT 的内容确定。注意引导作品逻辑，让老师知道作品思路大概是什么样子的。

（3）研究背景与意义。主要内容包括前面提到的研究对象存在的问题、证明作品是研究热点、目前研究或产品存在的问题、作品的研究意义等。以上内容不要按照研究报告复制粘贴，应用一句简单概括性的句子表达。各内容之间应是递进关系，而不是简单罗列。在研究背景和意义阶段，提起评委对作品的兴趣。

（4）研究思路。研究思路是完成、实现作品的思路。应包括研究内容、各研究内容的作用，体现各研究内容之间的逻辑关系，点明研究重点和关键技术。研究思路应出现题目、关键词和摘要中出现频率较高的词语。若作品是设备等形式，研究思路还应体现作品的物理框架体系、功能框架体系以及逻辑框架体系。研究思路应尤其注意各内容之间循序渐进、相互制约、相互依靠的关系，让评委对作品总体有所了解。

（5）研究方法。应写明研究方法的理论基础、研究方法的确定、研究方法的效果等信息。理论基础要求有理有据，符合科学依据和客观事实。研究方法可以通过模型模拟、方案比选确定，无论何种形式，都要写明数据来源、样本量，问题的影响因素、贡献度及影响因素之间的关系，模型拟合评价指标数值，各对比方案的精度、误差实验条件、方案，不同方案得到的实验结果及实验结果之间的关系等关键信息。研究方法应注重说明本方法与以往方法的不同和优势。通过数字实例等说明研究方法在交通安全、运行效率等方面的效果。也可采用对比的形式阐述，见前述。写研究方法的时候注意将复杂的问题用一个简单的概念表达，快速缩短理解的距离，使得听众更加易于理解。

（6）结论。简单概括作品研究的成果，包括作品创新性成果、见解，尚待解决的问题等内容。

（7）成果。汇报的内容需详略得当，要根据成果内容有所侧重。如果成果侧重试验，要让评委看到团队的工作量；如果成果侧重专利，要尽量展示该产品的社会效益及关注度。在 PPT 的最后列出项目已取得的所有成绩，如发表的论文、获得的专利等。

（8）创新点。创新点应依据事实，不能夸大其词。主要写明作品的亮点和特点，包括作品出彩的地方、新的内容。

以上是 PPT 的大致内容。由于作品形式或内容有差别，PPT 具体内容应根据申报书或者研究报告的逻辑安排。无论何种 PPT 内容，应做到每张片子尽量只给评委表达一个主题，将片子的题眼、段落的句眼和图文的图眼三个关键的地方凸显出来。注意做到关键点显眼，但不刺眼。尽量多使用图、表、影音等多媒体表达的方式。透过图表能有效地呈现内容表格、图形和图片等展示项，这些直观内容可使作品简洁清晰地展示详细的研究结果和复杂的关系、模式和趋势；缩短文字的长度，促进评委对内容的理解。

PPT 做好了之后，还有一件事也是同等重要的：PPT 上的文字与答辩人口头语言之间的协调和平衡。不要让 PPT 上的文字太多而答辩人口头表达变得毫无意义或没人理会。PPT 的图表、PPT 上的文字辅助说明、您的口头表达三者要做到“各司其职”，以达到最佳的“被听懂”和“让评委跟着您的思路走”的效果。

2）PPT 的形式

PPT 应深入浅出，首先能保证评委在有限的时间听懂作品。每页的 PPT 之间都具有详细、严密的逻辑性，让评委对作品产生最少的质疑。由于讲解时间有限，为了保证讲解语速与内容全面，PPT 应不超过 25 页。制作 PPT 一般遵循以下几项原则。

（1）PPT 应简洁。PPT 越简洁，它提供的视觉信息就越直观。每张 PPT 传达 3 个概念效果最好。5 个概念人脑恰好可以处理，超过 7 个概念负担太重，应重新组织。

（2）限制 PPT 动画。PPT 应该谨慎使用动画，展示动态过程的地方或需要重点突出的地方可以应用动画以增加 PPT 整体的动感和关注度。简单的从左至右显示的动画或者文字闪烁动画的形式都可以，移动或飘动动画就显得过于沉闷与缓慢，一帧接一帧的动画很快就会让评委感到厌烦。

（3）使用高质量的图片。使用高质量的图片，包括照片。可以加入小组组员在采集交通数据、进行实验时的照片，增加评委与PPT之间的情感联系。

（4）建立视觉主题。PPT中的大多数模板评委已经看了无数次，评委期待看到一个包含新鲜内容的独特演示。可以制作一个一致的PPT模板，模板的设计应与课题主题相关，可以加上学校、院系等相关信息。

（5）选择合适的色彩。合适的颜色具有说服和促进能力，提高评委兴趣。不同的光照、不同的环境，PPT背景字体颜色起到不同的作用，再考虑投影仪色差，使用白底蓝字是比较安全的色彩选择。

（6）选择适当的字体。字体可传递微妙的信息，应仔细选择字体。在整个PPT演示中尽量使用相同的字体，补充突出时不要超过两个。

（7）标识出页码。让人知道你的PPT还有多少，或者告诉人家你要说的调理和结构，可以让答辩人掌握PPT讲解进度，也可以让评委对作品汇报进程有个大概了解。

3）PPT的讲解

俗话说："台上一分钟，台下十年功"。答辩最重要的还是靠答辩者的语言讲解以及肢体眼神的表现。答辩人要把PPT逻辑关系理顺，使用适当的连词将内容串联。PPT上没有，但需要解释的内容，可以试试写手稿，对着手稿反复排练，把拗口的、顺不下来的地方都修改掉。等到演讲思路清晰了之后，再对着PPT反复排练，把PPT上没用的信息、遗漏的信息、说得不周全的信息等进行查漏补缺。

答辩在保证学术性的基础上，尽量做到口语化。答辩时口齿清晰，语速平稳，重点突出、逻辑合理、注意时间。答辩应开门见山，尽快切入主题并突出创新点以吸引评委。

回答问题时要注意，评委是想进一步了解作品的研究或想解开他们的疑惑，答辩人不能认为评委提问是"有敌意的"或"目的不纯的"，而要让他进一步了解作品的研究或解开评委的疑惑。对评委提出的问题要听清楚，回答必须扣题。评委经常问些常识性的知识以评判作品是否是本科生自己完成的，因此答辩人应对作品中每个内容都熟悉、了解和掌握，尤其是理论、方法等内容。

4. 论文和专利

论文和专利等研究成果可以间接地证明科研机构对作品的肯定，因此，与作品相关的论文和专利应放在PPT后面做简单介绍。

5. 软件

涉及方法、系统开发等形式的参赛作品最好制作出相应的软件。软件可以很好地证明课题的可实施性，在作品展示方面更是充分。有电脑程序开发的直接现场运行程序并进行操作说明；有App开发的可将手机上安装的App现场演示给评委看；有实体装置的甚至可以将装置带至讲台上由同组成员演示并讲解；没有模型的也可制作模拟视频进行讲解。

6. 实物

实物同样可以很好地证明课题的可实施性。展示装置的时候可以结合 PPT、视频介绍装置的技术、尺寸、硬件、功能、指标等与装置有关的信息。

7. 视频

适当地使用视频对具体的例子进行说明。视频可以将申报书、研究报告和 PPT 中抽象的文字说明变得更加生动、直接，加深评委对作品的研究内容、研究方法、实验方法等的认识，还可以作为变化口味的手段，激发评委的兴趣。在初赛阶段，视频应配上必要的文字、音乐和讲解，增加作品进入复赛的概率。

5.2.2　土木创训的高阶实战——全国土木大创赛

1. 简介

全国土木工程专业本科生优秀创新实践成果赛（简称全国土木大创赛）的申报项目必须由土木工程专业本科生独立负责，且项目成果应满足研究内容创新、技术思路新颖等要求；并具有潜在的应用前景和可能产生的社会、经济效益。项目完成人申请创新实践成果奖，应当提交下列材料：①土木工程专业本科生优秀创新实践成果奖申请书；②相关论文、获奖证书、专利申请及授权等支撑材料。建议：支撑材料中专利至少有 1 项，或者有 1 篇核心以上的小论文。申报要求主要包括以下几个方面：①项目内容有新意、技术思路新颖；②获学校优秀创新成果奖及获得相关表彰和推荐的优秀项目；③项目成果有潜在的应用前景和可能产生的社会、经济效益。针对上述要求，申报项目可以来自下列几个渠道：①已结题或在研的大学生创新训练计划项目；②毕业论文阶段基于指导教师的科研项目；③与土木相关的学科竞赛项目；④发表的优秀论文和授权专利。

2. 经典实例分析

1）案例

第十届全国土木工程专业本科生优秀创新实践成果赛特等奖（第一名）申报书

（河海大学）

高应变率下混凝土动态力学特性试验研究

作者：邵羽、陈晨、徐令宇

指导教师：陈徐东

1.1　成果综述（成果内容、技术思路、实施过程及创新点）

自大二下学期专业分流及导师制项目开启后，本人便进入陈徐东老师的科研小组进行学习，经过半年的积累和学习，经陈老师授意，本人作为负责人申请参报大学生创新创业训练计划，并于2015年5月成功申报国家级大学生创新训练计划项目：多次冲击荷载下混凝土动态轴拉损伤劣化规律研究（编号：201510294021）。在这个过程中，我和小组成员对高应变率下混凝土动态力学特性进行了较为系统的试验研究和理论分析，主要研究过程、思路、成果及创新点展示如下。

研究背景

生活中混凝土结构常常会受到爆炸、冲击或地震荷载这些强动载作用。例如，施工过程中，混凝土不可避免会受到外界间断性甚至是持续性的影响。这种现象在隧道和巷道施工过程中经常发生。大断面的隧道设计和施工，对于围岩条件差、地表沉陷有严格要求的隧道，多采用三台阶七步开挖法或侧壁（双侧壁）导坑等分断面法施工（图5-3）。目前国内外高速公路隧道开挖过程中，钻爆掘进法仍然是最主要的施工手段[1]。因此，当隧道断面存在多个工作面同时进行钻爆法掘进时，整个隧道断面要受到多次爆破的动力扰动作用。

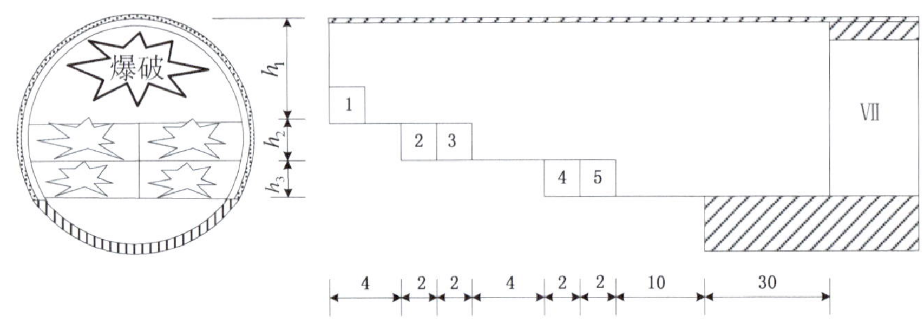

图5-3 分断面钻爆法施工示意图

爆破等工序的扰动作用会对混凝土结构造成损伤，这对工程设计提出了新的要求。系统了解高应变率下混凝土的力学特性是确保设计中混凝土支护结构在遭遇外界扰动时是否满足工程要求的关键，同时在施工中，对爆破等工序中如何采取措施来防护支护结构也能提出相应的指导，从而在确保满足工程要求同时也提高了材料的利用率，科学指导工程设计与施工。因此，鉴于实际工程的需要，有必要对混凝土在高应变率下的动态力学特性进行深入研究。

1.2 国内外研究现状

1.2.1 混凝土动态力学特性

混凝土材料在动载作用下具有与静载作用下不同的特性，一般称混凝土材料的这些率敏感特性为混凝土的动态特性，主要包括动载作用下混凝土的动态强度、动态弹性模量、峰值应变和泊松比等。大量试验研究成果表明：混凝土的龄期、养护条件、配合比、水灰比、级配以及骨料类型（刚度、表面纹理）等对混凝土的应变率效应均有影响。在不同加载速率、加载方式以及加载历史作用下，混凝土材料均反映出不同宏观动力特性。不同的研究者所采用的试验设备、测量方法以及混凝土试件的尺寸、形状不同所得到的试验结果也不相同。基于大量的试验成果总结，研究者们得出混凝土材料动态力学性能的基本规律：①应变率效应是固体材料的共性，可以认为是一种基本的材料特性[2]；②非均质材料较均质材料的应变率效应更为显著，普通混凝土较高强混凝土呈现出更强的率敏感效应[3,4]；③湿混凝土动态强度高于干混凝土的动态强度，在水中养护的混凝土率敏感性高于在正常试验室条件下养护的混凝土，龄期越长，率敏感性越差[5]；④应变率对混凝土动态弹性模量的影响有与动态强度类似的强化规律，但对动态强度的影响较大[6,7]；⑤混凝土动态拉、压强度均随应变率增加而增长，但在同一应变率变化范围内抗拉强度比抗压强度的应变率敏感性更为显著[8]；⑥加载到同样的应力水平时，混凝土材料表现出不同的损伤积累，静态时要比动态时产生更多的内部损伤。低速加载条件下与高速加载条件下混凝土材料具有不同破坏形态[9,10]。

现有文献中不同应变率下混凝土抗压及抗拉强度的试验数据总结如图 5-4 及图 5-5 所示[11]。图中纵坐标为混凝土的动态提高因子（dynamic increase factor，DIF），DIF 定义为动态强度与静态强度的比值。从图 5-4 及图 5-5 中可以发现研究者的试验结果有一定的差异性。这种差异性由诸多影响因素造成，如试件的尺寸、试验的加载设备、端面摩擦效应、惯性效应等。现有研究多针对混凝土的动态抗压特性，而针对混凝土动态抗拉特性的研究较少。

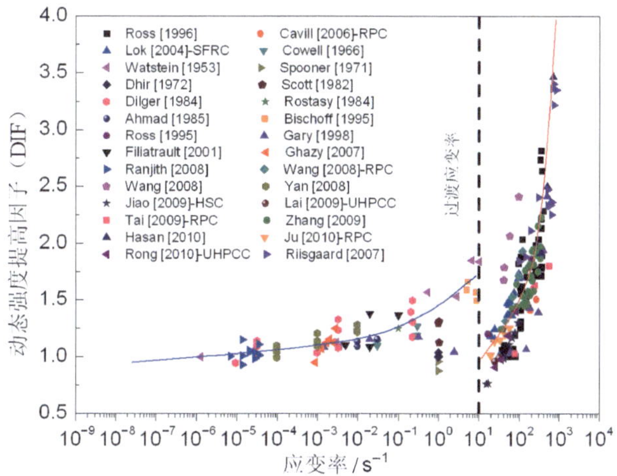

图 5-4　混凝土抗压强度动态提高因子

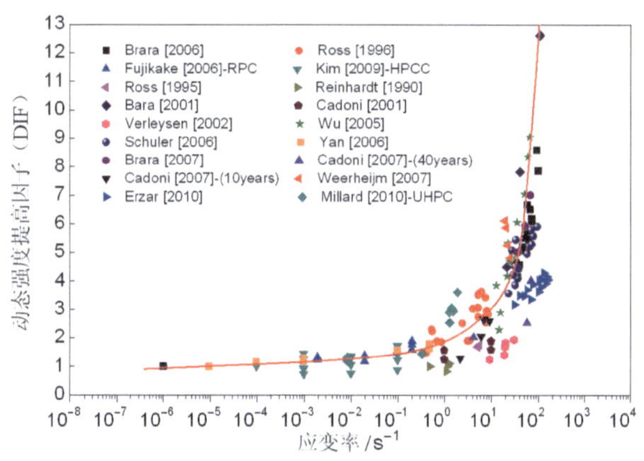

图 5-5　混凝土抗拉强度动态提高因子

对混凝土材料的动态力学性能而言，最常用的几种试验方法有液压试验系统、落锤试验系统及霍普金森压杆（Split Hopkinson Pressure Bar，SHPB）试验系统等。图 5-6 为各种试验系统的应用范围[11]。自 Hopkinson 利用弹性杆来研究应力波传播的问题以来，经过研究者们的改进，SHPB 可用于测定混凝土材料在中高应变率下的动态力学特性。目前现有的 SHPB 装置可以较好地对混凝土动态抗压力学性能进行测试，然而对混凝土的抗拉性能进行研究时，还需要对 SHPB 装置进行进一步的改进和研发。

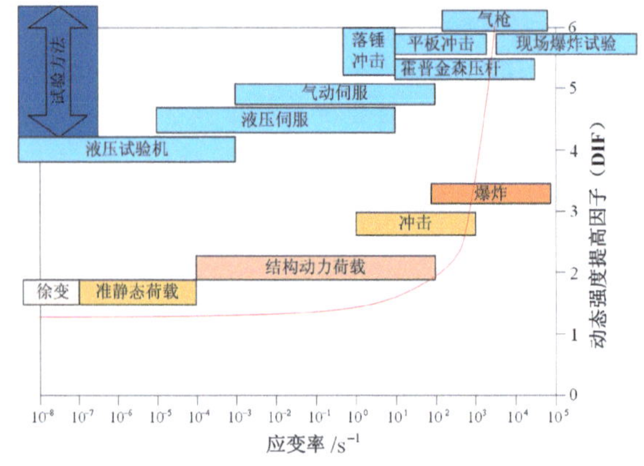

图 5-6　不同试验系统测试混凝土材料动态力学性能

1.2.2　混凝土微观结构特征

混凝土微观结构的改变是其宏观力学性能变化的根本原因，因此研究混凝土的微观结构至关重要。孔结构是混凝土材料微观结构的重要组成部分，孔结构可以由最可几孔径、临界孔径、孔径分布、孔隙率等基本参数来表征[12]。目前混凝土孔结构常用的测孔方法有光学法、压汞法、等温吸附法、X 射线小角度衍射等[13]。混凝土的界面过渡区是混凝土中的薄弱环节，其厚度一般为几十微米，这种结构直接影响到混凝土宏观力学性能及耐久性[14]，因此国内外学者一直将其作为研究重点。现有研究多数针对养护条件、自身配比、掺和料、纤维等差异所引起混凝土微观结构的变化，但对不同外部荷载下混凝土内部微观结构演变的研究较少有研究者关注。

1.2.3　加载历史对混凝土力学性能的影响

目前对混凝土的性能研究往往是在无初始静态荷载的条件下进行的，混凝土结构在实际应用中多是在承受初始荷载的基础上再承受动态荷载。有关荷载历史对混凝土特性影响的研究并不多。Cook 等[15]研究了持续恒定加载和循环加载历史对混凝土以及砂浆抗压性能和抗拉性能的影响。Ozbolt 等[16]通过有限元法研究了预荷载历史对混凝土静态轴拉强度的影响，对混凝土圆柱体试件先加载后卸载再量测其劈拉强度。Lu 等[17]在三向受压荷载历史后对混凝土的抗压强度劣化进行了试验研究。Chen 等[18]对不同初始荷载后混凝土的快速往复弯拉力学特性进行了试验研究。学者们就加载历史对混凝土力学特性的影响开展了一定的研究，研究成果大多集中在静态加载及中低应变率的试验，考虑不同初始荷载后的混凝土高应变率力学性能研究较少。

本小组基于 SHPB 试验装置对混凝土进行动态力学性能试验，研究其动态抗压和抗拉力学特性，同时采用先进的微观结构测试手段，研究混凝土在初始荷载下的微观结构演化，从而得到高应变率下混凝土的动态力学特性。

参考文献

[1] 李术才，刘斌，孙怀凤，等. 隧道施工超前地质预报研究现状及发展趋势[J]. 岩石力学与工程学报，2014, 33(6): 1090-1113.

[2] 方秦, 洪建, 张锦华, 等. 混凝土类材料 SHPB 实验若干问题探讨[J]. 工程力学, 2014, 31(5): 1-14.

[3] 杜修力, 揭鹏力, 金浏. 考虑初始缺陷影响的混凝土梁动态弯拉破坏模式分析[J]. 工程力学, 2015, 32 (2): 74-81.

[4] Cadoni E, Solomos G, Albertini C. Concrete behavior in direct tension tests at high strain rates[J]. Magazine of Concrete Research, 2013, 65: 660-672.

[5] Xiao J Z, Li H, Shen L, et al. Compressive behaviour of recycled aggregate concrete under impact loading[J]. Cement and Concrete Research, 2015, 71: 46-55.

[6] Cadoni E, Solomos G, Albertini C. Concrete behaviour in direct tension tests at high strain rates[J]. Magazine of Concrete Research, 2013, 65(11): 660-672.

[7] Bragov A M, Petrov Y V, Karihaloo B L, et al. Dynamic strengths and toughness of an ultra high performance fibre reinforced concrete[J]. Engineering Fracture Mechanics, 2013, 110: 477-488.

[8] Chen X D, Wu S X, Zhou J K. Experimental and modeling study of dynamic mechanical properties of cement paste, mortar and concrete[J]. Construction and Building Materials, 2013, 47: 419-430.

[9] Erzar B, Forquin P. Analysis and modelling of the cohesion strength of concrete at high strain-rates[J]. International Journal of Solids and Structures, 2014, 51: 2559-2574.

[10] Tran T K, Kim D J. High strain rate effects on direct tensile behavior of high performance fiber reinforced cementitious composites[J]. Cement and Concrete Composites, 2014, 45: 186-200.

[11] 陈徐东. 混凝土动态本构模型若干问题深入研究[D]. 南京: 河海大学, 2014.

[12] 肖海军, 孙伟, 蒋金洋, 等. 水泥基材料微结构的反复压汞法表征[J]. 东南大学学报(自然科学版), 2013, 43(2): 371-374.

[13] Zeng Q, Li K F, Fen-Chong T, et al. Pore structure characterization of cement pastes blended with high-volume fly-ash[J]. Cement and Concrete Research, 2012, 42(1): 194-204.

[14] 陈惠苏, 孙伟, Stroeven P. 水泥基复合材料集料与浆体界面研究综述(一): 实验技术[J]. 硅酸盐学报, 2004, 32(1): 64-69.

[15] Cook D J, Chindaprasirt P. Influence of loading history upon the compressive properties of concrete [J]. Magazine of Concrete Research, 1980, 32: 89-100.

[16] Ozbolt J, Sharma A, Irhan B, et al. Tensile behavior of concrete under high loading rates [J]. International Journal of Impact Engineering, 2014, 69: 55-68.

[17] Lu J, Lin G, Wang Z, et al. Reduction of compressive strength of concrete due to triaxial compressive loading history[J]. Magazine of Concrete Research, 2004, 56: 139-149.

[18] Chen X D, Wu S X, Zhou J K. Large-beam tests on mechanical behavior of dam concrete under dynamic loading[J]. ASCE Journal of Materials in Civil Engineering, 2015, 27(10): 06015001.

1.3 技术路线

本项目拟采用的技术路线如图 5-7 所示。

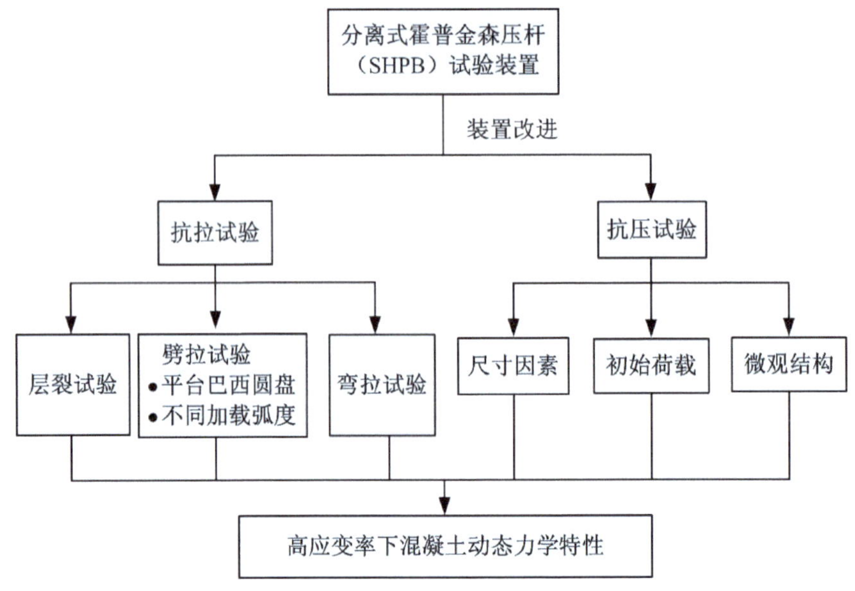

图 5-7 本项目拟采用的技术路线

1.4 研究成果

1.4.1 SHPB 装置的改进及研发

SHPB 装置是研究中高等应变率下混凝土力学特性比较常用的试验装置。为了对混凝土的抗拉性能进行研究，还需要对 SHPB 装置进行进一步的改进和研发。为了解决这个问题，我和小组成员合作完成了多项发明专利，具体介绍如下。

1）一种高应变率下准脆性材料层裂强度的测量方法

目前，最主要的三种基于 SHPB 技术的混凝土的动态拉伸试验方法分别是层裂、劈拉和直接拉伸。事实上，在层裂试验中，试件的应力和应变率沿着长度方向发生了显著变化，这也是几十年以来层裂拉伸数据没有被直接用来与通过其他比较好控制的动态拉伸试验技术得到的动态拉伸性能进行比较的原因。为了解决以上问题，采用以下技术方案（图 5-8）：在入射杆 1 的撞击端加装由聚四氟乙烯盘 3 叠加在退火铜盘 4 制备的复合脉冲整形器 2。将入射杆 1 的另一端的垂直端面与圆柱体混凝土试件 5 一端的垂直端面紧密贴合；在入射杆 1 中部和混凝土试件 5 上粘贴应变片 6；试验开始时，氮气罐 7 为撞击杆 8 提供足够大的撞击速度撞击入射杆 1，以产生较大的冲击波使试件 5 发生层裂拉伸。记录入射杆 1 中传导的入射波。入射波的波形类似一个等腰三角形，如图 5-9 所示。对于这个特定的波形，当反射波的上升段完全进入层裂试件时，与入射波的卸载段相互作用，一个均匀应力区域便产生（虚线之间的区域）。当这两种波在试件中传播时，均匀拉应力增大直至脆性试件断裂。

与现有技术相比，本发明可以通过整形技术得到类似等腰三角形入射波在层裂试件实现恒应变率变形和均匀拉伸应力状态，能够帮助层裂试验和其他动态拉伸试验方法在数据解释上建立联系。类似等腰三角形入射波的幅度可以通过脉冲整形来调整，波的持续时间可以通过改变撞击杆长度进行调整。这些特性使这项新技术适用于不同材料、不同尺寸的层裂试验。（上述成果已申请发明专利 1 项）

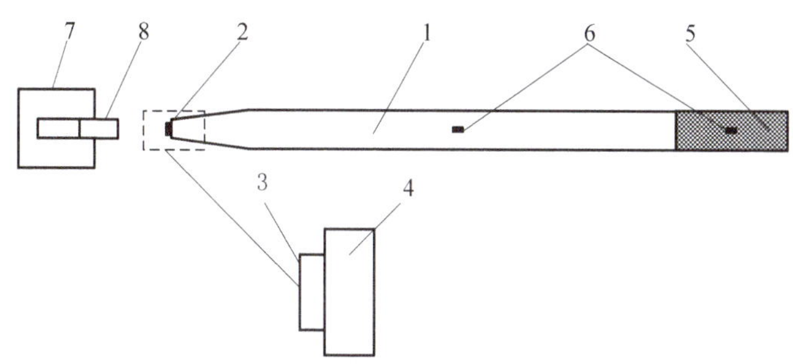

图 5-8　层裂强度测量装置示意图

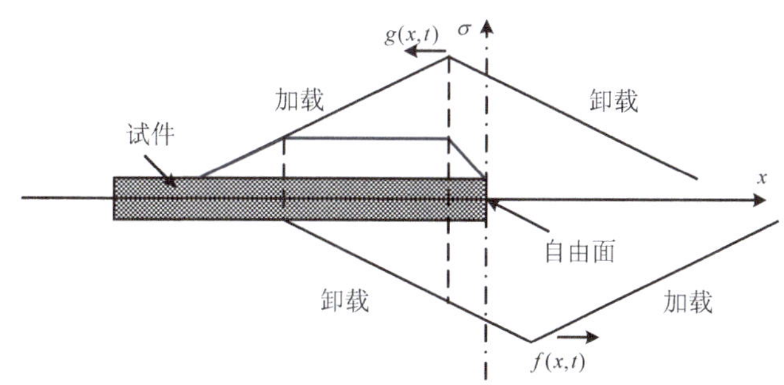

图 5-9　层裂试验波的传播过程示意图

2）一种爆炸作用下准脆性材料应力波衰减规律的测试装置及量征方法

通常完善爆破控制理论的试验方法是测量距离爆炸点不同距离处的质点峰值速度，该速度与质点的峰值应变和峰值应力有直接的关系。但是，在保证仪器不破坏的情况下，通常只能测得振动区的速度。因此，不能很好地实施其他区域的试验。为了解决上述问题，我们设计了一种基于经典 SHPB 试验装置进行等效控制爆破理论的试验装置，并提出了其量征方法。试验装置包括入射杆 10、子弹 20、气枪 30、测速计 40、整形片 50、吸能杆 60、试件杆 70、应变片 80、数据采集仪 90、示波器 100 等（图 5-10）。其中，吸能杆 60 和试件杆 70 为混凝土材料。入射杆 10 和子弹 20 采用铝制材料。入射杆 10 上中间位置粘贴 2 组应变片 81，试件杆上距离入射杆 10、0.5、1、1.5、2、3、4、5、6、7、9、11、13、15、17 倍杆直径大小位置处粘贴 14 组应变片 82。子弹 20 以一定的速度冲击入射杆 10，应变片 82 上记录应变变化。取每一个应变片 82 粘贴位置处所对应的最大应变，列在表中，通过公式$\varepsilon=\varepsilon_0 e^{-\alpha R}$（其中$\varepsilon$表示沿试件杆轴向的峰值应变，$\varepsilon_0$ 表示试件杆与入射杆接触处的峰值应变，R 表示从测试点到试件杆与入射杆接触处的距离，α表示衰减系数）进行拟合计算，即可得到应力波的衰减规律。

本发明提出了一种用应变来描述应力波衰减规律的方法，简化了传统的测应力来描述应力波衰减的方法；并且不同区域的衰减过程可以通过该试验完整地表现出来，操作简便，应用领域广泛。（上述成果已申请发明专利 1 项）

3）基于非平衡状态的混凝土冲击弯拉损伤的测定装置和测定方法

实际生活中混凝土经常被用作受弯构件，特别在冲击荷载作用下，受弯混凝土破坏时间极短，其损伤的测量和计算十分困难。目前虽然有对静载下弯拉混凝土损伤的研究，但对冲击荷载下受弯混凝土损伤规律的测量和定量描述还十分少见。

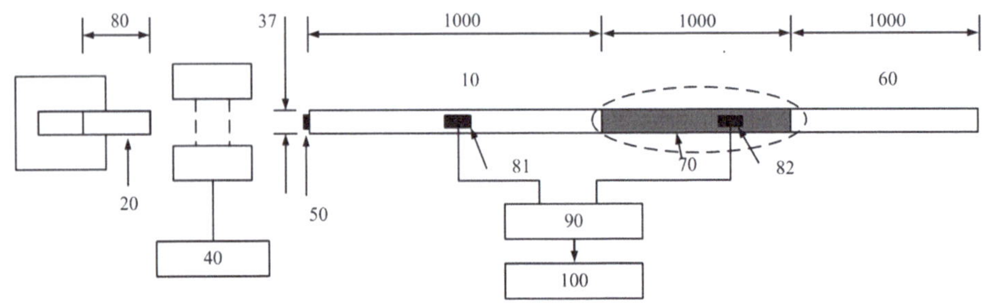

图 5-10　测量应力波衰减规律的试验装置示意图（单位：mm）

为了提供一种基于 SHPB 技术下混凝土受弯损伤测量方法，本发明采用的试验装置包括气枪 10、子弹 20、入射杆 30、透射杆 60、应变片 70、桥盒 80 和一个与计算机相连的数据采集系统 90，如图 5-11 所示。

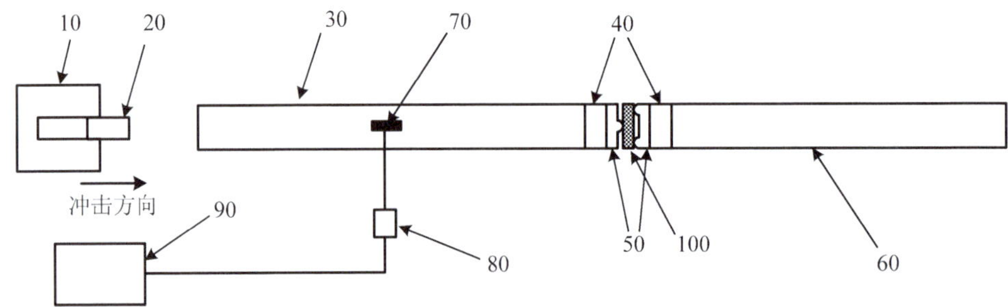

图 5-11　冲击弯拉试验装置示意图

入射杆 30 中部粘贴的应变片 70 对入射波和反射波进行测量，应变片 70 通过桥盒 80 与数据采集系统 90 相连。在入射杆 30 和透射杆 60 上分别设置套头 40，套头 40 上均设置垫块 50，混凝土试件 100 置于垫块 50 之间。通过对入射波的反射过程进行模拟得出在试件弹性响应下与入射波相对应的理论反射波，其与入射波叠加即为透射杆上未测得的透射波。这一方法克服了传统弯曲试验无法测得透射波这一缺陷。根据求得的入射波和反射波，入射杆和试件之间的冲击速度也可求得，由此经过计算可以求得试件的抗拉强度。以累积破坏准则为指导，可以得到混凝土试件的弯拉强度与时间的定量关系。

本发明将混凝土损伤理论引入冲击荷载下受弯混凝土损伤的测定中去，克服了冲击荷载下破坏时间短这一难题，得到了抗拉强度与破坏时间的关系曲线。并且本发明对反射波的反射过程进行了模拟，克服了试验难以测得透射波这一难题，大大减小了计算误差。（上述成果申请发明专利 1 项，已公开）

4）纤维混凝土构件的弯曲韧性测试方法及其装置

目前，国内外普遍采用的混凝土构件弯曲韧性的测试方法是利用静态的三分点弯曲试验。该方法加载速度较低，难以测出高应变率下的纤维混凝土构件的弯曲韧性。SHPB 是研究材料动态力学性能最基本的试验方法之一，但基于 SHPB 技术的有关材料韧性尤其是弯曲韧性的测定装置和方法尚未得到开发。为了解决此问题，本发明基于 SHPB 装置对有预制的刻痕和裂纹混凝土试件 90 进行弯曲韧性测试，弯曲韧性测试装置包括气枪 10、子弹 20、入射杆 30、透射杆 40、应变片 50、加速度计 60、桥盒 70 和与计算机相连的数据采集系统 80，试验装置如图 5-12 所示。

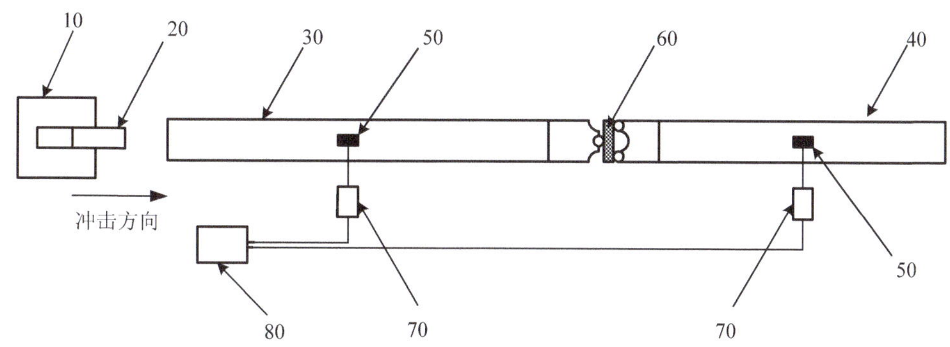

图 5-12　弯曲韧性测试装置示意图

混凝土试件 90 被夹持在入射杆万向头 101 和透射杆万向头 102 上的高强度钢加载销 110 之间，其中试件 90 有刻痕和裂纹的一面与透射杆万向头 102 上的加载销 110 接触。子弹 20 撞击入射杆 30 在入射杆 30 中形成入射压缩脉冲并向着混凝土试件 90 传播；当入射脉冲传递到混凝土试件 90 完整的一端时，一部分入射脉冲进入混凝土试件 90 并破坏混凝土试件 90；同时，剩余的入射脉冲作为拉伸应力脉冲反射回入射杆 30；上述过程产生的入射和反射应变通过入射杆 30 中点的应变片 50 测量，而透射应变由透射杆 40 中点的应变片 50 测量；通过混凝土试件 90 上的三个加速度计 60 测得沿试件 90 长度上的加速度分布和试件 90 的变形情况。

试验数据表明沿试件长度方向，加速度和位移均为直线分布。已知沿试件长度方向上的加速度，分布的惯性力就可以被作用在试件中间的广义的惯性荷载代替 $P_i(t)$，同时试件就可以被简化为单自由度体系，并且根据动态平衡方程 $P_b(t)=P_t(t)-P_i(t)$，真实的弯曲荷载就可以被评估出来。弯曲荷载和变形已知就可以得到混凝土构件吸收的能量，从而判断构件的弯曲韧性。

本发明克服了现有技术中的不足，提供了一种基于 SHPB 技术的纤维混凝土构件弯曲韧性测试方法及其装置，操作简单，加载速度高，可有效地测出高应变率下的纤维混凝土构件的韧性。（上述成果申请发明专利 1 项，已公开）

综上，对基于 SHPB 技术的层裂和弯拉试验装置进行了改进和研发（申请相关发明专利 7 项），形成了一系列规范有效的试验技术，为相关材料力学特性的研究提供了良好的基础。

1.4.2　高应变率下混凝土抗拉特性研究

1）基于 SHPB 技术的混凝土动态抗拉强度研究述评

对近年来国内外基于 SHPB 技术的混凝土动态抗拉强度的研究成果进行了总结与分析（图 5-13）。详细介绍了基于 SHPB 技术的几种不同的混凝土抗拉强度测试方法（直拉、劈拉、层裂、弯拉），讨论了不同因素，如试验方法、试件形状尺寸、骨料粒径、试件干湿程度、材料等对混凝土类材料的动态提高因子（DIF）的影响。

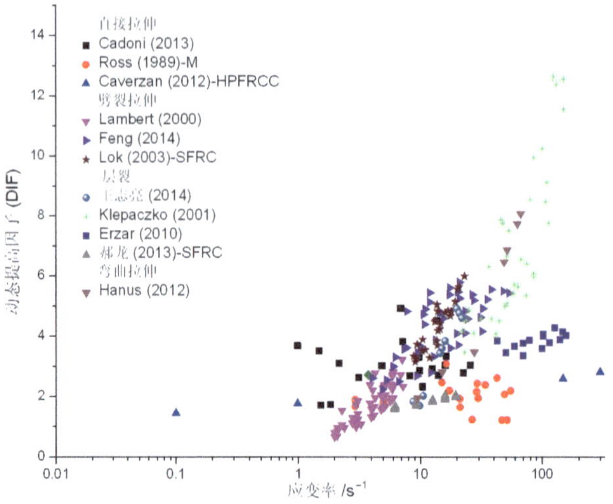

图 5-13　四种不同试验方式下 DIF 值与应变率的关系

分析结果表明：层裂试件形状尺寸越小，DIF 值越大，直拉试验的骨料粒径越小，DIF 值越大，材料种类的变化也会对动态拉伸强度产生不同影响。目前，由于不同研究者所采用试件材料、尺寸、强度和试验装置存在差异，导致试验方法、试件的尺寸、骨料粒径与干湿情况、材料和试件静态抗拉强度等因素对动态抗拉强度提高因子 DIF 的影响差异无法定量得出。建议在将来的研究中，可以对同一种混凝土材料进行批量试验以定量比较上述影响因素对 DIF 影响的差异性。（该部分内容已被中文核心期刊水力发电学报录用）

2）高应变率下混凝土层裂强度试验研究

当受到动态荷载时，混凝土的抗压和抗拉强度都比其在静态荷载时的强度高。混凝土的动态抗压和抗拉强度是结构设计中两个十分重要的参数。为了确定混凝土在冲击荷载下的动态拉伸强度，进行了基于 SHPB 技术的层裂试验。讨论了混凝土的破坏模式、动态拉伸强度和动态提高因子（DIF）。试验结果显示混凝土的动态拉伸强度随着应变率的增加而增加（图 5-14）。

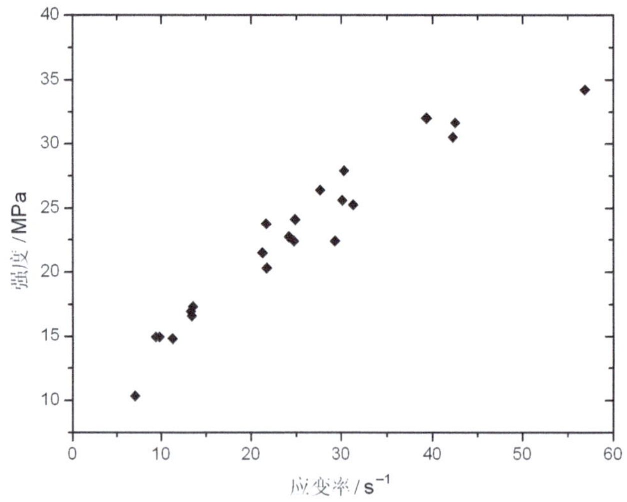

图 5-14　拉伸强度与应变率的关系

为了进一步了解混凝土的断裂过程，参考现有的断裂分析理论提出了新的断裂准则，将损伤变量定义为初始损伤面积和实际损伤面积的比值。这个新的断裂准则可以描述层裂试验中混凝土的全部损失演化过程（图 5-15）。（该部分内容已投稿 SCI 期刊 *Construction and Building Materials*）

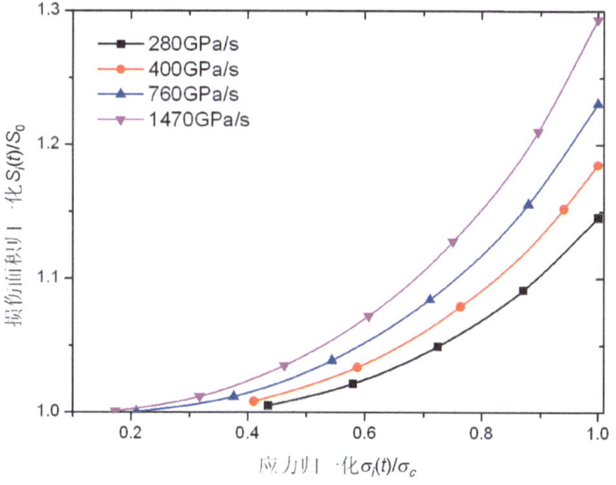

图 5-15　不同加载速率下归一化损伤面积与归一化应力的关系

3）高应变率下水泥浆、砂浆和混凝土劈拉特性的试验研究

为了研究应变率对水泥浆、砂浆和混凝土拉伸特性的影响，试验采用改装的 SHPB 装置和平台巴西圆盘试件来获得材料的动态拉伸应力-应变曲线。带有波形整形作用的 SHPB 装置用来确定动态拉伸力学响应和材料在有效动态测试环境下的破坏行为，试验记录的典型波形如图 5-16 所示。其中，波形整形技术可以实现试件两端力的平衡。准静态试验用于研究材料的应变率敏感性。应变率敏感性通过应力-应变曲线、弹性模量、拉伸强度、峰值应力处的极限应变来反映。试验结果显示，动态拉伸强度、弹性模量、DIF 和极限应变均随着应变率的增加而增加（应变率与 DIF 的关系如图 5-17 所示）。并且，根据试验结果得到了应变率和材料力学特性之间的经验公式，可以用于更好地模拟动态荷载下水泥基材料的力学响应。（该部分内容已被 SCI 期刊 *Journal of Wuhan University of Technology-Materials Science* 发表）

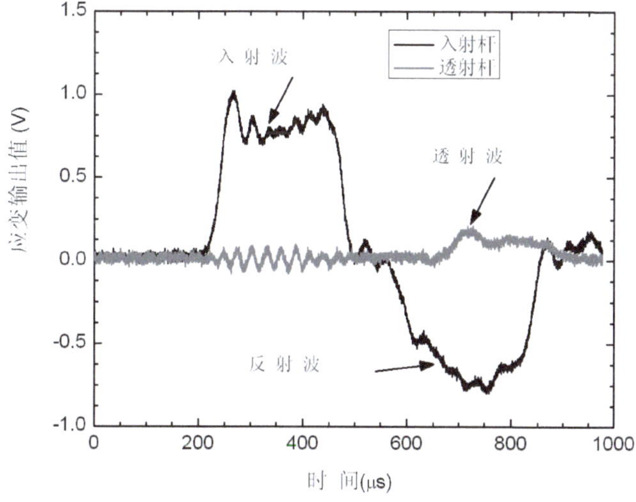

图 5-16　SHPB 试验中典型的入射、反射和透射波

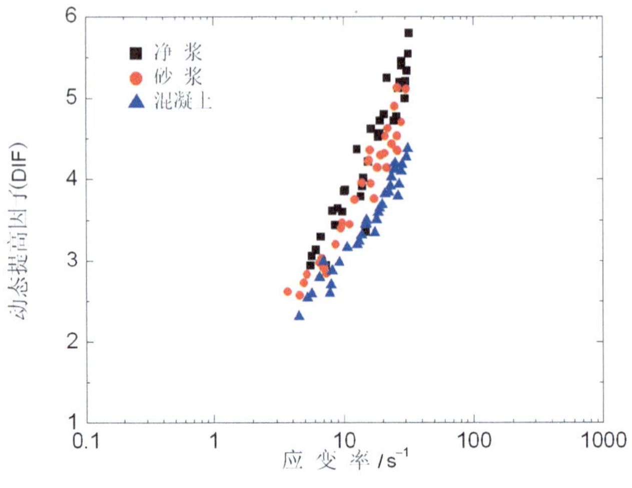

图 5-17　应变率对不同材料 DIF 的影响

4）高应变率下混凝土动态劈拉强度的统计分析

巴西试验已经成为工程实际中应用最广泛的测定混凝土拉伸强度的试验方法。作为一种间接拉伸试验，巴西试验是通过对圆盘状试件的直径方向施加一个集中的压缩荷载来使试件内部产生拉应力的，试件内部受力示意图如图 5-18 所示。

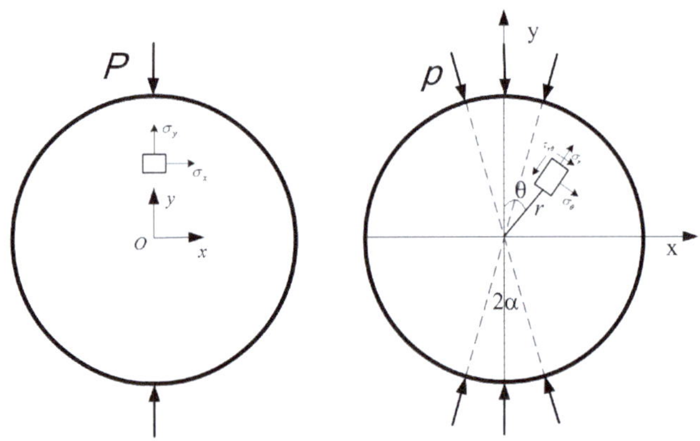

图 5-18　劈裂试件受力示意图

为了对巴西圆盘试验进行进一步的研究，试验采用 SHPB 装置，比较不同加载角度对试验的影响，并引入统计分析技术对试验结果进行分析。对试验数据进行单因素方差分析，探讨加载角度对劈拉强度影响的显著程度。为了更进一步研究劈拉强度与加载角度的关系，引入 Weibull 统计模型，采用线性回归和极大似然函数法，得出劈拉强度和加载角度的定量关系。试验结果显示，混凝土的加载方式很大程度上决定了其动态劈拉强度，并且随着加载角度的增加，混凝土的破坏荷载和 Weibull 参数也在不断增加。进一步的残差检验也表明，Weibull 模型能够较好地描述劈拉强度的分布规律（图 5-19）。（该部分内容已被 SCI 期刊 *ASCE Journal of Materials in Civil Engineering* 录用）

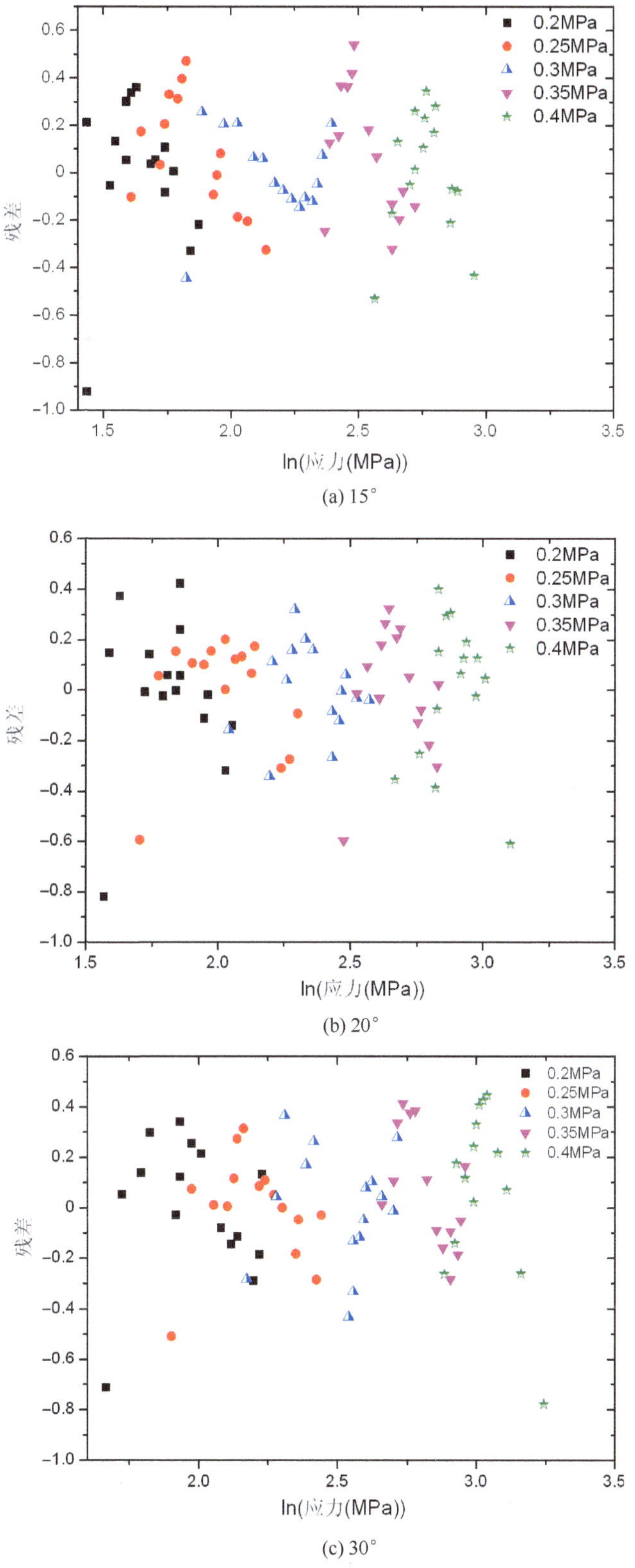

(a) 15°

(b) 20°

(c) 30°

图 5-19　不同加载方式下残差-应力图

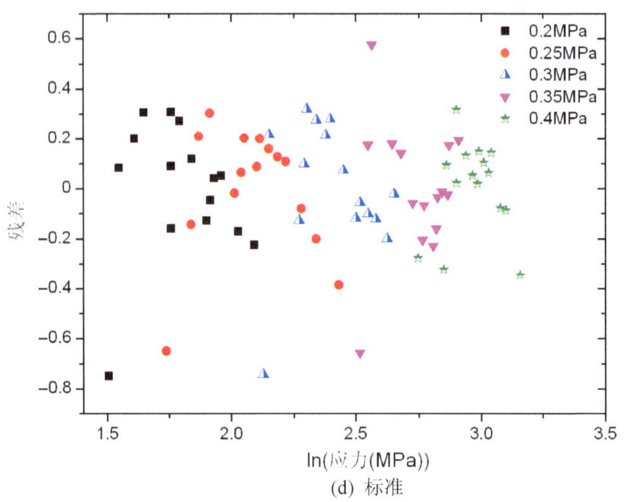

(d) 标准

图 5-19　不同加载方式下残差-应力图（续）

5）高应变率下混凝土动态三点弯曲强度的试验研究

准脆性材料的 SHPB 弯拉试验有其特殊性。实际上，准脆性材料的断裂可能发生在应力平衡之前，且破坏应变较小。另外，试验过程中试件在支承点（透射杆）出现响应前发生破坏。因此需要一个新的合理的模型进行试验过程的瞬态分析。为了研究无切口的混凝土试件三点弯拉试验下的动态响应，利用改进的 SHPB 装置测试混凝土梁在高应变率下的冲击特性。试验采用了不同的气压和冲击速度。试验中记录了冲击荷载、跨中的加速度以及入射杆和透射杆上的应变。采用弹性梁理论计算惯性力，这样冲击力中的惯性力就可以被分离出来，从而可以得到真实的弯曲强度。试验结果显示：当应变率范围为 40～70s^{-1} 时，动态提高因子具有显著的应变率效应，变化范围为 4.3～5.4（图 5-20），并且惯性能和入射能（图 5-21）均随着应变率的增加而增加。（该部分内容已投稿 SCI 期刊 *Structural Concrete*）

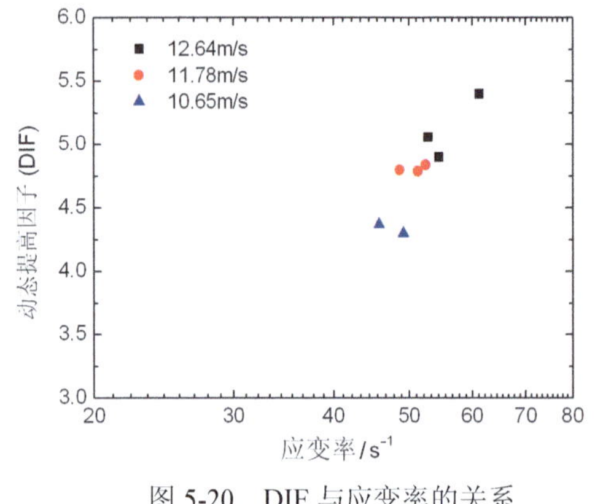

图 5-20　DIF 与应变率的关系

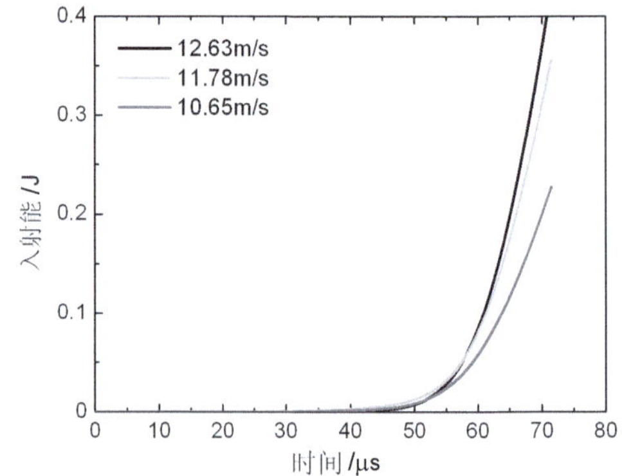

图 5-21　不同冲击速度下的入射能与时间的关系

1.4.3　高应变率下混凝土抗压特性研究

1）高应变率下试件尺寸对水泥浆和砂浆压缩特性的影响

为了研究试件尺寸对高应变率下水泥基材料压缩特性的影响，对三种不同尺寸(ϕ68mm×32mm、ϕ59mm×29.5mm、ϕ32mm×16mm)的砂浆和水泥浆试件进行了静态和动态压缩试验。静态试验使用通用液压伺服系统，动态试验使用 SHPB 试验装置。试验结果显示，对于砂浆和水泥浆试件，其动态压缩强度要高于其静态强度，并且小尺寸试件的动态压缩强度要高于大尺寸试件的动态压缩强度（图 5-22）。但是动态增强因子的变化趋势却与之相反（图 5-23）。

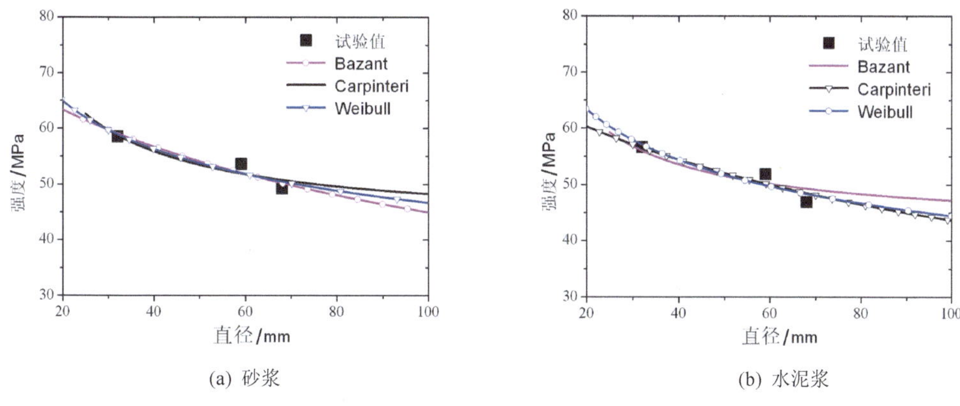

(a) 砂浆　　(b) 水泥浆

图 5-22　抗压强度与试件尺寸之间的关系

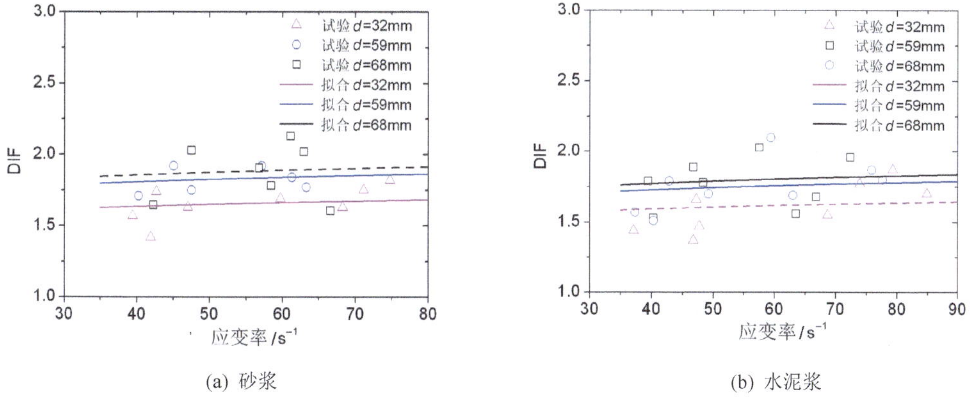

(a) 砂浆　　(b) 水泥浆

图 5-23　试验 DIF 值与改进的 Hartmann 模型之间的比较

显然，砂浆和水泥浆中同时存在着应变率效应和尺寸效应。试验结果也运用 Weibull、Carpinteri 及 Bažant 尺寸效应准则进行了分析。三个准则和试验结果具有很好的一致性。然而，对于砂浆和水泥浆的试验结果来说，峰值应变和弹性模量的尺寸效应并不显著。（该部分内容已被 SCI 期刊 *Journal of Wuhan University of Technology-Materials Science* 发表）

2）高应变率下初始静态劈拉荷载对混凝土芯样动态抗压强度的影响

在各种土木工程指数特性中，使用最广泛的混凝土特性可能就是轴向压缩强度。为了研究高应变率下初始静态劈拉荷载对混凝土芯样动态抗压强度的影响，对混凝土芯样进行了准静态标准巴西圆盘试验和分离式霍普金森压杆动态压缩试验，并分析了不同初始静态荷载对混凝土动态压缩性能的影响。试验采用 5 种不同的初始静态荷载，分别为 0、25%、50%、75%、90%的混凝土静态劈拉强度。典型的试件破坏如图 5-24 所示。

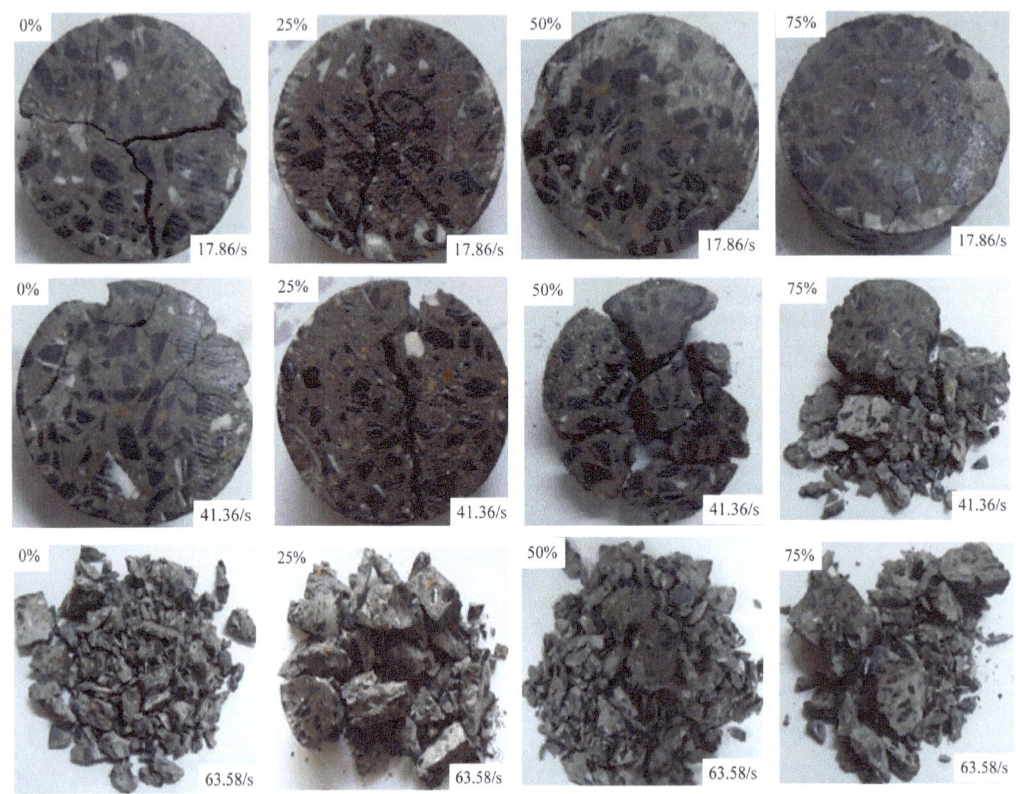

图 5-24　高应变率下混凝土芯样的破坏图

试验结果显示混凝土的动态压缩强度随着初始静态荷载和应变率的增加而增加。与此同时，Weibull 统计分布模型也被用于分析试验结果，并且根据试验结果，提出了一个预测混凝土芯样动态压缩强度的模型，如图 5-25 所示。（该部分内容已被 SCI 期刊 *ASCE Journal of Performance of Constructed Facilities* 发表）。

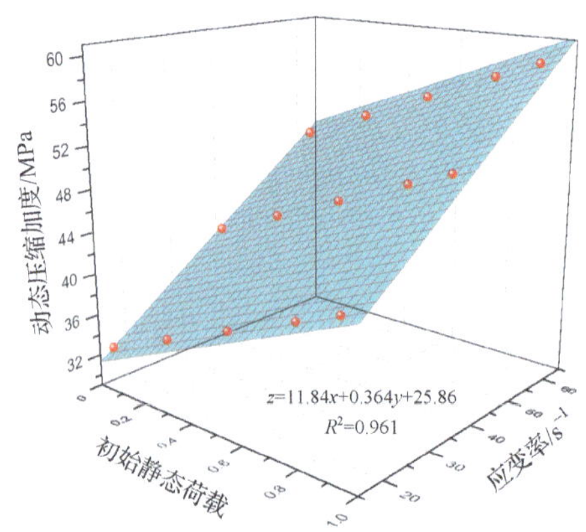

图 5-25　动态压缩强度、应变率和初始静态荷载之间的关系

3）高应变率下混凝土微观结构对其力学特性的影响

像混凝土类的多孔材料的微观结构特征很大程度上决定了其特性。为了进一步研究高应变率下混凝土微观结构对其力学特性的影响，对不同微观结构的混凝土试件进行准静态

和动态压缩试验。试验采用分离式霍普金森压杆（SHPB）作为试验装置来实现高应变率的加载条件，采用压汞法来检测混凝土的孔隙结构。

试验结果显示混凝土的压缩特性与应变率及微观结构有很大关系，不论在准静态荷载还是动态荷载下，混凝土的压缩强度都随着孔隙的增加而降低，并且多孔试件的压缩强度更容易受到应变率的影响。混凝土的能量吸收能力也受试件的微观结构影响，试件孔隙越多，单位吸收能量也就越低。根据试验结果，提出了一个预测应力-应变响应的模型（图 5-26 和图 5-27），该模型与试验结果具有很好的一致性。（该部分内容已被 SCI 期刊 *ASCE Journal of Materials in Civil Engineering* 发表）

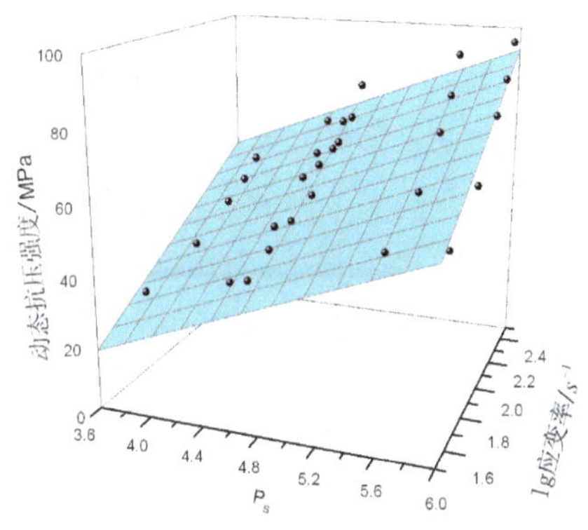

图 5-26　高应变率下混凝土的压缩强度

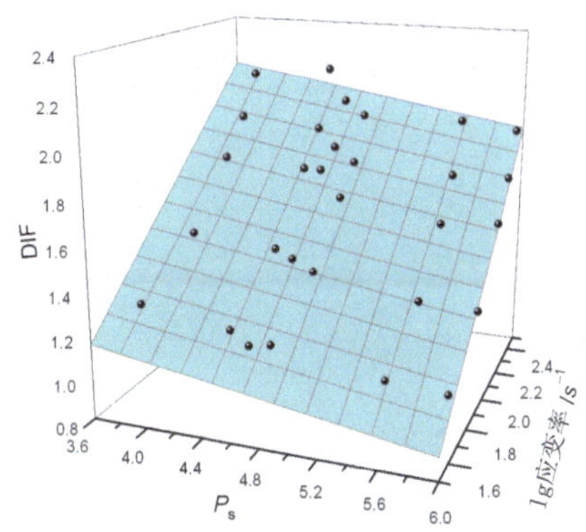

图 5-27　高应变率下混凝土 DIF

1.5　成果意义（潜在应用前景及可能的社会经济效益）

混凝土作为最常用的工程材料，广泛应用于各种民用建筑及军事设施。其成分复杂，表现为非均匀性、非线性以及不稳定的脆性破坏等。实际应用中，各种混凝土结构除了承受静力荷载外，都不可避免地要承受地震、冲击、爆炸等动态荷载。在遭受武器攻击、爆炸、地震、海浪冲击、风力和水力等冲击荷载时，混凝土材料表现出与静态荷载作用下不同的性能。因此对混凝土材料动态性能的研究成为国内外科学研究的热点。本项目的主要成就如下：首先介绍了当前混凝土类材料基于 SHPB 技术测试抗拉强度的若干问题研究进展；重点对 SHPB 试验下混凝土动态抗拉及抗压力学特性进行了试验研究与分析；基于传统的 SHPB 装置，依据混凝土动态力学特性的复杂性，对装置进行了改装；通过压汞试验技术对混凝土的微观孔结构进行了量征，并构建了混凝土动态力学特性与微观孔结构的定量模型。本项目的工作对进一步了解混凝土动态力学特性有重要意义。

1.6　相关支撑材料目录（相关论文、申请或授权专利、相关奖励和社会评价等）

经过长时间的积累和锻炼，目前获得的成果有：主持国家级大学生创新训练计划项目 1 项；申请发明专利 7 项（已公开 5 项）；发表或录用论文 5 篇（其中 SCI 期刊 4 篇，中文核心期刊 1 篇）、投稿 SCI 论文 5 篇。以上成果均是项目完成人第一作者或指导老师第一作者，项目完成人第二作者。

（1）2015 年国家级大学生创新训练计划项目：多次冲击荷载下混凝土动态轴拉损伤劣化规律研究（编号：201510294021），成员：邵羽、陈晨、徐令宇、盛汝清、邓蘅鑫。

（2）发明专利《一种高应变率下准脆性材料层裂强度的测量及确定方法》，发明人：邵羽、陈徐东、袁昊天、陈逸杰、聂宇、已申请，2016。

（3）发明专利《一种爆炸作用下准脆性材料应力波衰减规律的测试装置及量征方法》，发明人：邵羽、陈徐东、聂宇、陈逸杰，已申请，2016。

（4）发明专利《基于霍普金森原理的混凝土轴心动态拉伸断裂试验方法》，发明人：陈徐东（导师）、邵羽、陈晨、徐令宇、邓蘅鑫、盛汝清，公开号：CN104833594A，公开日期：2015.8.12。

（5）发明专利《一种预测混凝土构件剩余疲劳加载次数的模型》，发明人：陈徐东（导师）、邵羽、孙宇辰、卜静武，公开号：CN105046085A，公开日期：2015.11.11。

（6）发明专利《基于霍普金森原理的混凝土轴心抗拉强度测量方法》，发明人：陈徐东（导师）、徐令宇、葛利梅、朱乔、陈晨、邵羽，公开号：CN 104833599A，公开日期：2015. 8.12。

（7）发明专利《基于非平衡状态的混凝土冲击弯拉损伤的测定装置和测定方法》，发明人：陈徐东（导师）、徐令宇、杨振伟、余泳涛，公开号：CN104913985A，公开日期：2015.9.16。

（8）发明专利《纤维混凝土构件的弯曲韧性测试方法及其装置》，发明人：陈徐东（导师）、陈晨、邵羽、徐令宇、盛汝清、邓蘅鑫，公开号：CN105043895A，公开日期：2015. 11. 11。

（9）Xudong Chen（导师），Yu Shao（邵羽），Chen Chen（陈晨），Lingyu Xu（徐令宇）. Statistical analysis of dynamic splitting tensile strength of concrete using different types of jaws[J]. ASCE Journal of Materials in Civil Engineering（SCI 期刊）. 录用待刊，DOI：10.1061/（ASCE）MT.1943-5533.0001635.

（10）Xudong Chen（导师），Yu Shao（邵羽），Lingyu Xu（徐令宇），Chen Chen（陈晨）. Experimental study on tensile behavior of cement paste，mortar and concrete under high strain rates[J]. Journal of Wuhan University of Technology-Materials Science （SCI 期刊），2015，30（6）：1268-1273.

（11）Xudong Chen（导师），Lingyu Xu（徐令宇），and Shengxing Wu. Influence of pore structure on mechanical behavior of concrete under high strain rates[J]. ASCE Journal of Materials in Civil Engineering （SCI 期刊），2015，28（2）：04015110.

（12）Xudong Chen（导师），Chen Chen（陈晨），Pingping Qian（钱萍萍），Lingyu Xu（徐令宇）. Influence of specimen size on compression behavior of cement paste and mortar under high strain rates[J]. Journal of Wuhan University of Technology-Materials Science （SCI 期刊），2016，31（2）：300-306.

（13）邵羽，袁昊天，徐令宇，陈徐东. 基于 SHPB 技术的混凝土动态抗拉强度研究述评[J]. 水力发电学报，2016. 已录用。

（14）Xudong Chen（导师），Yu Shao（邵羽），Chen Chen（陈晨），Lingyu Xu（徐令宇）. Experimental study on impact tensile strength of concrete by spalling test[J]. Construction and Building Materials（SCI 期刊）. 已投稿.（Manuscript No. CONBUILDMAT-S-16-02405）

（15）Xudong Chen（导师），Yu Shao（邵羽），Jiayi Yuan，Jingwu Bu. Experimental study and analytical modeling on hysteresis behavior of concrete in uniaxial cyclic tension[J].

Construction and Building Materials （SCI 期刊）. 已投稿. （Manuscript No. CONBUILDMAT-S-16-02487）

（16）Xudong Chen（导师）, Lingyu Xu（徐令宇）, Jingwu Bu（卜静武）. Post-peak cyclic behavior of concrete under uniaxial alternating tensile-compressive loading[J]. ACI Materials Journal（SCI 期刊）. 已投稿. （Manuscript No. M-2016-14）

（17）Xudong Chen（导师）, Chen Chen（陈晨）, Haotian Yuan（袁昊天）, Min Chen（陈敏）. Experimental study on compressive behavior of plain concrete under high strain rates after freeze-thaw cycles[J]. ASCE Journal of Materials in Civil Engineering （SCI 期刊）. 已投稿. （Manuscript No. MTENG-5006）

（18）Xudong Chen（导师）, Chen Chen（陈晨）, Qiao Zhu（朱乔）. Experimental study of inertial effects on split Hopkinson pressure bar testing for concrete[J]. Structural Concrete （SCI 期刊）. 已投稿. （Manuscript No. suco. 201600080）

2）分析

（1）选题。

① 项目要具有科学意义与学术价值。项目的科学意义与学术价值一方面是指对学科发展有重要意义，这类项目往往是指学科的前沿或热点研究课题；另一方面是指所研究的科学问题对我国科技、社会、经济发展有重要意义。具有前一意义的多是理论导向型的研究课题或者是问题导向型的课题，而具有后一意义的则多为问题导向型课题。

一个选题恰当的项目一般具有上述两方面的意义与价值。理论导向型的研究项目，要求从学科理论衍生发展出新的理论，而且新理论能指导解决实际的问题。问题导向型的研究项目，则是从实践中提炼出问题，升华到理论高度进行研究，反过来，新的理论也能指导解决实际中的问题。研究中理论要联系实际，成果中理论有指导实际的普遍意义。

本项目提出了当前混凝土类材料基于 SHPB 技术测试抗拉强度时存在的若干问题；基于传统的 SHPB 装置，依据混凝土动态力学特性的复杂性，对装置进行了改装；随后重点对 SHPB 试验下混凝土动态抗拉及抗压力学特性进行了试验研究与分析；微观层次上通过压汞试验技术对混凝土的微观孔结构进行了量征，并构建了混凝土动态力学特性与微观孔结构的定量模型。混凝土材料动态性能的研究作为国内外科学研究的热点，以上部分不论是在试验技术方面还是在理论模型方面，都对混凝土材料动态性能的研究和发展具有重要意义。

另一方面，混凝土作为最常用的工程材料，广泛应用于各种民用建筑及军事设施。其成分复杂，表现为非均匀性、非线性以及不稳定的脆性破坏等。实际应用中，各种混凝土结构还不可避免地要承受地震、冲击、爆炸等动态荷载，这时，混凝土材料表现出与静态荷载作用下不同的性能。因此，在实际应用中，对混凝土材料的动态力学特性进行研究也具有重要意义。

综上所述，本项目具有重要的科学意义、学术价值和应用前景。

② 选题要能概括反映所研究项目。题目（25 字内）要做到新颖性与科学性、规范性

的统一，不宜过长。首先，题目要能概括性地反映项目的主要研究内容，以本项目为例，单独看本项目研究内容实际相当琐碎，包括了混凝土抗拉、抗压等各个方面的内容，但所有研究均是围绕高应变率下混凝土的力学特性而展开的。因此，题目要选取所有研究的共同点将所有项目研究内容全面反映出来。进一步，题目要反映项目的新颖性，由于本项目创新性分散，不易集中到一个题目来反映。对那些创新性更集中的项目来说，题目要能反映项目一定的创新性。

（2）研究背景。

研究背景主要阐明项目的研究意义。首先是选题科学意义与学术价值的具体表述。要回答为什么要选定这个项目，有什么充分的理由？科学意义与学术价值是什么？对学科发展将会有何贡献？所研究的科学问题是否结合我国实际的需要，对科技、经济、社会发展有何重要意义或应用前景？进一步阐明研究本项目在理论上与实践上的必要性。本项目从实际出发，首先以隧道施工为例，论述了强动载对混凝土作用的普遍性以及提出动载作用会对混凝土结构造成损伤这一可能性，也就是这一问题的工程背景；接着说明了高应变率下混凝土力学特性研究的必要性：系统了解高应变率下混凝土的力学特性是确保设计中混凝土支护结构在遭遇外界扰动时是否满足工程要求的关键；对爆破等工序中如何采取措施来防护支护结构也能提出相应的指导，在确保满足工程要求同时也提高了材料的利用率，科学指导工程设计与施工。

综上，得到结论：鉴于实际工程的需要，有必要对混凝土在高应变率下的动态力学特性进行深入研究。

（3）国内外现状。

此部分的目的是要阐明项目研究问题在科学发展链中的位置，问题的来源、形成与提出。

申请者应对项目所涉及的研究领域的国内外研究状况有充分的了解，在申请时要对其国内外研究现状、学术前沿、进展程度、发展趋势、同行研究的新动向等加以阐述，并附主要的参考文献——要通过上述内容分析国内外研究现状来回答创新性问题，具体回答这些问题：①什么人在研究，研究了些什么？②核心科学问题是什么？③别人如何进行研究？解决了些什么问题？还有什么问题没解决？④哪些问题是别人想到的，但没有解决？⑤哪些问题是别人还没有想到的或做不了的？这一部分容易存在的问题是对国内外研究现状不能充分加以阐述，或阐述得不具体，甚至不够正确。参考文献方面，所附文献要能反映申请者对研究现状的了解，并且尽量为最近的研究成果。参考文献陈旧，或拼凑一些文献，反映了申请者没有掌握国内外学术发展趋势与动向，对申请的问题上基本无研究工作基础，或略有所知，或知之甚少。如果参考文献较翔实，经典文献与最新文献均有了解，那么将会给评委留下较好的印象。

以本项目为例，分3块阐述了国内外的现状，其中包括混凝土动态力学特性、混凝土微观结构特征和加载历史对混凝土力学性能的影响。每一块均对应着本项目相应的研究内容。在有关混凝土动态力学特性现状的描述中，由于研究成果丰富，没有采用简单罗列若干研究者结论的方法，而是对当前的研究成果进行了总结和梳理，从而得到了一系列具有广泛适普性的结论。在对结论进行总结后，提出了现阶段在此方面研究存在的问题：“现有研究多针对混凝土的动态抗压特性，而针对混凝土动态抗拉特性的研究较少。”采用这种方式回答了本项目的创新性问题，由于针对动态抗拉特性的研究较少，本项目就对混凝土的动态抗拉特性展开了研究。其他几个部分思路相同，不再赘述。

（4）项目的创新性。

创新性是所申报项目所必须满足的要求，也可以理解为取得好名次的必要而不充分条件。一个项目之所以立项，或多或少都有其创新性，比赛中创新性的比拼和碰撞是影响结果的重要因素。项目及研究内容的创新性与超前性是在选题时必须认真考虑的问题。对科学研究而言，创新可以从几个方面理解：①提出新的理论、新学说、新方法，或进行开创性的研究工作；②在前人（也包括自己）工作的基础上有所发现，有所发明，有所前进；③将国际科学前沿理论、方法与中国实际相结合，创造性地发展理论方法。

具体到某一个项目，可以从技术和理论两方面上对其进行创新。例如，本项目为了实现高应变率下混凝土的抗拉特性的测量，对试验装置进行了若干改进，这是试验技术方面的创新。而利用新的试验技术，对试验结果进行处理，势必要采用新的理论和方法，这就构成了本项目理论上的创新。本项目同时在微观层次上对混凝土材料进行研究，将研究结果与另一国际科学前沿理论结合，形成了另一种理论上的创新。

（5）项目成果。

由于全国土木大创赛是“创新成果”比赛，因此成果的重要性不言而喻。想要申报全国土木大创赛，一定要在项目实施过程中注意总结、积累成果。成果从何而来？项目所有的创新点的实现就是成果。专利和论文就是在阐述那些尚未有人解决的问题是怎样通过你的创新性思维解决的。因此，创新点越多，成果也就越多。以本项目为例，进行混凝土动态抗拉试验，没有合适的装置，要想办法通过改进得到理想的装置。这个改进后的装置就可以申请发明专利；同样，如果不同装置进行试验后对数据的处理方法不同，创新的数据处理理论也可以申请作为发明专利。试验装置、数据处理理论都具备后，着手进行试验来研究材料的特性，从而发现规律，那么发表论文也就是水到渠成的事了。因此，在项目进行中，一定要思考创新点在何处，并不断围绕创新点来整理成果。毕竟成果是一个项目是否优秀的硬指标。例如，案例中的项目，申请发明专利 7 项；发表、录用论文 5 篇（其中 SCI 期刊 4 篇，中文核心期刊 1 篇）、投稿 SCI 论文 5 篇，且都是学生在导师制期间主持国家创训项目，具有高度贡献度（排名第一或导师一、学生第二）的优秀成果，得到评委的青睐也是自然而然的了。

（6）答辩注意事项。

答辩 PPT 和讲解的技巧在此不过多谈论了，这里强调两个答辩过程中应该注意的问题：一是比赛之前一定要在举办方的投影机中对 PPT 进行试讲或者试放，以便及时处理突发情况。由于 PPT 一般图多字少，某些图片分辨率过高会导致 PPT 文件过大，这对放映是十分不利的，一旦电脑性能不高，会导致 PPT 放映卡顿，比赛效果大打折扣，因此，可以利用软件自带的压缩功能将文件限制在 10M 左右，过高的文件大小是没有意义的。其次，在面对评委老师提问时，要抓住问题的重心，明白评委老师的提问意图，问什么答什么，不要走入“提问时间有限，我多说点，老师就能少问点”的误区。

5.2.3 土木创训的高阶实战——全国交通大赛

1. 简介

全国大学生交通科技大赛（简称全国交通大赛）的参赛对象主要是交通运输类及相关专业在读本科生，包括交通工程、交通运输、载运工具运用工程、道路桥梁与渡河工程（道路、桥梁、隧道）或交通土建（道路、桥梁）、交通设备与控制工程、航海技术、轮机工程、飞行技术类、物流等专业。

全国交通大赛针对参赛作品有以下要求：必须是上一届大赛之后立项，第二年即当年 5 月之前完成的成果。比赛作品可以是相关学科规划设计类作品或论文类作品。参赛作品形式包括设计图纸、研究报告、实物模型、计算机软件等，所有作品应为原创，填写申报书并且撰写研究报告或论文，撰写研究报告或论文供赛后出版论文集使用。

全国交通大赛按学科领域分为四个竞赛主题。前三个主题分别是交通运输规划与管理，交通信息工程与控制，载运工具运用工程、道路与铁道工程。第四个主题每年不同，由大赛组委会确定，如 2013 年为“顺畅交通”，2014 年为“安全交通”，2015 年为“和谐交通”，2016 年为“低碳交通”，2017 年为“互联交通”。

2. 经典实例分析

1）案例

第十届全国大学生交通科技大赛一等奖（专业组第一名）研究报告
（河海大学，交通信息工程与控制组）

竖曲线道路会车辅助装置设计

作者：杨淑茜、李领、刘巧、马蓉、孙涛
指导教师：杜牧青、郑长江

摘要：在探讨道路线形对交通安全的影响过程中发现，竖曲线道路受视野盲区所限制，其安全隐患尤为严重。研究小组针对这一问题，设计了相应的道路会车辅助装置予以解决。本文所设计的竖曲线道路会车辅助装置利用激光雷达对目标进行识别与定位，通过信息处理系统将雷达信号转换为交通信息，然后将路况信息直观地展示在LED显示屏上，从而帮助驾驶员预知前方盲区范围路况，使其能够在紧急情况下及时做出正确的驾驶决策，避免发生恶性交通事故。同时，在供电这一环节，采用市电互补清洁能源发电系统供电，实现经济性、环保性及节能性。该装置不仅适用于竖曲线道路，在曲线道路及道路交汇等会车视野不良处均可安装使用。

关键词：交通安全；竖曲线；激光雷达；节能环保

1. 研究背景

（1）背景意义

在实际道路工程设计中，为适应地形变化，减少工程量，降低工程造价，满足道路排水需要，道路上必须设置纵坡，从而产生竖曲线道路线形（图 5-28）。当道路的凸形竖曲线半径过小时，将会影响到驾驶员的视距，使其视野变小。此时，驾驶员难以对对向来车情况做出及时判断，容易引发车辆碰擦或严重的相撞事故。

为解决竖曲线道路引发的视距不良问题，提高行车安全，研究小组设计了“竖曲线道路会车辅助装置”，为安全会车提供帮助。

图 5-28　竖曲线道路实景图

（2）国内外研究现状

美国 Vogt 与 Bared 对 Minnesota 和 Washington 的双车道公路事故、线形及路侧环境进行统计分析，建立了双车道公路事故预测模型。Hassan 和 Easa 利用动画技术，研究道路平纵线形组合对驾驶员视觉的影响。上述研究证实了在公路设计中提高会车安全的必要性。目前，国内针对道路视野盲区的现有提示装置仅从客观上提示司机注意坡道，无法显示盲区交通状况。至今，国内外研究道路线形导致交通安全问题仅停留在理论层次，通过事后型和事前型两种研究方法，对道路线形引发交通事故问题进行理论分析。实践中缺乏有效的交通设施为驾驶员行车提供直接帮助。

2. 设计原理

（1）设计思路

竖曲线道路会车辅助装置设计本着“以人为本”的理念，通过在竖曲线道路坡顶安置路况信息采集装置，实时动态监测驾驶员视野盲区交通状况，经过信息处理后传输给 LED 显示器，同步显示盲区范围内路况，辅助驾驶员根据信息采取应对措施。

（2）研究方法

本作品通过案例分析法，对竖曲线道路事故进行分析研究，得出事故频发原因；并通过经验总结法，对避免事故的方案进行总结，设计完成该竖曲线道路会车辅助装置。

（3）工作流程

按图 5-29 流程图所示，激光雷达在图 5-30、图 5-31 所示范围内进行连续扫射，激光打在被探测目标上，并反射回来被接收器所接收。接收器接收数据，传入信息处理系统。信息处理系统进行数据处理，发出指令，控制显示屏实时显示，从而辅助驾驶员进行安全会车。实际上，本作品起到“延展驾驶员视野范围”的作用效果。

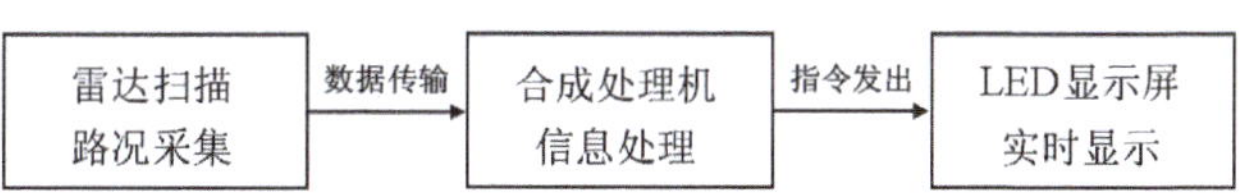

图 5-29　工作流程图

考虑山区公路道路等级较低，其设计速度低。根据《道路交通标志和标线》（GB 5768—2009）建议视距值按表中相关规定取值，如表 5-2 所示。

表 5-2 会车视距表

设计速度/(km/h)	30	40	60	80
会车视距/m	60	80	150	220

根据上表中安全会车视距，经比较，本装置拟取单侧激光雷达扫射范围为 150m。其检测示意图如图 5-30 和图 5-31 所示。

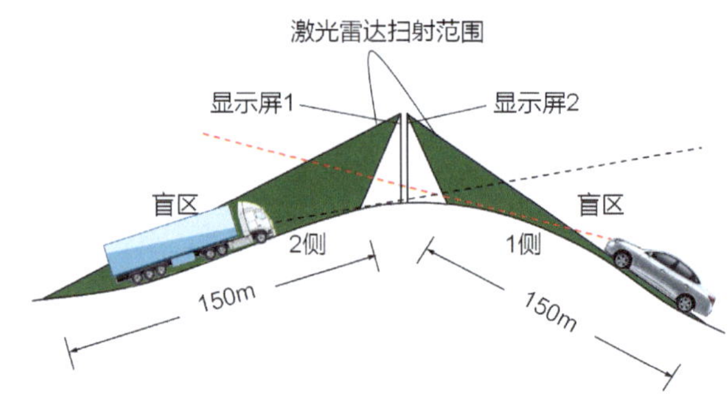

图 5-30 装置检测纵断面示意图

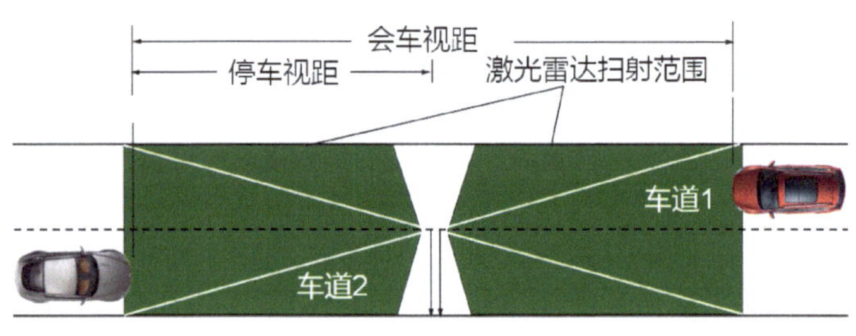

图 5-31 装置检测平面示意图

4）系统关键技术方案

竖曲线道路会车辅助装置理论上包含四个模块，分别是：感应模块、显示模块、信息处理模块、电源模块。其具体要求是：采集信息精确、抗干扰能力强、工作时延短、传输速率高、传输带宽低、信息处理快、简洁易懂、经济适用、低碳环保等。根据要求，本装置感应模块选用激光雷达探测器，信息处理模块采用合成处理机处理系统，显示模块采用 LED 显示屏，电源模块采用市电互补清洁能源发电系统供电。

根据上述设计思路与模块选择，设计出装置外观图如图 5-32 所示。

（1）感应模块设计

本设计从分辨率、抗有源干扰能力、探测性能、隐蔽性和可操作性这几方面考虑，采用德国 IBEO 公司的 LUX8L-八线激光雷达探测器。该仪器可保证同时覆盖路面宽度范围和纵向扫射范围。

激光雷达由激光器产生并发射一束激光脉冲或连续激光束，在遇到物体后会产生一个回波信号，接收器接收到此回波信号，通过测量激光信号往返传播时间而确定目标距离。由于采用线扫描获取距离信息，雷达的深度信息表示为一组以极坐标形式存在的二维数组，数据包含距离信息和角度信息，按照扫描顺序进行保存。本设计选用的激光雷达可覆盖装置一侧150m 范围内路况信息，当车辆进入检测区域时，激光雷达对目标识别跟踪直至车辆驶出检测区域，在跟踪过程中可以得到目标位置、数量等信息。考虑公路交通主要由车流构成，可以采用基于特征的车辆识别方法通过聚类、集合特征拟合、提取特征向量等步骤实现目标识别。

图 5-32　装置外观图

车辆识别流程如图 5-33 所示，聚类分析原理如图 5-34 所示。

（2）信息处理模块设计

本设计处理机主要由 FPGA 电路、AD 转换电路、微控制器、数据传输电路和信息处理计算机组成，对数据进行信息处理。其中微控制器是把中央处理器、存储器、定时/计数器（Timer/Counter）、输入输出接口等集成在一块电路芯片上的微型计算机。

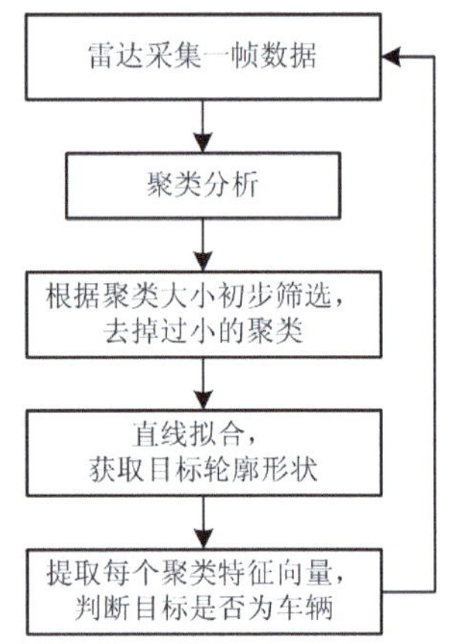

图 5-33 基于特征的车辆识别流程

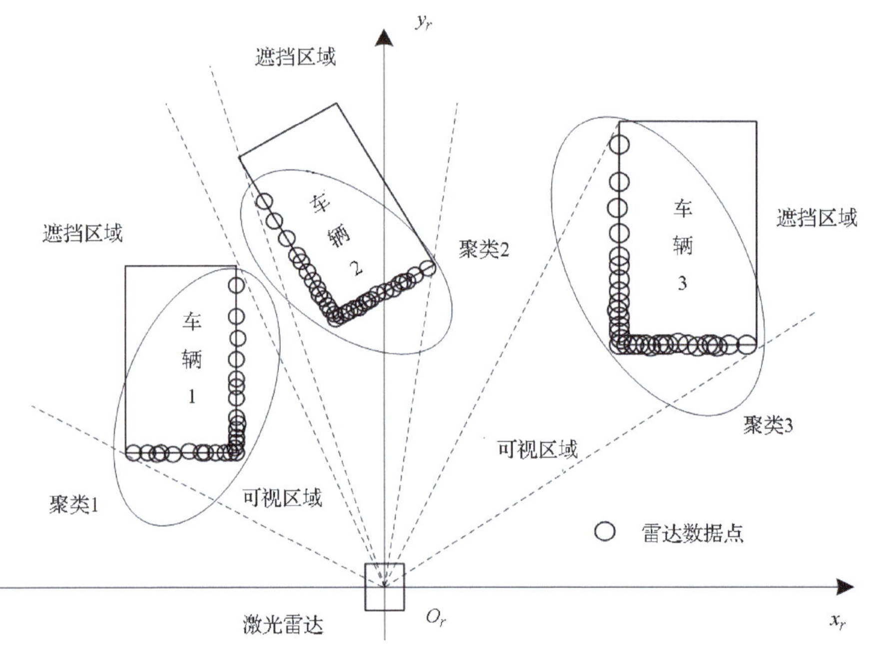

图 5-34 车辆矩形投影和聚类分析

根据图 5-35，信号处理系统接收雷达数据，排除干扰信息，经处理得到车辆位置与雷达之间的距离 L 以及速度 v。信号处理机具体工作情况如下。

① 当车辆正常行驶在正确车道上时，信号处理系统根据速度 v 计算出车辆停车视距 S_h。将停车视距 S_h 与车辆到达竖曲线顶点的距离 L 进行比较判断。当 $L<S_h$ 时，信息处理系统控制显示屏显示车辆动态信息；当 $L<S_h/3$ 时，信息处理系统控制显示图案颜色由绿色变为红色；当 $L=0$ 时，信号处理系统控制显示图案消失。停车视距公式为

$$S_h = \frac{vt}{3.6} + \frac{v^2}{254\phi \pm i} + s_0$$

式中，S_h——视距（m）；v——车辆速度（km/h）；ϕ——摩阻系数；i——坡度；s_0——安全距离（建议取 5～10m）。

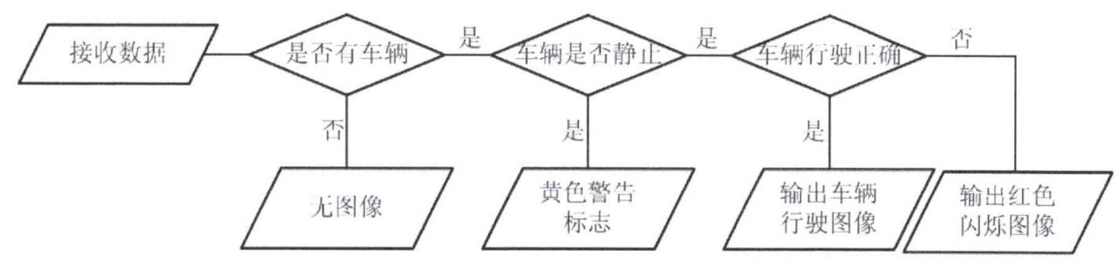

图 5-35　信号处理流程图

② 当车辆静止或超车行驶在错误车道时，信号处理系统接收到数据立即控制显示板显示相应警告图案。

（3）显示模块设计

本设计显示模块部分选择双面点阵 LED 显示屏显示对向信息。LED 显示屏简洁直观、维护方便，低碳环保、实用美观。同时，采用增透膜与遮光板避免光线影响，为便于驾驶员观测，屏幕与竖直面倾斜角度 $\beta/2$，双面显示屏呈三棱柱状，如图 5-36 所示。显示屏状态如图 5-37 所示，每面划分为三个区域，区域 1、2 为车辆图形显示区，区域 3 显示文字提醒。

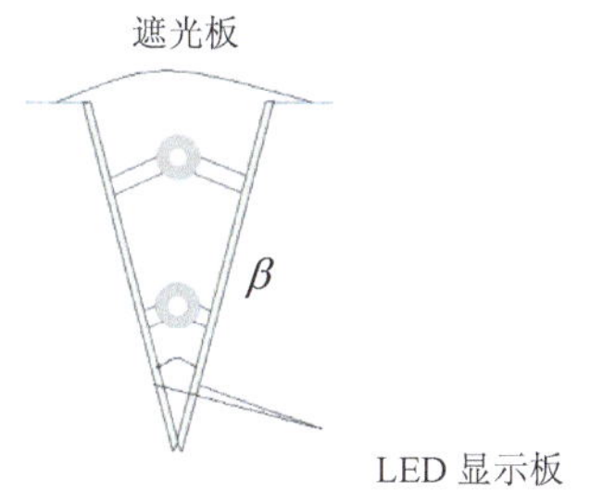

图 5-36　侧面示意图

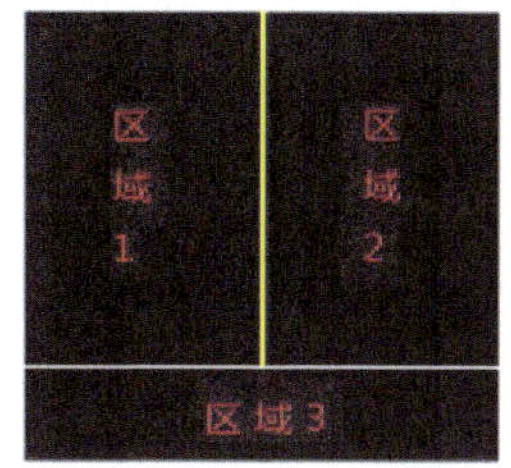

图 5-37　显示屏示意图

采用绿色车辆表示正常行驶，红色车辆表示靠近坡顶及超车行驶在错误车道等紧急情况，黄色障碍物标志表示静止车辆。具体示例见表 5-3。

表 5-3　显示示例表

	会车情况	显示内容	显示图像
示例一	车道暂无车辆	图案部分：休眠中 文字部分：注意坡道	注 意 坡 道

续表

	会车情况	显示内容	显示图像
示例二	对向车道来车一辆	图案部分：对向车道一辆车辆图案自上而下运动 文字部分：注意会车	注 意 会 车
示例三	对向车道连续车流	图案部分：对向车道两辆车辆图案自上而下运动 文字部分：注意会车	注 意 会 车
示例四	对向车道超车占据同向车道	图案部分：同向车道红色车辆图案闪烁 文字部分：车辆逆行	车 辆 逆 行
示例五	车道含有静止障碍物	图案部分：障碍物所在车道出现黄色三角图案 文字部分：注意障碍物	注意障碍物

（4）电源模块设计

本设计采用市电互补清洁能源发电系统供电，本系统由太阳能电池组、太阳能控制器、风轮、微型发电机、风能控制器、蓄电池（组）、逆变器和市电智能切换器组成。按照图 5-38 形式进行互补供电，太阳能电池板和微型发电机分别将太阳辐射能力和风能转换为电能，逆变器将清洁能源发电系统所发出的直流电能转换成交流电能推动负载工作。当清洁能源充足时，利用蓄电池存储电能以备需求；当外界环境导致太阳能和风能供给不足，且蓄电池电量耗尽时，市电智能切换器自动切换到市电输出，使设备供电稳定。

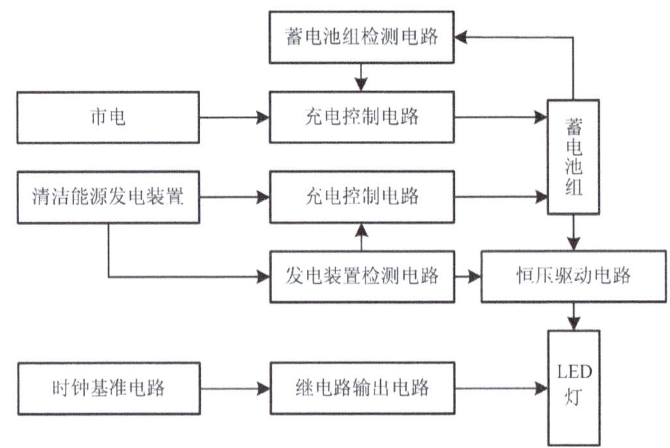

图 5-38 市电互补清洁能源工作原理图

3. 创新特色

（1）提出一种感应式交通装置的设计方案，用于坡道视距不良路段，提示过往车辆预知前方视野盲区内实时交通情况，提高行车安全性。

（2）提出一种可靠性强的交通可变信息标志的工作流程，有效反映盲区实时路况。通过动态图形的变化区分不同交通状况，以提醒驾驶员提前采取必要的决策行为。

（3）设计了一种能够独立运行的动态交通标志的外观，具有反应迅速、提示性强、低碳环保的特点，解决了静态标志在竖曲线路段警示性不足的实际问题。

4. 应用前景（结语）

本文通过分析坡道路段事故频发的原因，提出了新型、实用、经济适用的道路交通装置——竖曲线道路会车辅助装置的设计方案。通过竖曲线道路会车辅助装置的设置，可以有效降低坡道路段的事故发生率，对提高公路整体安全水平具有重要意义。

竖曲线道路会车辅助装置具有成本低廉、经济适用、可靠耐用、操作简单、使用效果良好等优点。鉴于本装置的诸多优点，本装置应用前景广泛。除山区公路坡道路段外，一些交通拥挤的大型弯曲城市道路依旧适用。由于太阳能板与风轮的设置，增加了节能性及环保性，有利于投入实际应用；其原理简单，有利于该设备的规范普及，降低司机在弯曲道路的行车障碍，提高会车安全性，从而实现“和谐交通”。

2）分析

重点从选题、摘要、研究背景、设计原理及应用前景上进行本项目的分析。

（1）选题。

① 创新性。创新性是该作品获得该组一等奖的关键因素。目前，竖曲线道路交通安全问题严重，除了设置静态交通设施外，并没有有效的安全防御方法。针对静态交通设施不能为驾驶员提供竖曲线道路实时交通路况的问题，作品将一种可以实时动态显示交通信息的装置（可变信息板）用于竖曲线处，为驾驶员提供及时、准确、可视化的交通信息，弥补静态交通安全设施的不足，保障竖曲线道路的交通安全。该作品创新思想是将已有的成熟设备应用于尚未应用而急需应用的交通环境。

作品创新性通过现有研究成果与作品对比体现出来。作品总结了现有研究停留在理论层面，交通设施为静态的警告标志，实践中缺乏有效的交通设施为驾驶员行车提供直接帮助。该作品可提供实时、准确、可视化、客观的交通信息，让驾驶员有效地避免竖曲线道路的交通事故，保障交通安全。

② 可行性。可制造的作品才能实现其创新性，因此，可行性是作品获奖的重要因素。作品主要表现在应用的设备技术成熟；作品采用的可变信息板装置、数据传输技术、通信原理等都是常用且简单的方法，并具有兼容性，根据需要可另做他用或接入其他的系统中。

保证可行性的有效方法是作品设计原理合理、技术成熟，具有一定的兼容性。

③ 实用性。作品拟解决的问题是目前重要的交通问题——交通安全，符合大赛主题；研究对象为交通事件发生概率极大的道路黑点——竖曲线，能解决现实问题。应用时，考虑因素全面，根据驾驶员在不同速度、不同距离的视觉生理特性，规定了设备的有效高度，显示屏的悬挂高度，显示屏文字和图像的尺寸及颜色。市场内通用的可变信息板售价高、耗电量大，作品在保证效果的前提下，选择售价低、采用风光发电的装置，解决可变信息板高能耗的问题。以上设计使作品适用于不同的交通环境、具有经济性高、绿色节能的实用性。

通过该作品发现，能否适用于不同的交通环境、保证其经济性和低耗能是装置设备实用性设计的重要考虑因素。

（2）摘要。

竖曲线道路是交通事故常发路段，其交通安全问题是交通工作者亟需解决的问题。因此，作品摘要开门见山地说明，作品研究问题是视野受到限制的竖曲线道路的安全问题，让评委肯定作品有进行研究的必要。既然是解决视野盲区的安全问题，那么作品应能提供盲区内交通运行情况的信息。摘要中提及的“利用激光雷达对目标进行识别与定位，将路况信息直观地展示在LED显示屏上的方法解决该问题”确实能将盲区交通运行信息提供给驾驶员，且竖曲线道路交通设施尚未应用过LED显示屏。该段文字让评委肯定作品研究方法的先进性和可行性，让评委想继续阅读作品，想知道激光雷达如何对目标识别、定位，LED显示屏如何将路况信息直观的展示。作品的经济、环保、节能性能等实用性是评委极其关心的问题，摘要最后提出“采用市电互补清洁能源发电系统供电，实现经济性、环保性及节能性。该装置不仅适用于竖曲线道路，在曲线道路及道路交汇等会车视野不良处均可安装使用”，这样可以让评委想了解作品如何做到经济、环保、节能和可移植的。

作品摘要的写作目的是让评委有继续阅读全文的欲望。因此，摘要应让评委肯定研究意义，认为研究方法先进、可行，研究结果正确，使评委想通过阅读全文了解作品详细的研究内容。

（3）研究背景。

研究背景应清楚明白地解释作品“为什么做这个课题”“做这个课题的意义”“从哪几个方面做这个课题”这几个问题。作品通过对目前竖曲线路段存在的安全问题，造成的后果说明竖曲线安全问题的重要性。对已有研究方法和设备进行归纳总结，现有研究存在两个问题：一是研究停留在理论方面，实践应用较少；二是现有研究缺乏对竖曲线道路盲点的研究。

研究背景通过总结目前研究不足，条理清楚地推导出目前研究应继续改进的方向，即在已有理论研究的基础上，从实践方面设计竖曲线交通标志设备，显示竖曲线盲区车辆运行情况，客观地提示司机注意坡道，保证竖曲线道路交通安全。

（4）设计原理。

设计原理重点阐述“摘要”中提及的“研究方法和研究结果”，解决“研究背景”中提及的“实践不足和缺乏对竖曲线道路盲点的研究”这两个问题。

作品是设计一个可以实时、准确、客观、直接地展示竖曲线道路盲点交通运行状况信息的设备。描述系统设备时，一定要描述清楚系统设备的功能、工作流程，系统设备中每个组成部件的功能、设置参数，系统设备的精度、效果等内容。该作品首先介绍设备的功能是“实时动态监测驾驶员视野盲区交通状况，辅助驾驶员根据信息采取应对措施”。该功能解决“研究背景”中目前研究存在的问题。交通信息管理与控制学科中设备的工作流程一般为“数据采集—数据传输—数据处理—数据传输—数据发布”的过程。该设备的工作流程在此基础上转化为图5-29所示。作品介绍系统设备整理情况后，重点介绍其主要组成。根据设备工作流程，设备主要组成包括四个模块，分别是：感应模块、显示模块、信息处理模块、电源模块。根据设备的精度、工作时间、实时性、实用性等功能要求，针对不同模块选择相应的设备和工作原理。无论哪种模块，设计时均应遵循客观的交通条件，如车辆定位与车速、视距、安全距离等交通参数相关，均应采用国家标准规范确定设备设置的参数，保证设备参数的正确性，给评委设备设置有理可依的印象。根据提到的设备功能，对多种可能的设备零件进行比选，制作满足使用精度、效果，且造价低，可以普及应用的设备。证明了选用的研究方法有理有据且方法最佳。

作品的设计原因应从硬件和软件两方面阐述作品的关键技术，使软件的功能和硬件设备互相呼应，便于评委对作品的理解和认可。设备的参数应符合客观的交通规划，具体数值可以按照相关标准规范确定。

（5）应用前景。

应用前景可以从造价、可移植性、效果等方面描述。想达到客观、有冲击性的目的，可以使用数据的方法描述设备前景。例如，描述作品的使用效果，可通对设备使用前年交通事故率和设备使用后年交通事故率进行对比说明作品的效果。

第 6 章　土木类大学生制作类竞赛进阶

6.1　土木类大学生学科竞赛一览

1. 美国大学生土木工程竞赛

美国大学生土木工程竞赛（简称美赛）是由美国土木工程师学会创办的一项历史悠久的赛事。竞赛包括：钢桥比赛（Steel Bridge）、混凝土舟比赛（Concrete Canoe）、土力学比赛（Geo-technical）、交通运输比赛（Transportation）、环境比赛（Environment）、专业论文比赛（Professional Paper）等 10 余项赛事。该项赛事立足于土木工程、交通工程、材料科学与工程等，需要同学不仅有跨学科学习的能力，还要有掌握美国规范，与美国评委、学生、组织者进行充分交流的能力。因其项目在专业知识上的难、精、尖，以及活动中的集体性、挑战性和竞技性，得到了广大优秀学生的热情参与。

美国土木工程师学会（The American Society of Civil Engineers，ASCE）成立于 1852 年，至今已有 150 多年的历史,任何学校参加该项赛事必须申请加入 ASCE 国际学生分会组织，并可申请参加其中任何一项或多项竞赛。

美国大学生土木工程竞赛共分 17 个赛区，中太平洋赛区包括加州大学伯克利分校、加州大学戴维斯分校、旧金山州立大学等 11 所美国高校和来自中国的同济大学、浙江大学、河海大学 3 所高校。美国大学生土木工程竞赛中太平洋赛区比赛准备时间一般在前一年的 10 月到下一年的 4 月，周期较长。全美赛决赛时间为 5 月初。

2. 全国大学生结构设计竞赛

全国大学生结构设计竞赛（简称全国赛）是由浙江大学于 2005 年倡导并牵头国内 11 所高校共同发起，经教育部和财政部批准发文的全国性学科竞赛项目。全国赛由中国高等教育学会工程教育专业委员会、高等学校土木工程学科专业指导委员会、中国土木工程学会教育工作委员会和教育部科学技术委员会环境与土木水利学部共同主办，各高校轮流承办和社会企业资助协办。大赛旨在培养大学生的创新意识与合作精神，提高大学生的创新设计能力和动手实践能力。作为一项极具启发性、创造性和挑战性的科技竞赛，大学生结构设计竞赛既考验参赛者的结构设计知识，又锻炼大家的动手实践能力，并在竞赛过程中，考验参赛大学生的综合素质。比赛内容主要包括结构模型设计和计算分析、结构模型制作、结构模型加载试验等。大赛自举办以来，得到了全国各大高校相关专业师生的广泛关注。

根据 2017 年 1 月通过的全国大学生结构设计竞赛实施细则，全国赛分省（市）分区赛和全国总决赛两个阶段进行，而全国总决赛一般由以下高校参赛：①全国赛发起高校及承办过全国赛的高校；②当年承办各省（市）分区赛的高校；③各省（市）分区赛推荐的高校；④适当邀请部分境内外高校；一般有100～120所学校。每校1组参赛队，每个参赛队由3名全日制在校本、专科生及指导老师和领队组成。

全国总决赛题目一般由承办高校提前一年组织命题，竞赛当年2月底前提交秘书处，3月上旬经专家委员会审定后由秘书处通过全国竞赛官网公布竞赛题目和通知（从2018年起实行，2017年全国总决赛题目公布时间初定5月或6月）。省（市）分区赛题目可由各分区组委会秘书处组织命题，制定竞赛规则，提交省（市）分区赛专家组审定，并报送全国竞赛秘书处备案；也可采用全国竞赛官网命题库提供的题目。

全国总决赛一般安排在下半年10月中下旬举行，为期4～5天。各省（市）分区赛必须在6月1日前完成，并上报赛区工作总结及评审结果等，6月5日左右由全国竞赛秘书处按总决赛名额分配原则下达各省（市）分区赛推荐名额，6月15日前由各分区赛组委会秘书处同时向当年承办全国竞赛的高校组委会和全国竞赛秘书处上报参加全国总决赛高校及参赛队名单（含指导教师、领队）（从2018年起实行，2017年必须于7月完成分赛区比赛并上报参赛学校名单）。

具体竞赛细则、比赛流程、评定奖励等参见官网（http://www.ccea.zju.edu.cn/structure/）。

3. 全国大学生岩土工程竞赛

近年来，伴随着我国岩土工程建设和研究的快速发展，亟需大量优秀的创新型青年人才。为了激发青年学生的创新意识，提高对岩土工程及相关学科的学习兴趣，锻炼学生的动手实践能力和协作精神，促进不同高校学生间的沟通交流，中国土木工程学会土力学与岩土工程分会经过研究讨论，发起举办大学生岩土工程竞赛，并于2015年7月在上海举办首届竞赛，此后每两年举办一次。通过竞赛活动，激发青年学生的创新意识，提高对岩土工程及相关学科的学习兴趣，锻炼学生的动手实践能力和协作精神，促进不同高校学生间的沟通交流。

由高等学校土建学科教学指导委员会、中国土木工程学会向部分高校发出邀请，每校派出1组参赛队，竞赛秘书处最终审定参赛资格。每支队伍由三名学生组成（本科生至少1人）。竞赛内容主要包括以下几部分：模型设计、模型制作、模型测试等。

4. 华东地区高校结构设计邀请赛

华东地区高校结构设计邀请赛（简称华东赛）由同济大学发起，旨在加强华东地区各高校学生之间的交流与合作，培养大学生的实际分析和动手实践能力，提高大学生的综合素质。自2003年10月至今，华东地区高校结构设计邀请赛已成功举办13年，作为区域性的竞赛，广受华东地区高校的关注，并有越来越多的学校参与进来。

华东地区结构设计邀请赛比赛内容主要包括结构模型设计和计算分析、结构模型制作、模型拼装、结构模型加载试验等。每个学校可派出1～2组参赛队，每队由3人（至少有1名女生）组成，参赛队成员必须为参赛学校在读的全日制在校本科生。

从2018年开始，该赛事更名为“高校大学生土木工程国际精英赛”，在每年9月进行，为期3～4天。举办学校一般在前一年的比赛中会公布。具体竞赛细则、比赛流程、评定奖励等以官网通知为准（http://tmxg.tongji.edu.cn/hds/）。

5. 江苏省大学生土木工程结构创新竞赛

江苏省大学生土木工程结构创新竞赛（简称省赛）由中国土木工程学会教育工作委员会江苏分会主办，是一项在全省设置土木工程专业各高校中开展的具有指导性、示范性和群众性的大学生课外学术科技创新竞赛活动。旨在发扬传统、大胆创新、厚积薄发、倡导合作，培养学生的动手实践能力、力学分析能力。通过竞赛开启学生的学术兴趣，增强学生的学术底蕴，提高学生的科研能力，培养学生的创新精神，营造良好的学术氛围，为土木工程的繁荣发展积蓄力量。参赛对象主要为江苏省内各大高校（约 30 多所高校）土木工程专业的学生。

江苏省大学生土木工程结构创新竞赛的传统比赛环节为展示类模型，由两组队伍参加，即参赛作品的结构形式、材料不限，在规定空间尺寸中制作，无需加载，仅做展示以及现场答辩，主要考核模型制作的创新性、材料合理性、力学概念以及制作工艺等。从 2014 年开始组委会增设了加载类模型，由 1 组队伍参加，即进行现场模型制作以及加载，该环节主要包括结构模型设计和计算分析、模型制作、模型拼装、模型加载试验等。2017 年根据全国大学生结构设计竞赛委员会文件要求，省赛需在每年 6 月完成（从 2018 年起实行，2017 年为 7 月完成），并根据加载组评审结果报送参加当年全国总决赛的高校及参赛队名单。省赛的加载题目可由各分区组委会秘书处组织命题，也可采用全国竞赛官网命题库提供的题目。具体比赛形式以及要求参见当年的大赛通知文件。

6.2 结构类竞赛从构思到实践

土木类大学生结构设计竞赛是一项考验大学生如何结合自己所学的基本力学知识利用指定的结构材料设计制作出一个满足一定几何条件要求的结构模型，并能够实现一定结构性能，并以承受的有效荷载值与模型自重比值最大为优的学科竞赛项目。具体的几何约束条件包括结构的高度、跨度和宽度，以及允许的构件布置范围等。具体的结构性能包括承受给定外加荷载并把结构变形限制在一定范围内，或者结构垮塌前尽可能具有更大的承载力等。由于结构设计竞赛是类比于实际工程项目，在给定约束条件下寻找优化方案，非常考验大学生理论联系实际的能力和创新能力，具有很高的挑战性。同时结构设计竞赛旨在培养大学生的动手能力，也是个寓教于乐的游戏过程。

参加结构设计竞赛需要有基本的理论知识，包括理论力学、材料力学、结构力学、钢结构和钢筋混凝土结构设计等。但考虑到初次参加结构设计大赛的学生通常为低年级本科生，仅有理论力学和材料力学的知识储备。前者可以帮助建立一些力系平衡的概念，后者则让学生将材料视为弹性体建立构件截面内力和应力的关系，判断构件的强度破坏或者压杆失稳破坏。所以，为了进一步适应结构设计竞赛的要求，参赛大学生应该自学结构力学甚至一些三维杆系结构的有限元分析。掌握好各门力学课程知识有助于增强认识和分析整体结构与局部杆件受力情况的能力，帮助结构的优化设计。在设计、制作、加载模型中，也能真实地感受到力学的存在和美妙，促进理论联系实际，更加牢固地掌握力学知识。

拥有了一定的理论基础，在充分理解结构设计竞赛要求及评分规则之后，参赛者首先要做的便是进行结构的概念设计，确定几个初步的结构方案，选择相应的结构体系（如选择框架、桁架、框架抗震墙或者张拉结构体系等）。然后，应该通过计算进一步从中甄别相对更加经济合理的方案，并开始实际制作模型。最后通过模型的加载试验检验结构的不足，提出模型的修改方案，并同步修改计算模型，然后再加载和改进模型，通过反复的迭代过程优化结构。所以，整个结构设计竞赛是一个从想法到实践，而又不断反复循环迭代更新的过程。

6.2.1 结构类相关竞赛的理论分析

1. 审题

由于受比赛时间、材料等客观条件限制，大学生结构设计竞赛往往突出“结构概念设计”的要求。参赛选手一般只需在符合题目要求的前提下，从满足结构承载能力的角度进行构思和设计即可，能够做到美观则更佳。要做到“符合题目要求”，就需要参赛者充分了解赛题要求，准确把握比赛规则。只有“审”好了题，才能做到有的放矢，更好地指导模型设计与制作。比赛中常用的结构材料包括牛皮纸、白卡纸、竹皮、桐木、钢材等。典型的结构形式包括多高层建筑、桥梁、大跨度屋盖、塔类建筑等。施加的荷载按照荷载的特性分为静荷载、移动荷载、冲击荷载和地震作用等；按照荷载的作用方向分为竖向荷载和水平荷载。

首先，在结构设计之前，参赛者应认真阅读比赛赛题。除了要准确了解参赛对象、比赛进程等规定外，更应该对命题要求、理论设计、加载方式、破坏指标、评分标准等核心内容做细致分析。通过阅读比赛赛题，参赛者至少需提炼以下五点信息。

1）模型尺寸

在比赛章程中，一般会给出模型尺寸的限值，如建筑结构的总体长宽高，以及各层楼面高度位置等。当未直接给出限值时，可通过加载条件间接加以确定。如对于桥梁长度，过短不利于加载平台的有效支承，过长则增加结构自重；对于高度，过小不利于结构竖向刚度的保证，过高则影响加载试验，也增加了结构的自重；对于宽度，一般受车道条件和加载方式的限制。因此，模型的尺寸应保持在一定范围内，通过理论分析和模型试验取得各方面的平衡。

2）支承条件

支承条件对结构设计的影响很大，直接关系到模型的结构形式和理论分析，因为支承条件决定了能够为模型结构提供的位移边界条件。例如，2014～2016 年全国大学生结构设计竞赛（简称全国赛）的结构模型主要通过胶水固定在一块平整的底板上。胶水粘接理论上是刚性连接，即该连接位置可以传递弯矩剪力和轴力。那么对柱子而言，通常就是压弯构件。为了减小柱子的弯矩，可设置斜杆或者拉条，并与柱子的一端节点相连。又如，2014～2016 年江苏省大学生土木结构创新竞赛加载组的赛题均为桁架桥或者屋架结构，且在比赛中只提供模型两端的竖向支承，而无水平约束。因此，对于有水平推力或者拉力的结构体系，往往受该条件限制而无法运用，此时应考虑采取其他方式，如系杆拱和张弦梁等水平力自平衡体系。此外，2014 年的华东地区高校结构设计邀请赛（简称华东赛）提供的支撑条件是砂，即将白卡纸模型结构固定在砂质地基里。此时应该考虑在结构支座处设计一些形式（如扩展基础和圆锥形纸袋），以充分利用砂的抗压能力和基础埋置深度范围内砂的自重。

3）加载方式

加载方式包括荷载形式、加载流程、最大荷载等。荷载形式包含均布荷载和集中荷载，这取决于加载重物与模型结构的接触点的多少。例如，2014 年华东赛的第一级加载中采用砝码，由于砝码自身刚度较大，所以砝码的自重仅是通过直接与其接触的四根柱子的顶点传递，顶层梁并没有承受砝码重量。而 2016 年全国赛通过软胶垫叠放在屋架上加载，由于软胶垫自身刚度较低，和屋架的顶面接触较为充分，从而可模拟均布荷载。

加载方式可分为静力加载和动力加载。对于静载试验，指的是加载过程较慢，近乎于“轻拿轻放”般的加载。对于动载试验，加载通常较快，具体可分为冲击荷载、地震作用和移动荷载。例如，2014 年华东赛最后一级加载是采用冲击荷载，通过牵引线一端水平连接在第一级加载的砝码上，然后牵引线通过定滑轮转向垂直后其另一端施加一块自由落体的重块而产生；2014 年全国赛中一、二、三级的地震作用是将承受竖向荷载的结构连同基础底板固定在振动台上实现的；2015 年全国赛的移动荷载则通过装有配重块的小车在结构面上行驶形成。

比赛中通常实行分级加载，一般为先施加静力荷载（可包括竖向的和水平向的），然后施加动力荷载。当然有的比赛也仅进行静力加载，如 2016 年的全国赛。而且对于每一级加载都有不同评价目标，通常第一级加载关注结构的刚度，即在给定荷载下的变形能力；最后一级荷载关注结构耗能能力（动力条件下）或者极限承载力（静力条件下）。

4）评分标准

一般分为造型设计、理论计算、制作工艺、现场答辩、加载试验等方面，满分为 100 分。其中加载试验（即结构荷重比）是比重最大的指标，通常占 50～60 分，其他指标则各有侧重。从比赛经验来看，最终影响竞赛成绩也大多是现场加载环节的指标，因此，参赛者务必在加载环节上进行足够仔细的研究。

由于当前的结构设计竞赛普遍采用分级加载制，且每级加载所占的分数不一样。但不管哪一级荷载，分数都是以同级荷载条件下的最大荷重比为分母。所以在设计和制作结构模型之际，需要有所取舍，但最主要的目标还是要降自重。例如，2016 年的全国赛中，加载分两级，其中第一加载阶段占 35 分，第二加载阶段占 25 分。由于第一级加载分更多，所以需要更多的关注。

在整个模型设计与制作过程当中，参赛者应反复对赛题规则进行审读和讨论，对于不太明确的细节则务必在正式参加比赛前向组委会进行询问并获得明确答复，避免因对规则误解而导致结构模型违规。

2. 概念设计

根据赛题要求所做的结构形式的概念设计是最能体现参赛者创新和创意的部分。结构模型设计的构思来源于现实又需超越现实。参赛学生在获知赛题后可能会根据自己见过的结构形式（如各类建筑结构和桥梁结构等）来设计和制作模型。但是直接模仿的效果要么难以制作，要么过于安全，从而导致结构笨重，缺乏竞争力。这是因为一方面结构竞赛的模型制作工艺、功能要求、安全系数以及材料特性均不同于实际日常所见的结构设计；另一方面实际结构除了抵抗外部荷载之外，更重要的是提供使用功能，而结构设计竞赛中仅着重于模型结构的受力性能。所以，参赛者在参照现实结构的基础上，应该借鉴其中的力学概念，同时兼顾比赛中指定材料的特性和需要采用的制作工艺，做出合理的决定。

理论上，参赛者应该具有材料力学和结构力学的知识。前者将构件的内力与截面的应力状态联系起来，用于判断结构构件的强度是否满足要求，以及用于判断受压构件的稳定性；后者主要是计算结构体系在外荷载作用下的各杆件的内力，体现了外荷载是如何沿着结构各构件传递到基础，即传力路径。基于大学阶段的材料力学和结构力学的知识，如下的力学知识可以融入结构的概念设计中。

（1）在结构层次上，相对于框架结构，桁架结构体系是相对能充分利用材料的结构形式，因为每一根杆件都仅受轴力。在轴力作用下，构件截面受力均匀，如图 6-1(b)所示，材料强度得以充分利用。而在弯矩作用下，构件截面应力分布不均匀，只有远离截面中心（中性轴）最远的位置应力最大，并控制着结构的破坏，如图 6-1(c)所示。

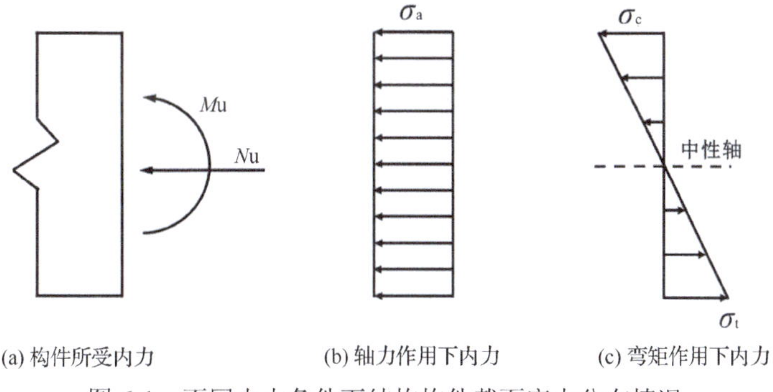

图 6-1　不同内力条件下结构构件截面应力分布情况

（2）在构件层次上，拉杆比压杆节省材料。一方面因为对于纸、竹皮、木条之类的材料，抗拉强度高于抗压强度；另一方面是因为拉杆只需考虑强度，而压杆很可能由于长细比过大在达到承载力前因失稳而失效，如图 6-2 所示。这导致拉杆可以做得比较纤细，而压杆则必须相对粗壮，并小于一定的长细比。同时，如果采用组合截面，各薄壁在受压时可能会发生局部屈曲（即薄壁出现鼓曲）而导致构件失效，如图 6-3 所示。为了保证压杆的局部稳定，需要引入加劲肋，从而增加了制作上的难度。

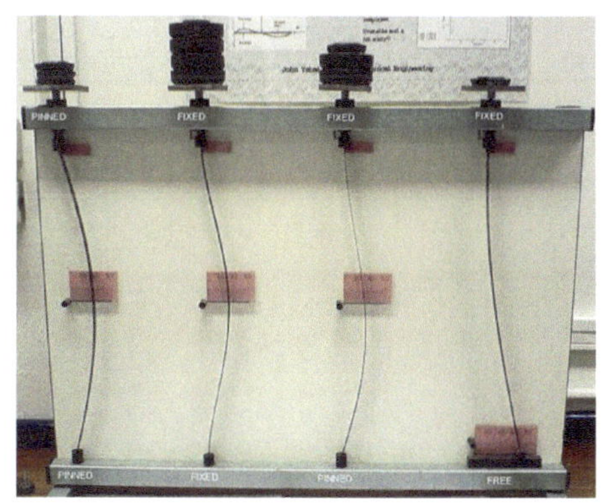

图 6-2　不同约束条件下细长压杆的屈曲模式

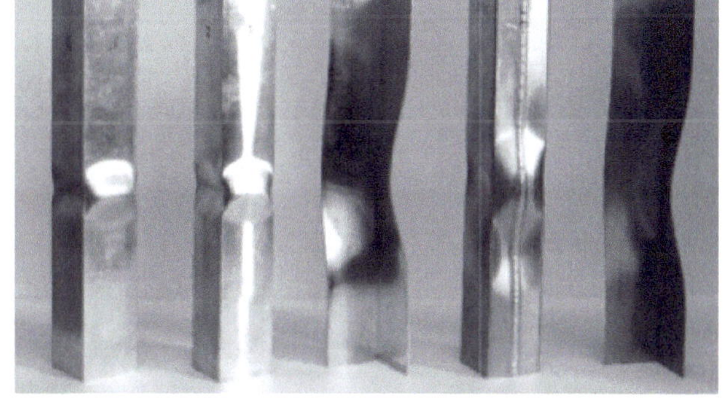

图 6-3　方形截面铝管受压条件下的局部屈曲破坏

（3）在截面层次上，对于弯压构件，薄壁组合截面（如 H 形、T 形、三角形和箱形截面）比实心截面效果更好，因为在相同用材的条件下，薄壁组合截面的截面边长更大，对应的抗弯惯性矩更大；或者实现相同抗弯惯性矩（或者刚度）时，薄壁组合截面仅需要较少的材料；在有扭矩的条件下，闭口截面（如三角形和箱形截面）比开口截面（H 形和 T 形）更佳，因为开口截面容易翘曲。

（4）构件交汇的位置务必相对集中，形成明确的节点，使力的传递路径变得简洁；构件相交时最好能够在轴线相交位置处设置连接，减少由于杆件轴线交错引起的局部扭矩。节点的连接可以分为刚接、铰接和半刚性连接。一般来说，使用 502 胶等粘接起来的节点或者通过 3D 打印连接件连接的节点视作刚性节点，如图 6-4 所示。节点的制作工艺上，应该尽可能地保证节点连接的可靠性，确保在结构加载过程中节点不会先于构件破坏，即强节点弱构件。一旦节点先于构件破坏，结构整体性遭到破坏，很有可能造成结构的整体坍塌。

(a) 胶水连接

(b) 3D 打印件连接

图 6-4　模型结构的节点连接

（5）预应力技术的使用。对张拉结构而言，结构构件在未受力条件下连接时通常很松弛。当加载之际，张拉构件需要一定量的变形才能绷紧，从而增加了结构的变形并减小了结构的初始整体刚度。所以提前对结构施加一定的预应力，可以减小结构在受到荷载时的变形。

（6）以柔克刚的结构体系的应用。在模型遭受由振动台激发的地震作用时，如果为了限制结构的变形，就需要采用相对粗壮的构件将结构刚度做得非常大，耗费大量的材料，增加了结构的自重。自重的增加，反过来又会增大结构在地震加速度影响下的惯性力。所以采用硬碰硬的方法设计结构模型抗震是非常不经济的。而以柔克刚的方法是允许结构在地震作用下可以发生较大变形且不至于倒塌，这是由于变形的发展可以增加结构的耗能能力，有效抵御对地震作用的影响。所以，采用以柔克刚的方法在以地震作用为荷载的结构竞赛中非常有利，不仅抗震效果显著而且节省材料。

（7）隔震减震技术的应用。这些技术主要是针对结构承受地震作用以及冲击荷载等动力荷载作用下才会发生效用。例如，在 2014 年全国赛中，要求用竹皮制作的结构模型可承受地震作用。地震作用通过支撑模型的底板传入。其中就有参赛队将上部结构的柱子放置在与底板连接的截面尺寸较大的柱筒（或柱靴）内，并在筒内留有部分细腻的竹粉，减小摩擦力，从而在地震作用下实现柱子相对于柱筒的滑动，等效于隔震作用。

此外，参赛者可以参考一些关于实际结构设计常用概念的书籍，如《感知结构概念》、《结构概念与体系》等，并借鉴到结构设计竞赛中。在《感知结构概念》一书中，提到了内力对结构刚度的影响：内力传递路径越直接，结构刚度越大；内力分布越均匀，结构刚度越大。遵从上述基本概念，《感知结构概念》一书中提出了用于布置框架支撑系统的四个准则，以获得直接的传力路径，提高结构刚度。对应准则为：①支撑杆件应从结构的底部到顶部层层布置；②不同层之间的支撑杆件应该直接连接；③支撑杆件之间应尽量直线连接；④顶层和相邻跨的支撑杆件应尽量直接连接（适用于那些跨数多于层数的结构，如临时看台和脚手架结构等）；⑤如果需要额外的支撑杆件，其布置应遵循以上四条准则。

本节以有限元分析软件做一个简单的数值模拟来验证这五个准则。采用 Midas gen 模拟分析一个四层四跨的平面框架结构，节点之间的连接形式均为刚接。所有杆件都为梁单元，截面尺寸均相同。框架柱底均固支，在框架右上角顶点施加 100N 的荷载，计算每个方案条件下各节点的位移，对比不同支撑布置条件下结构的变形情况。

其中图 6-5 显示的是无支撑杆件的框架，图 6-6 显示的是最外侧两跨范围内每层均有斜撑，但是斜撑杆件之间不直接连接，相反，图 6-7 中的斜撑直接连接。图 6-8 中的斜撑从顶层开始贯穿相邻跨直至柱底。

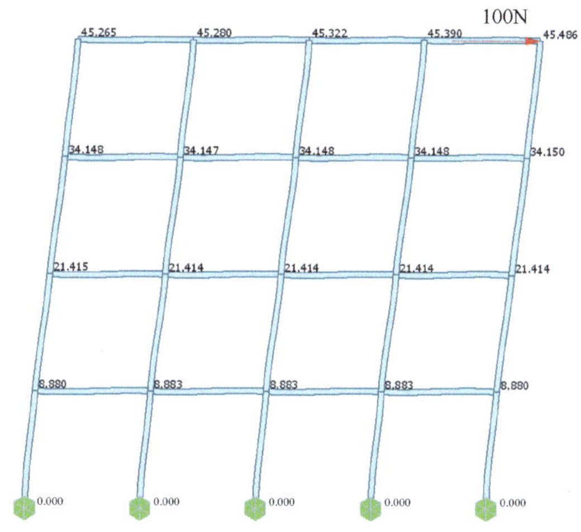

图 6-5 无支撑杆件的框架变形图

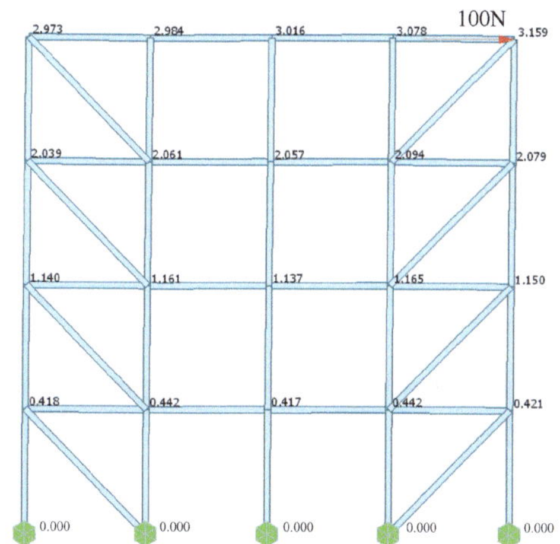

图 6-6 边跨每层有不相连支撑杆件的框架变形情况图

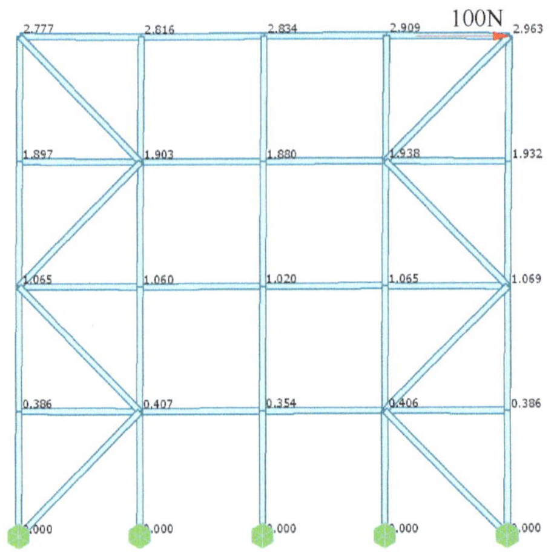

图 6-7 边跨每层有相连支撑杆件的框架变形图

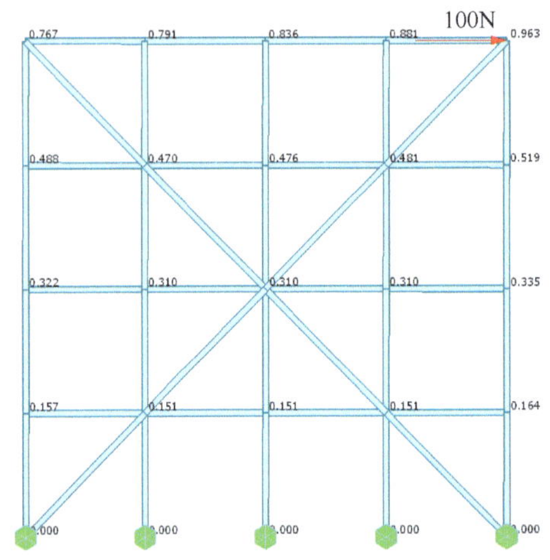

图 6-8 顶层与相邻跨有连续支撑杆件的框架变形图

图 6-6～图 6-8 的平面框架变形均比图 6-5 中对应的变形小，表明有斜撑的框架体系比无斜撑的框架体系变形小很多，所以斜撑的存在可以大大减小框架结构的变形情况。图 6-7 比图 6-6 的位移小，由此比较验证第二个准则，即不同层之间的支撑杆件应该直接连接。图 6-8 比图 6-7 的变形小 3 倍左右，可以说明第三个准则的正确性。由此，可以说明根据一定的结构概念设计，会达到快速设计和优化结构的作用。

3. 基于模型分析计算的结构设计

1）基于结构整体受力特点优化结构体系

参赛学生如果具备了基本的结构分析能力，也可以通过分析结果进行方案设计。首先结构和构件应该辩证地看，如果宏观考察一个结构，可以将其抽象为一根构件。如可将水平荷载作用下的多高层建筑及塔式结构看成是逆时针旋转了 90° 的悬臂梁，或者将桥梁视作简支梁等。假如需要设计一定跨度的桥梁并承受跨中的集中荷载，其弯矩图如图 6-9 所示。可见跨中弯矩最大、两侧最小，即内力的分布非常不均匀。同时受弯构件在某一截面上的应力分布也不均匀。为了应对图 6-9 所示的弯矩分布，同时将构件内力尽量转换成轴力形式（轴力作用对应于均匀的截面应力分布），可将桥梁结构设计为三铰拱或者张弦梁等结构体系，此时材料利用最为充分。

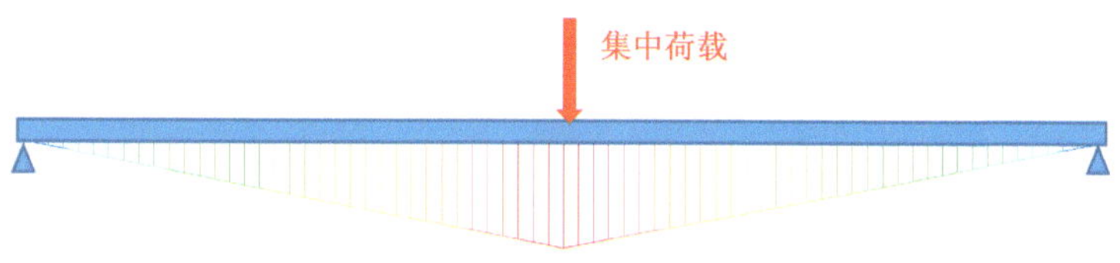

图 6-9　简支梁在集中荷载下的弯矩图

如果桥梁结构承受均布荷载，其弯矩图如图 6-10 所示。同样为了应对该弯矩的分布，同时将构件内力尽量转换成轴力形式，将该桥梁结构设计为拱结构或者鱼腹式桁架结构等体系，材料的利用率更加充分。

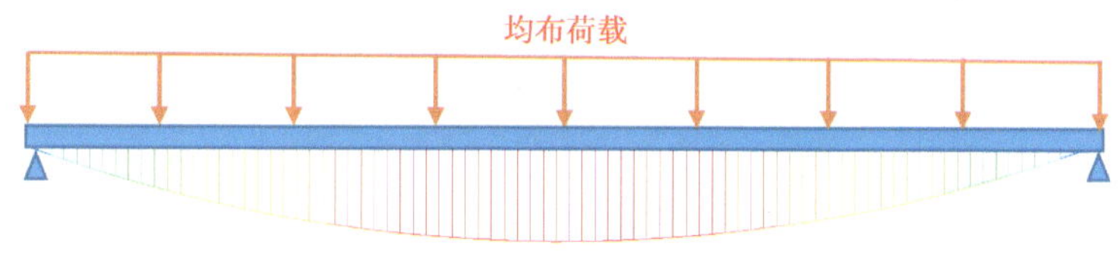

图 6-10　均布荷载下的弯矩图

2）对既定结构体系内构件的优化

参赛学生在做完了结构体系的概念设计之后，应该学习一些简单的结构分析软件，如 Midas 和 SAP2000 等，从而来优化既定体系内的构件设计。通过结构分析软件，可以计算出某一外加荷载作用下结构各点的位移，各构件的内力以及构件截面的应力状况。通过结果的数据化显示，可以较为明确地发现结构体系中的薄弱或者富余杆件。为了充分发挥结构的材料强度，需要遵循等强度原则，即在不考虑杆件失稳（对应于材料力学中的压杆稳定理论）的情况下结构中所有杆件的应力尽量达到相同大小，这样发挥每个构件的作用，避免多余的材料。如果杆件的长细比太大，一定要注意考虑受压构件的稳定性。

6.2.2　制作工艺

结构设计竞赛的创新除了体现在结构设计和结构体系上，更为重要的是体现在模型的制作工艺上。良好的工艺方法不仅可以提高施工效率以及稳定性，还可以保证模型质量。但是，制作工艺很难通过书本知识获取，而更多的是一个在实践中不断探索与积累的过程，在一次次模型制作和改进中不断碰撞智慧的火花，涌现新的想法，然后付诸于实践进而提高技艺的循环迭代过程。制作工艺包含手工艺和学会制造工具以便于结构施工和制作两方面。下面就几种结构竞赛中常见的材料性质分类介绍相关结构构件的制作工艺。

06-01　白卡纸材料的制作工艺 1. 材料准备

1. 白卡纸材料的制作工艺

在早期的结构竞赛中，白卡纸经常被用来作为模型的材料，且与之配套的胶水是白乳胶。由于白卡纸自身材料的限制，用白卡纸制作杆件的截面形式比较少，一般是圆管、箱形截面和其他组合截面等。

06-02 白卡纸材料的制作工艺 2．圆管截面

由于白卡纸材料比较柔软，一般需要采用辅助的模具才能较好地完成杆件的制作。

1）圆管截面

在用白卡纸制作圆管构件时，只需要利用与所需构件内径大小合适的塑料管或者钢管作为模具，将白卡纸绕着模具包裹一圈或者多圈便可完成。完成绕裹后，一般仅需在白卡纸的封口处涂抹白乳胶，在白乳胶干透之前，可以用小夹子夹住封口直到白乳胶风干，如图 6-11 所示。

图 6-11 白卡纸制作圆管

2）箱形截面

箱形截面杆件由于具有 4 条边，需要提前根据截面边长做出折痕，如图 6-12 所示，并在封口的一边多留一些尺寸以方便封口粘结。

06-03 白卡纸材料的制作工艺 3．箱形截面

尽管在没有模具的情况下也可以完成构件的制作，但是施工相对比较麻烦且效率低下。为此，可以考虑先制作箱形截面构件的模具。在找不到合适方形木棒的前提下，可采用便于加工的桐木条来拼接组合成模具。但是，在利用模具制作箱形截面的构件时，白卡纸无法像制作圆管构件那样可以很好地自动贴合在模具表面。为此，可以在箱形构件的外侧再加一个槽形的模具来使之贴合，如图 6-13 所示。通过这种内外联合的方式可便捷地完成一根质量较好的箱形构件。制作好的箱形截面如图 6-14 所示。如果制作的箱形截面刚度偏弱，可采用组合截面的形式，如在箱形截面中心插入一根 H 形截面的杆件，如图 6-15 所示。

图 6-12 白卡纸折痕图

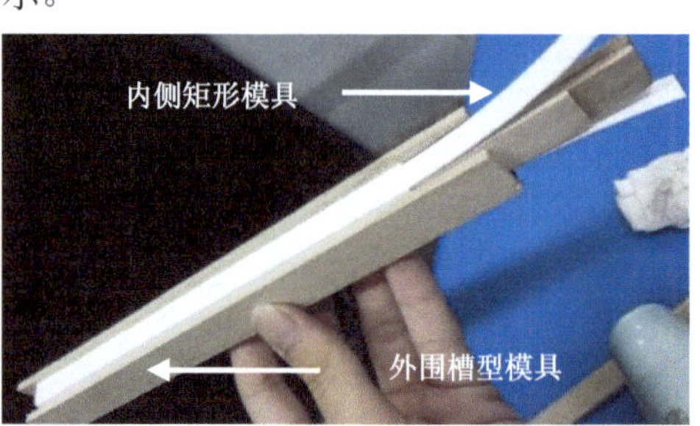

图 6-13 白卡纸制作箱形截面构件

图 6-14　白卡纸制成的箱形截面和 H 形截面

图 6-15　白卡纸制成的组合截面

2. 竹片材料的制作工艺

1）杆件制作工艺

竹片是目前结构设计竞赛运用最多的材料。相对于白卡纸，竹皮的强度高，制作简单，截面样式多样。主要截面形式有圆管、箱形截面、矩形截面、T 形截面、H 形截面以及多种组合截面（更多的截面形式可参照钢结构设计）。下面以箱形截面为例，对竹皮制作杆件进行介绍。

在制作过程中，第一步便是裁剪出质量较好的竹片。裁剪方式有两种：第一种是用钢尺定好裁剪位置，然后用美工刀沿着钢尺将竹片切割下来，如图 6-16 所示，而且一定要选择材质比较硬的底板，以使切割出来的竹片整齐笔直，避免出现弯曲或锯齿毛边。

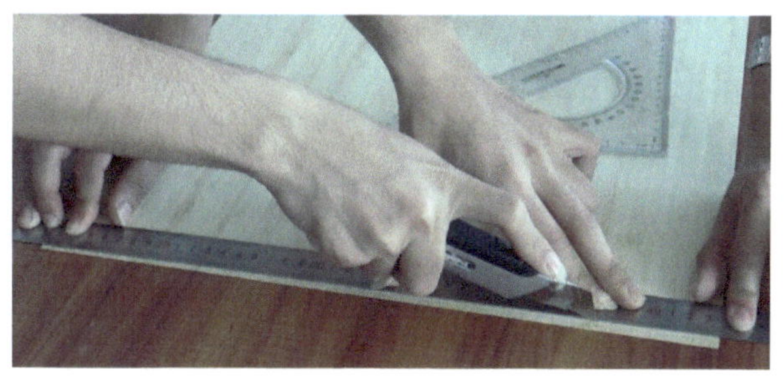

图 6-16　利用钢尺裁剪竹片

第二种是采用裁纸刀，可方便快捷地裁出质量较好的竹片。但缺点是裁剪竹片的长度受限于裁纸刀的长短。在裁纸刀台板上放置一把钢尺，帮助快速确定裁剪竹片的宽度，如图 6-17 所示。在待加工竹皮上预先打好一个点，然后对齐钢尺的刻度，裁剪出的第一条竹片作废。此后，根据需要的宽度，将参照点沿着钢尺向刀口平移需要的宽度，然后裁剪出需要的竹片。

制作完竹片后，可根据如图 6-18 所示的顺序，将竹片依次首尾拼接起来，但是此制作方法很不方便且效率很低。在制作过程中，笔者发现制作 L 形“角钢”构件较为方便，为此，改进后的方法是先制作两个“角钢”构件，再将两个“角钢”粘接制成箱形截面，如图 6-19 所示。经过实践，此方法制作箱形截面不仅效率高而且构件质量好，实际流程如图 6-20 所示。在一开始制作“角钢”形构件时，直接将一条竹片平放在桌面上，然后将另一条竹片垂直地靠在第一条竹片边上，最后在两条竹片缝隙处浸入 502 胶水。为避免制作过程中竹片粘在桌面上，需预先在桌面上垫一层塑料薄膜。即使构件和塑料薄膜粘在一起了，也能轻易地将塑料薄膜从构件上分离开来。

图 6-17 利用裁纸刀制作竹片

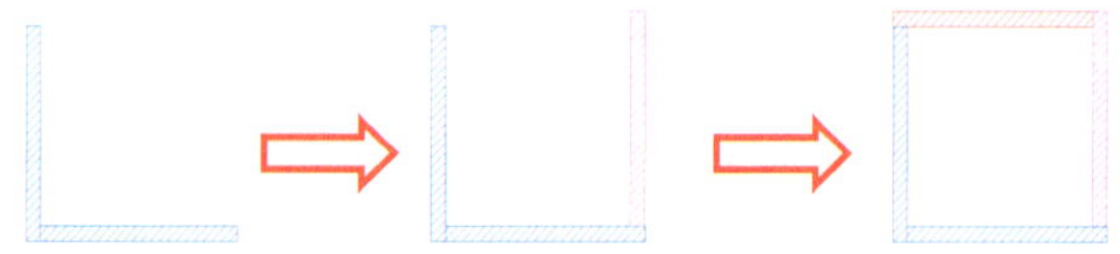

图 6-18 原始方法流程图

图 6-19 新方法流程图

图 6-20 竹皮制作箱形截面构件实物流程图

2）竹粉制作工艺

当采用竹皮制作结构时，一般的贴片方法仅对构件之间的简单节点连接有效，对复杂节点则连接效果较差。但是，采用先加竹粉后滴 502 胶水的方法，可以有效地增强复杂节点的连接效果。此方法可一定程度上类比于钢结构中的焊接连接方法。然而，要将竹片制作成竹粉较为困难。目前，经过一些创新性的实践总结出如下四种制作竹粉的方法。

06-05　竹皮材料的制作工艺
2. 竹粉制作工艺

（1）用锯子锯竹棒，积累下来的竹屑再筛分，如图 6-21(a)所示。

（2）砂纸包裹一个小物块，然后竹片上进行打磨，如图 6-21(b)所示。

（3）用锉刀在竹棒上打磨，如图 6-21(c)所示。

（4）用竹棒在砂纸上打磨，如图 6-21(d)所示。

竹棒的制作方法是切割出很多大小统一的竹片，然后通过 502 胶粘在一起，如图 6-22 所示。

方法（1）的特点：速度快，但是竹片颗粒比较粗，质量较差。

方法（2）的特点：运用了逆向思维的方法想出来的，既然竹棒可以在砂纸上打磨，那么反过来可用小块的砂纸在竹片上打磨来获取竹粉。经过试验此效果最好，竹粉非常细小均匀，与 502 胶水混合的效果更好，但制作速度稍慢。

方法（3）的特点：制作速度和质量取决于锉刀质量。

方法（4）的特点：竹粉颗粒细但是制作速度慢，效率低下。

(a) 锯竹棒

(b) 砂纸在竹皮上打磨

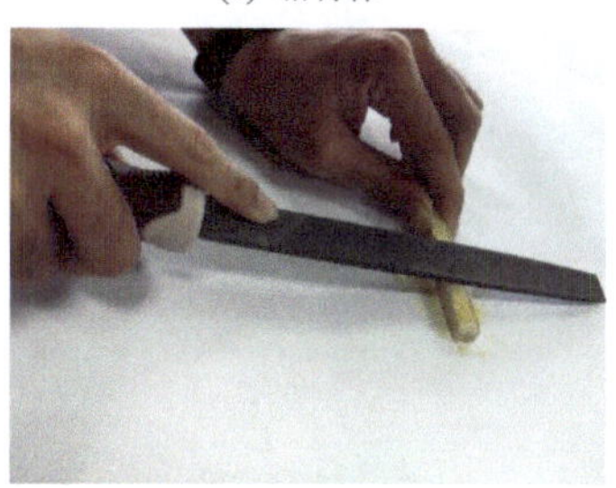

(c) 锉刀在柱棒上打磨

(d) 柱棒在砂纸上打磨

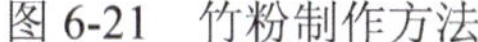

图 6-21　竹粉制作方法

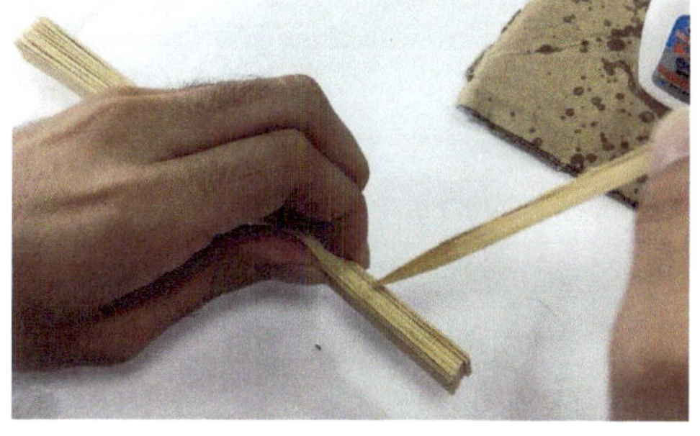

图 6-22　竹棒制作方法

3）整体模型制作工艺

由杆件到整个模型，需要经过关键的整体模型制作工艺。下面将以2015年华东赛河海大学参赛队的模型为例讲解制作工艺（该赛的赛题可以参考有关赛事网站 http：//tmxg.tongji.edu.cn/hds/）。

06-06 竹皮材料的制作工艺
3. 整体模型制作工艺

在制作整个模型之前，需要画出施工图，明确结构的外形和各杆件的布置，以及各构件的截面尺寸、长度和数量等。根据材料表开始制作杆件，按照上述制作工艺裁剪竹片，并制作完成如图6-23所示的箱形截面的构件。在主要受力构件完成之际，便可搭接构件以形成整体模型。

制作模型结构的步骤是由点到线、线到面、面到体的过程。点起到定位作用，方便线的连接；线定位点之间的连接，确定杆件的位置，然后到一个结构面，最后扩展到结构整体。为方便结构面的制作，先在图纸上精确地画出每个构件的位置，如图6-23所示，然后将构件映在图纸上拼接起来。之后再将面与面直接进行连接，完成结构整体制作，如图6-24所示。为避免结构被胶水粘在图纸上，可以在图纸上的定位点贴点胶带，方便结构与图纸定位点的分离。

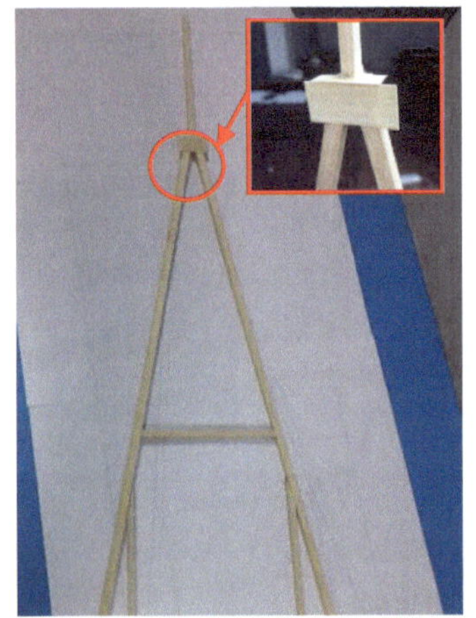

图6-23 模型结构面制作图

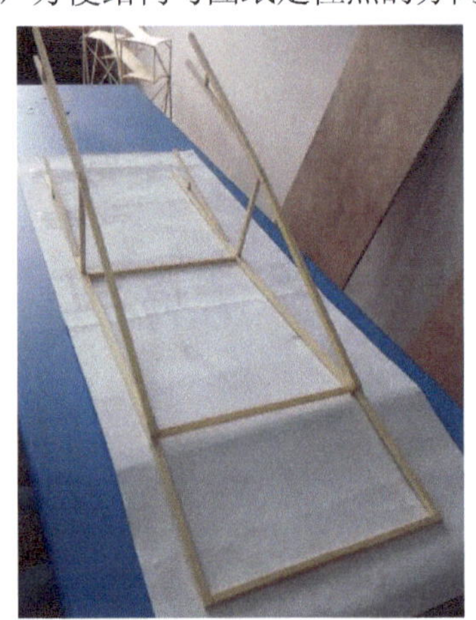

图6-24 模型结构体制作图

对于构件间节点的连接是结构模型制作的关键。对应构件之间表面平整的只需要通过贴小块竹片的方式补强即可，如图6-23所示。而对于节点连接复杂的节点，比较方便的处理方法是塞填竹粉，即在构件之间的连接缝处线塞进适量的竹粉，然后将502胶水滴至竹粉上，使构件与构件之间的连接有类似于焊接的效果，如图6-4(a)红圈所示。

图6-25 2015年华东赛模型实物图（河海大学）

结构的主体框架完成之后，将结构的柱脚与木板底座相连。为达到良好的连接效果，同样采用堆填竹粉的方法将柱脚牢固地固定在底板上，形成如图6-25所示的模型实物图。

结构完成之后需要再细致的检测，检查每个构件是否有裂缝、每个节点是否牢固等。注意，这是一项确保模型质量必不可少的工作。

3. 钢结构的制作工艺

美国大学生土木工程竞赛钢桥赛事通常要求采用的制作材料为实际工程中的钢材。为此，可直接购买市场上提供的实心圆杆、型钢、角钢和管钢等制作构件。因为制作模型结构的构件截面尺寸通常较小，相应钢材型号有限，所以在设计模型结构时应该结合市场上的实际供货情况来综合考虑。

06-07　钢结构的制作工艺（前期准备）

钢桥竞赛所用的构件一般都是薄壁钢材，这需要氩弧焊来完成焊接，因为普通的电焊容易烧穿构件，难以掌控。为此，焊接工作建议委托专业的技术工人，以保证焊接质量。

钢材加工的制作工艺涉及切割、打磨以及节点连接，具体注意事项如下。

1）切割和打磨

钢材的切割一般使用切割机即可完成。对于截面较小的钢材，切割机一般可准确地切出所需要的长度。但需要注意的是，每次切割会让构件耗损一个切割片的厚度。当构件截面尺寸较大时，由于切割机的精度极为有限，所以大多数情况下切割出来的截面并不能与杆件的轴线垂直。此时最好的方法是，选择水刀切割或者其他更精密的切割仪器。在 2017 年的制作过程中，为满足精度要求，比较精细的节点构件采用了线切割。对于普通切割后的构件，切割面一般会有毛刺，此时可以用打磨机对其截面进行打磨。在进行切割和打磨钢材时，会用到具有危险性的加工器械，使用时一定要注意安全。为此，必须做好防护措施。例如，穿戴防护手套，避免构件高温烫伤手指；佩戴护目镜，以免火星和灰尘进入眼睛；佩戴耳塞，避免噪声伤害耳朵。

06-08　贴焊端板螺栓连接（拱构件间）

2）节点连接

钢结构的连接分为螺栓连接和焊接连接。由于模型结构是装配式成型的，所以每个构件之间的连接均需要通过螺栓完成。连接节点可分为连接板连接和榫卯连接。

拱构件端部焊接连接板，根据受力性质，要求强轴方向满焊，弱轴方向点焊固定即可。其中一块连接板一端焊接好预制的卡槽，与另一连接板卡住后，通过螺栓在连接板另一端紧固完成拼装，这样可提高拼装的效率。

拱下弦焊接预制的连接键，连接键开一圆孔，利用一颗螺栓完成连接，螺栓的选择应根据拱下弦的受力性能，必须提供足够的抗剪承载力。拱下弦的连接键由专业厂家加工定制，在精度上能够得到满足。

06-09　贴焊端板螺栓连接（拱下弦之间连接）

钢桥桥面承台由主次桁架梁组成。主桁架拼接处设置在跨中，上弦采用两块连接板和两颗螺栓连接，下弦在扁钢上开孔，由一颗螺栓完成连接，螺栓的选择同样需要根据受力情况选择合适的型号，应满足抗剪承载力要求。次桁架梁为空间三角形桁架，与主桁架的连接上全部采用贴焊端板、螺栓连接的方式。桥端的水平支撑焊接的端板需开椭圆形孔，在完成整桥拼装存在拼装误差的情况下利于调节。

06-10　贴焊端板螺栓连接（承台主次桁架、支撑）

连接板的制作宜通过专业的厂家根据设计图纸和材质要求进行加工

定制。厂家切割一般有激光切割和线切割，对于一般的端板可以采用激光切割，因为加工速度比较快。而对精度要求较高的端板构件，如榫卯构件，则需采用线切割的方式，但是制作周期长。榫卯构件设计时要考虑加工难易程度，一般采用“槽口榫”，加工较为方便，精度容易满足要求，设计时要充分考虑榫卯的抗剪强度和抗弯强度。一种榫卯螺栓杆组合连接的方式能够提供足够的抗弯和抗剪承载力，在节点上部利用榫卯构造相互卡住，在节点下部开孔，利用螺栓杆连接。这种节点受力性能好，拼装效率高。

06-11 钢结构制作（榫卯螺栓杆组合连接）

3）焊接

普通方管的焊接界面比较好处理，圆管的焊接界面需要做一些措施来保证焊接接触面不至于有太多的空隙。在将榫卯构件与圆钢管端头焊接前，将榫卯焊接面切割后再铣出一个小台阶，小台阶下降的高度刚好是圆钢管的壁厚，因此可以把节点构件和圆管套紧密结合再进行焊接。榫卯结构拼接方便，但是对焊接工艺要求很高，杆件两端都有榫卯构件，因此必须满足平行或者垂直的要求，此时就需要做“工装”，把位置固定好再焊接。焊接附属杆件前，应把相邻构件的榫卯连接件先拼在一起，再焊接，这样可以保证焊完节点不会出现太大位置误差问题。节点与杆件的焊接，应该一开始位置固定好就直接满焊。如果先点焊后期再加焊，可能会出现较大的变形，对构件的拼装会有较大的影响。

4. 灌浆料材料的制作工艺

灌浆料是在 2016 年的第十三届华东地区高校结构设计邀请赛上首次投入使用的模型材料，配合雪弗板（模板）和 304 钢丝直条（钢筋），以模拟钢筋混凝土结构的建造过程。

1）灌浆料制备方法

水泥灌浆料是用于模拟混凝土来进行构件固化成型的主要材料，其成分中不含骨料。为简化叙述，下面用“水泥”一词来代替“水泥灌浆料”。

为顺利制作出水泥构件，首先要熟悉水泥浆的制备方法。对于不同品牌、不同配方或制作工艺的灌浆料，其固化特性也不同，即其凝固速度、凝固后强度等物理参数都可能不同。而完全相同的产品，不同的配比或制备工艺制作出来的水泥构件，其质量也不尽相同。因此，为了使水泥构件在硬化后质量能有一定标准，制造商在灌浆料产品发布前对其进行大量测试，从而确定效果最佳的制备方法，包括配比和制作工艺。以第十三届华东赛规定型号产品的制备方法为例：“本产品采用机械拌合，按照灌浆料 26%的水灰比计算用水量，在搅拌时先加入灌浆料，加入 70%～80%用水量搅拌 3～4min 至混合均匀，再加入剩余用水量的 20%～30%，搅拌 1～2min，总搅拌时间控制在 5～7min，静置排气后即可进行注浆操作。”

06-12 混凝土结构制作 1. 灌浆料制备过程

水灰比可根据实际需要进行调整。水量越少，搅拌出的水泥浆越稠，且凝固越快；反之，水泥浆越稀，且凝结越慢。水分成两次加入搅拌容器。第一次是为了让水泥粉末状颗粒均匀吸收水分并充分水化，搅拌过程中应可以明显感受到水泥浆辐射出来的热量；第二次是为了调节水泥浆的流动性和凝固时间。用于竞赛的灌浆料为快硬早强型，若凝固时间太短，则有可能在水泥浆尚未充满模板孔隙之前就发生初凝，使流动性大大降低，导致构件局部缺浆，表面出现孔洞。若凝固时间太长，则表示水灰比过大，水泥相对含量偏少，分别会导致水泥浆从模板缝隙中渗出及水泥强度不足的问题。无论凝固时间过短或过长，都会打乱浇筑节奏，影响构件质量。因此，掌控好制备出的水泥浆质量对构件质量具有非常重要的意义。

制备水泥浆的工具包括水泥搅拌机（图 6-26）、搅拌容器（3～4L 容量，开口直径在 20cm 左右）、电子秤、量杯等。水泥搅拌机可以选用工业级电动搅拌器或水泥胶砂搅拌机。工业级电动搅拌器如图 6-26(a)所示，手持，搅拌速度可以调节，搅拌过程会比较费力；水泥胶砂搅拌机如图 6-26(b)所示，无需手持，搅拌模式固定，优点是可以节省体力，缺点是水泥浆液容易溅出、设备贵而笨重。相比之下，推荐使用手持的工业级电动搅拌器。

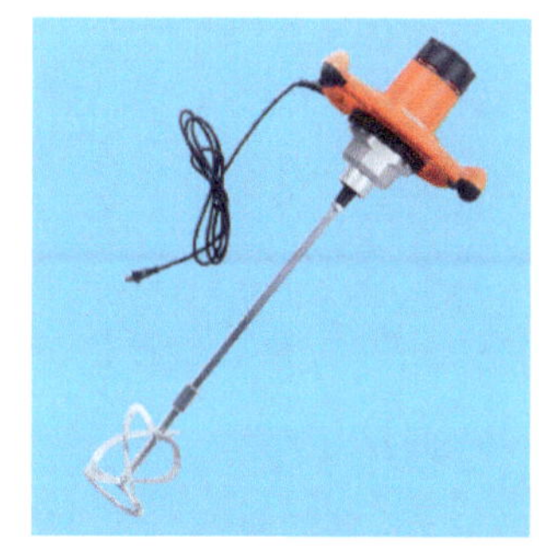

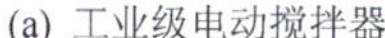

(a) 工业级电动搅拌器

(b) 水泥胶砂搅拌机

图 6-26　水泥搅拌机

搅拌过程中应注意：水泥粉未完全水化之前搅拌头的旋转阻力很大。因此搅拌者需要牢牢抓紧搅拌机，同时请一名队员用手固定搅拌容器，或有条件的话也可用若干重物紧贴容器来固定。在水泥水化较为充分，搅动变得轻松之后可以根据需要将转速稍微提升，但不宜过快。因为灌浆料属于散热不良体，搅拌对其做功，速度越快，做功越多，温度就越高。水泥过热的情况下可能会出现凝结时间缩短或假凝等问题，对浇筑节奏和质量产生较大影响。

2）浇筑工艺

浇筑主要是指从水泥浆入模到水泥表面抹平这段过程。水泥的浇筑宜使用带有槽口的浇筑容器，如果搅拌容器带有槽口，则可直接使用搅拌容器进行浇筑，水泥沿槽口流出，非常便于控制浇筑位置。浇筑时应避免过快，因为流速过快的水泥流可能会将摆放好的钢丝冲离原先所处的位置，使实际配筋状况偏离设计。浇筑时，应时刻注意是否出现漏浆现象。一旦出现，应迅速做出反应，利用事先切好的小块底面平整的雪弗板堵住泄漏处，用 502 胶水粘结固定。浇筑完首先进行振实，如底板为雪弗板，可以敲击板面来提供振动。振实后水泥浆液面宜高出模板 1mm 左右，不宜过满，否则抹平会比较困难。最后抹平时可利用两张扑克牌或其他硬质、方形、薄片状且不吸水的替代品，一张迅速刮下多余浆液，另一张随之接住并送回浇筑容器，继续抹平操作直到表面水平。注意，浇筑的过程中若需要暂停操作，则应继续水泥浆的搅拌以免凝固。

06-13　混凝土结构制作
2．浇筑过程

虽然浇筑是充分利用水泥砂浆的液态特性，但是浇筑时还可灵活利用从液态到可塑态的变化过程，完成构件制作中的一些工艺。例如，在2016年华东赛中，装配式梁柱连接很多是通过牛腿来实现的。单向的牛腿易与柱子一起躺着浇筑，如图6-27(a)所示。但是要制作正交双向牛腿，则难度较高。但有一组参赛队利用水泥半凝固的时机，制作了双向正交的牛腿。该组在第一次浇筑的水泥浆半凝固后，且硬化的上液面已经可以支撑平面外牛腿的浇筑之际，进行第二次浇筑，如图6-27(b)所示，其中白色部分表示雪弗板，深灰色部分表示新浇水泥，浅灰色部分表示半凝固水泥。

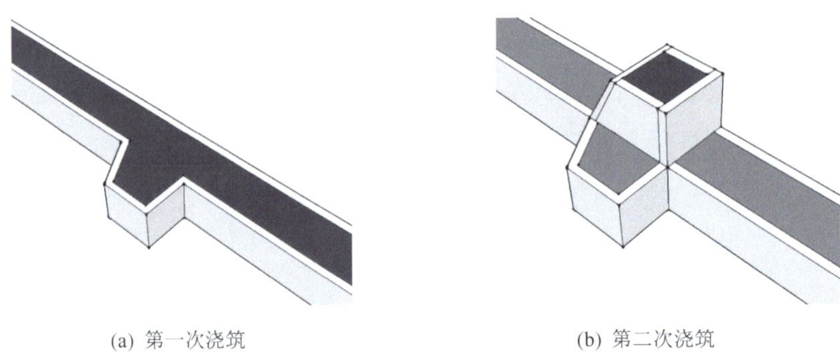

(a) 第一次浇筑　　(b) 第二次浇筑

图6-27　正交的牛腿浇筑过程

3）配筋方法

由于模型结构是原型结构尺寸的1/10以及凝结材料由混凝土简化到水泥净浆等原因，钢筋混凝土结构设计基本原理无法完全适用于模型构件。因此配筋方案应主要按照构件试验结果确定，但基本思路与混凝土结构基本原理是相同的，如杆件必须配置纵向钢筋以抵抗轴力和弯矩，设置箍筋提高抗剪承载力以及沿可能出现裂缝的垂直方向布筋以提高承载力等。

布筋方案应考虑制作的实际情况。钢丝纤细的尺寸和光滑的表面使实际工程中常用的绑扎工艺几乎没有了用武之地。

为此，河海大学队员利用水泥浆可塑阶段的特点，可采用“抛筋法”进行布筋。在浇筑板时，先在模板中浇上一层水泥浆，初凝后在水泥上面抛置事先裁好长度确定好位置的钢丝进行布筋，如图6-28所示。最后将钢丝压至合适高度，再浇一层水泥浆覆盖振捣整平。这种方法使板的配筋非常方便快捷。当然，此法不限于板配筋，梁柱布筋亦可，以一个双筋截面的梁构件为例，第一步，先布置底层钢筋，为留出保护层厚度（保护层的作用是保证钢筋与其周围混凝土能共同工作，并使钢筋充分发挥强度），给钢筋套上若干螺母如图6-29所示，间隔约20cm；第二步，浇灌水泥浆至顶部钢筋所在水平面；第

图6-28　抛筋法布筋

三步，等待水泥浆初凝，将顶部钢筋轻轻抛置上去，并浇筑第二次水泥浆至顶面；第四步，刮平表面。

“粘接法”是河海大学发明的另一种配筋方法，效果如右图 6-30 所示。以配板钢筋为例，第一步，在模板四个角落垫上 1～2mm 细木垫条，用微量 502 胶水粘贴；第二步，在模板中布置好钢筋，用微量胶水把大部分交叉节点粘接起来，使其形成一个钢筋网；第三步，浇筑；第四步，刮平表面。相比于抛筋法，粘接法的缺点在于布置好完整的钢筋网需要一点时间，而且对点胶水的技巧要求较高，仅需使用微量胶水连接节点，因此应使用竹签蘸取微量胶水来粘接节点。

06-14　混凝土结构制作 3．配筋过程

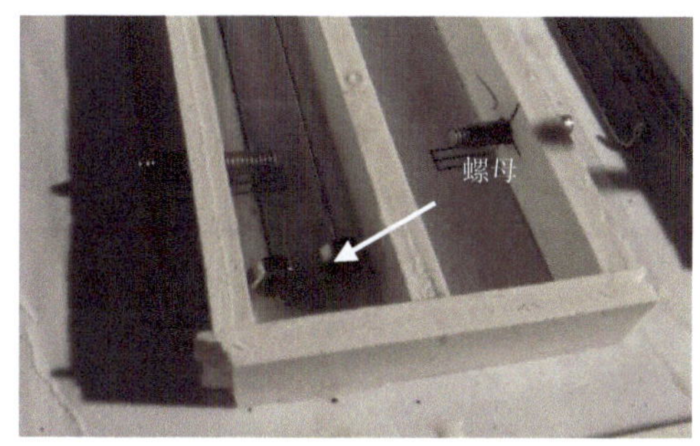

图 6-29　钢丝套螺母预留保护层

图 6-30　“粘接法”布置板钢筋

南京航空航天大学参赛队发明了“防虫网”法，使用不锈钢防虫网充当箍筋。该防虫网由细不锈钢丝编织而成，既可以如图 6-31 所示起到架立纵向钢丝的作用，又能近似代替箍筋，满足构件斜截面抗剪强度，并联结受力主筋和受压区水泥使其共同工作。选择防虫网时主要参考钢丝的直径，防虫网孔径应略小于钢丝直径。这种方法的缺点在于防虫网的韧性强不易折叠，因而面刚度不强，可能仍会出现钢丝位置偏移的情况，另外网格的存在会对其两侧混凝土的胶结产生一定影响，尤其是对截面的拉应力区影响较大，从而对受弯承载力有一定影响。

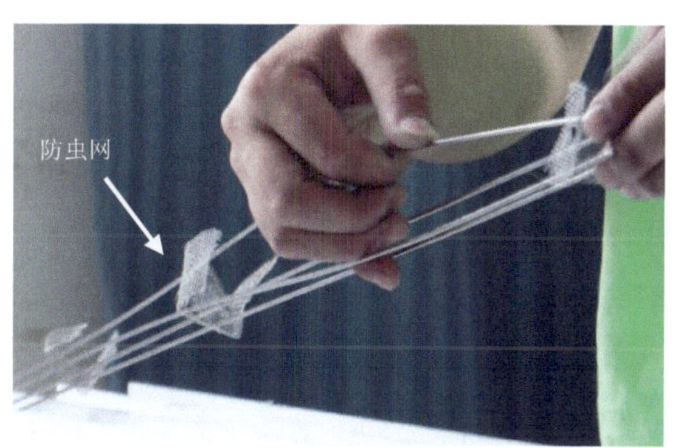

图 6-31　防虫网“箍筋”

图 6-32 所示的“3D 打印法”的创意来自合肥工业大学参赛队。确定钢丝位置后用三维建模软件绘制四角带孔洞的方形框，利用 3D 打印机制作出来。制作出来的 ABS 塑料构件兼具架立作用和箍筋作用，可直接套接纵筋，大大减少了现场制作的工作量和提高了钢筋位置的准确性。效果如图 6-32(a)所示，打印构件示意图如图 6-32(b)所示。

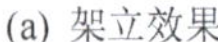

(a) 架立效果

(b) 打印构件示意图

图 6-32 3D 打印箍筋

4）构件养护

构件养护对构件强度的正常增长至关重要。养护不到位易出现开裂、构件变形、强度降低等不良现象。主要的养护方法有塑料薄膜养护和覆盖浇水养护两种。

06-15 混凝土结构制作 4. 塑料薄膜养护的方法

塑料薄膜养护是指以塑料薄膜覆盖物使混凝土与空气相隔，水分不再蒸发，水泥靠混凝土中的水分完成水化作用以达到凝结硬化。但是注意不应过早覆盖，一般做不到覆盖时完全避免气泡的产生，而此时的水泥浆如果还没有凝固，其液面在液面张力作用下与薄膜一起发生较为明显的褶皱。由于薄膜与水泥浆液面黏在一起，移动或掀开薄膜会破坏水泥浆表面，这时无法再调整位置。如图 6-33 中红色圆圈标注处均出现了明显气泡与褶皱。

覆盖浇水养护是指在混凝土浇筑完毕后 3～12h 内用保湿布将水泥构件覆盖，并经常打开浇水保持湿润的养护方法，可以提高构件质量。如图 6-34 所示，正将保湿布打开准备给拆模后的构件浇水，图中海绵是为了保持保湿布密封空间内的高湿度。

图 6-33 过早覆盖薄膜的现象

图 6-34 混凝土覆盖浇水养护法

6.2.3 如何撰写好计算书

结构竞赛中往往要求各个参赛队伍交一份计算书，相当于实际工程中的设计方案书、施工图等，用来表达结构的设计方案、制作方法、施工流程和受力合理性等。计算书在结构竞赛中的分值通常为 10 分（比赛总分 100 分）。在制作结构的同时，也不要忽略计算书的重要性。一般计算书可以不用急于书写，因为在前期的备赛过程中，结构方案也一直在变化，在此时撰写计算书还为时尚早。等到结构模型整体的方案都定好以后再开始撰写也不迟。计算书要写好，需要掌握以下几个要点。

1. 按照要求，内容全面

一般结构竞赛赛题会提供计算书模板，指明需要有什么内容。那么只要计算书中能满足赛题要求，得分便不会太低。

2. 提早准备，切忌赶工

为撰写出质量较好的计算书，切记不可以赶工，一定要留 1～2 周时间来撰写计算书。赶工的后果往往是计算书质量很差，低级错误较多，且漏洞百出。制作模型期间可借鉴典型的计算书范例，预先构思计算书的具体内容，再提笔撰写，一定要注意细节，如语言表达通顺与否、所做数据图表是否规范、计算书格式规范与否等。

3. 计算书需图文并茂

在计算书中不要只是堆砌文字，文字传达信息的效果不如图片直接。评委老师在评阅大量计算书的过程中并没有时间来仔细体会文字中的信息，更多还是看计算书的插图以快速了解计算书的内容与质量。所以，计算书中适当的模型图、实物图以及各种受力分析图、节点构造图、施工图等，都能较好地表达出结构的各种信息。

4. 内容要有理有据，表达清晰

计算书的内容需要做到有理有据，具有逻辑性。设计思路和设计方案等都应该表达清楚。对于每一幅插图和表格都要有相应的说明。

5. 格式规范统一

虽然赛题中没有明确的规定计算书的格式要求，但是应该做到基本的格式统一，切不可排版混乱、前后不一。

6.2.4 经典实例

1. 2015 年第十二届华东地区高校结构设计邀请赛

1）赛题说明

（1）赛题背景。

双塔连体结构是指两个塔楼在中、上部通过连廊连接成一个整体的结构，连体结构独特的外形能给人们带来强烈的视觉效果，且具有优良的建筑使用功能，正日益受到重视。

（2）模型制作要求。

竞赛模型为双塔连体结构房屋模型，采用竹质材料制作，模型由主塔楼和连廊共同组成，连体结构模型由参赛选手制作，与木质底板固定，木质底板采用夹具固定于加载台上。

图 6-35 和图 6-36 为模型的空间尺寸要求图。

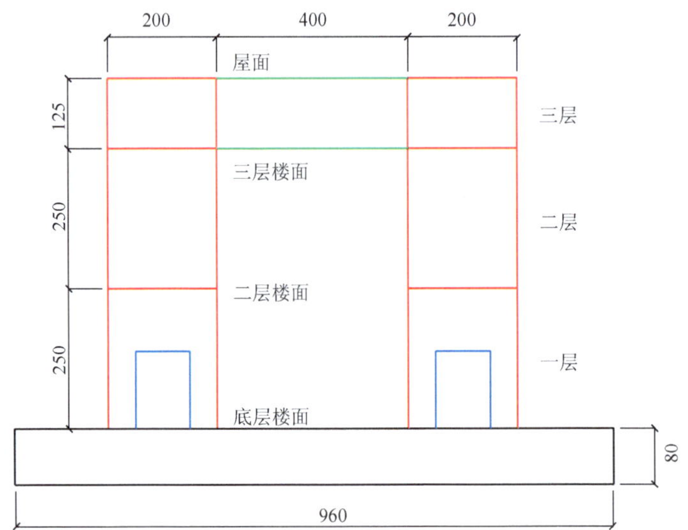

图 6-35　模型正（背）立面示意图（单位：mm）

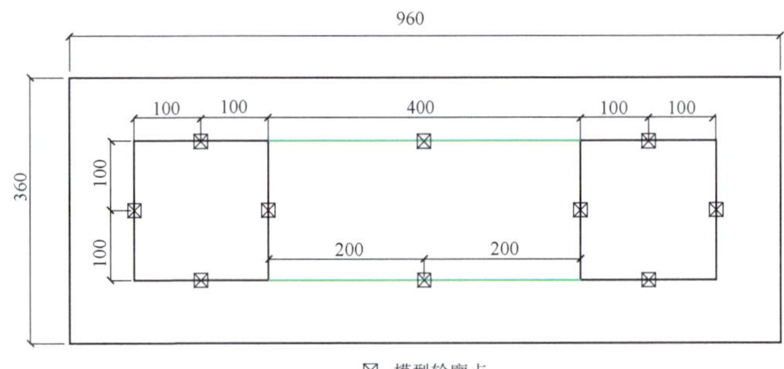

图 6-36　模型平面示意图（单位：mm）

（3）模型使用功能要求。

竞赛题目中明确规定参赛模型必须具有优良的建筑使用功能，因此做了如下要求。

① 模型底层正立面和背立面均必须保证有一个对齐的 120mm×210mm（宽×高）的门洞，门洞范围内不允许有任何构件，如图 6-35 蓝色线框所示。

② 模型内部空间不允许设置空间斜向构件。图 6-37 为结构的俯视图，要求在阴影区域不可以有任何的构件。

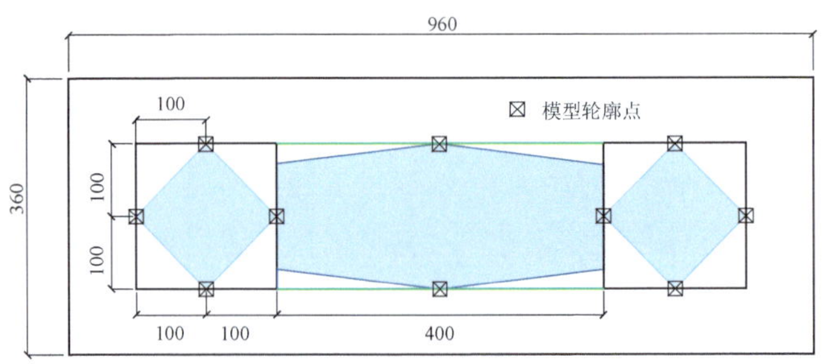

图 6-37　模型俯视图

（4）加载要求。

① 竖向静力加载。在连廊跨中顶部施加 100N 的竖向荷载，并且保证竖向位移不超过 10mm。

② 水平单向加载。保持竖向 100N 静力荷载不变，通过拉索和滑轮施加额定水平拉力 60N，记录结构顶点 x 向水平位移 U_x（包括模型倾斜引起的位移），并且 U_x 不能超过 10mm。

③ 水平力偶加载。保持竖向 100N 静力荷载不变，撤除单向水平加载，通过两个水平力偶加载点分别施加额定水平拉力 40N，记录结构顶点 y 向水平位移的均值 $U_{y\text{-ave}}=(U_{y1}+U_{y2})/2$（包括模型倾斜引起的位移），$U_{y1}$ 和 U_{y2} 都不能超过 10mm。

2）结构设计

由赛题要求可以看出，需要设计的结构既要满足给定的几何约束条件，又要满足一定的建筑使用要求。此外，作为一个建筑结构，还必须能够承受作用在建筑物的竖向重力荷载，抵抗水平向荷载（如风荷载以及地震作用等），且需要将结构的变形限定在给定范围内。所以，整个结构模型的设计及功能要求完全类比于实际工程中的建筑结构。通过参与这类比赛，也有助于参赛者加深对实际结构工程设计流程及内容的了解。但有一点值得注意的是，结构模型比赛更加突出其结构性能，对建筑适用功能相对弱化。所以，结构模型比赛中可以更加天马行空地运用力学知识来设计结构。

首先思考何种结构体系有利于承受指定的三类加载，选择何种截面形式构件较合适等。

抓住赛题对模型的几点特殊要求：①门洞周围的空间位置和大小；②楼板的最小尺寸；③投影区域不可设置构件。

根据赛题的设计要求和算分方法，结构选型采用了从一般框架体系演化到以斜撑为主的框架结构体系，此结构体系不仅自重较轻而且刚度较大。在概念设计阶段，认为斜撑有利于将水平荷载传递到基础，并且使模型的每个外立面尽可能形成三角形稳定结构体系，有利于缩短力的传递路径和提高模型的综合成绩。这和实际工程中的框架结构（由水平梁和竖直柱组成）有所不同。

根据设计理念和思想，在不断改进和加载试验、优化模型体系后，最终确定了结构模型。每一个模型设计好之后，会在软件中进行建模分析，如图 6-38 所示，根据各杆件内力的大小调整构件截面尺寸。

连廊顶部（即屋面）的荷载是通过四根斜撑分别支撑在两塔的第三层楼面，将连廊受到的竖向荷载传递到两个塔楼的第三层的中点。此方案虽然会增加连廊的跨度，但是可以减少杆件的数量进而减轻模型质量，并且将传递的荷载直接作用在了塔的外围中点。两个塔楼正立面采用一个大的三角形体系（如虚线所围三角形），主要承担连廊传递来的竖向荷载和第二级施加的水平荷载。塔楼侧面一、二层采用两个三角形体系（如点划线所围三角形）分层传递模型内力，主要承担力偶荷载。

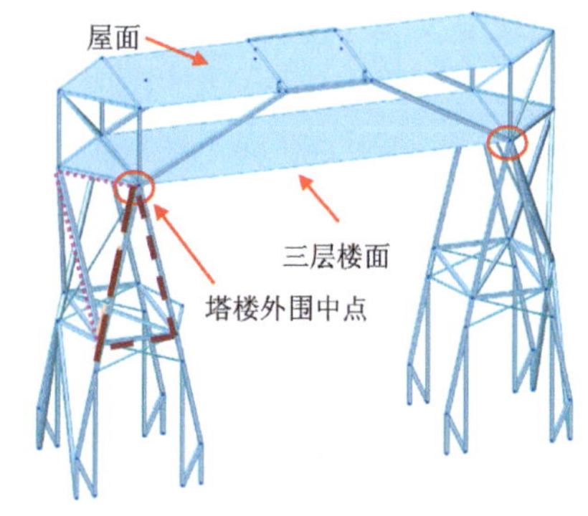

图 6-38　双塔连体结构的计算机建模图

柱子和梁等主要受力杆件选用抗弯刚度和各向受压稳定性较好的箱形截面杆件。部分受力不大的杆件采用三角形空心截面，以节省质量。构件和整体制作过程工艺详见 6.2.2 节。

06-16 经典案例2015年全国大学生结构设计竞赛作品

2. 2015 年第十届全国大学生结构设计竞赛

1）赛题说明

此次竞赛的赛题要求制作两段桥体，A 段桥梁要求用竹皮和 502 胶水制作，B 段桥梁采用 3D 打印的节点和竹皮制作的构件进行装配式连接。总共分为两级加载，分别是 2kg 和 4kg 的小车在桥面行驶并且安全通过，即代表本级加载成功。山体、河流、桥梁的布置图如图 6-39 所示。

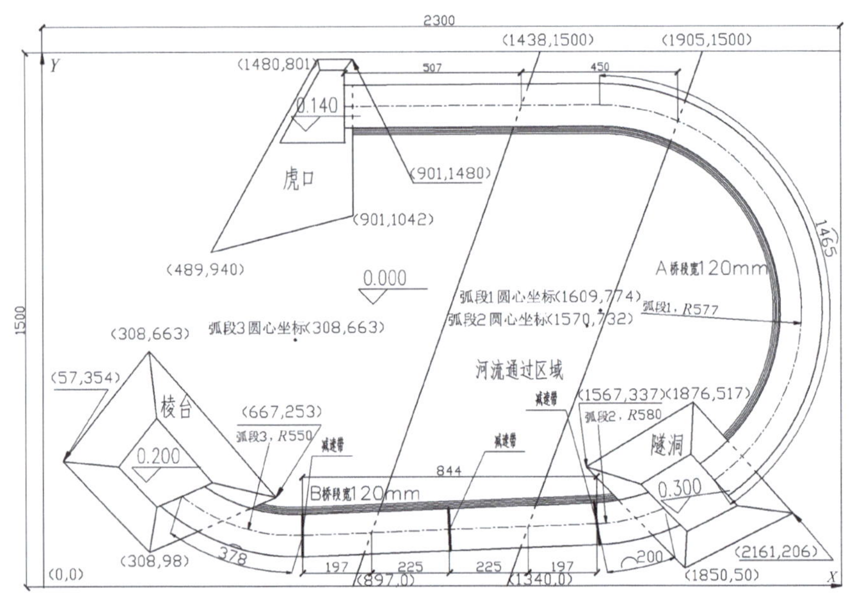

图 6-39 山体与桥梁布置图

2）结构设计

根据赛题的要求，以及模型的制作时间和难易程度，笔者经过多次试验后选择了如下的结构体系。

（1）A 段桥梁——鱼腹式桁架结构体系。

A 段桥梁采取全竹皮和 502 胶水制作，相对于 B 段的装配式连接方法比较简单方便，节点可以制作得稍微复杂一点，所以选择了结构体系稍微复杂的鱼腹式桁架体系。A 段桥梁如图 6-40 所示。每一跨桥体从水平方向看过去都是呈现鱼腹的样式（采用此方案的原因是，如果将每一跨桥梁都看成简支梁，那么车辆在简支梁上移动，对桥梁形成的弯矩影响线与鱼腹的形状比较接近），并且鱼腹式桁架的截面是三角形（采用三角形截面的原因是，相对矩形截面稳定性更好，可以减小材料的用量）。A 段中第一跨侧面图如图 6-40 详细显示。

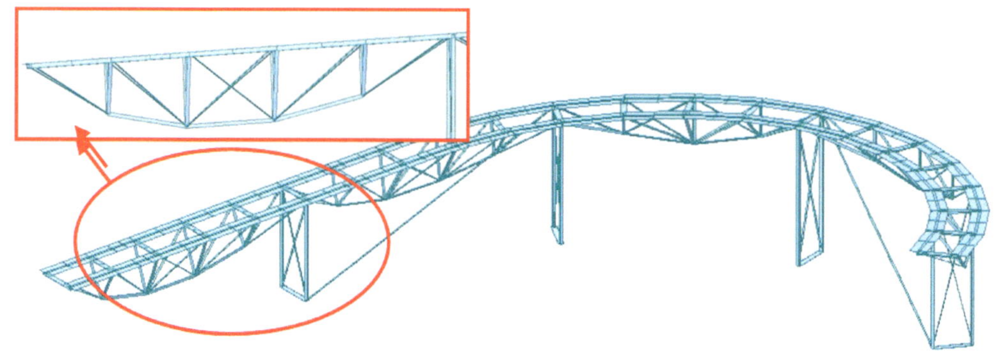

图 6-40　A 段模型效果图

（2）B 段桥梁——梁桥结构体系。

对于 B 段桥梁，一开始的设计方案是要尽量简单，因为 B 段将采用 3D 打印的节点与竹制的杆件进行装配式连接。考虑到节点质量不仅较大，而且设计偏于困难，所以选择尽量减少节点数量的策略，并且精细节点的设计。最终 B 段一直采用梁桥结构体系，通过试验和计算分析不断减轻结构自重，并且保证一定的安全系数。同时通过解决拉条装配式连接，以及增加锚固柱脚螺丝钉数量，来提高 B 段结构的稳定性。由于梁和桥面板也是装配式连接，而且桥面板基本无法承担荷载，所以将箱形截面梁的上翼缘加宽，避免小车车轮跑偏而导致加载失败。与此同时，加宽上翼缘也符合受力特性，因为竹皮的抗压强度比抗拉强度小很多，而在荷载作用下，上翼缘受压，下翼缘受拉，所以结合材料力学来说增大受压区面积也是合理的。B 段模型的效果图如图 6-41 所示。

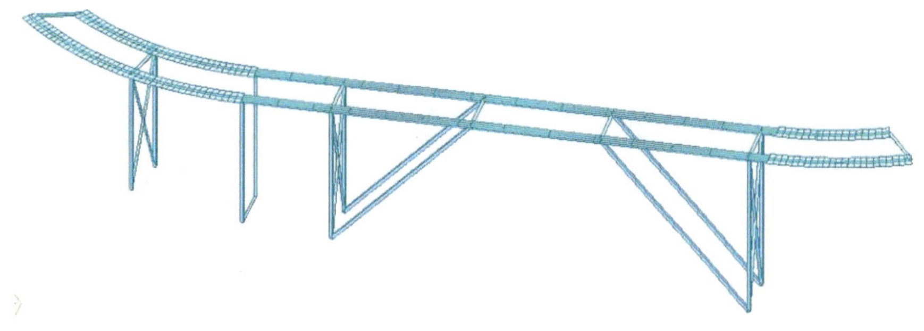

图 6-41　B 段模型效果图

3）模型施工与细节处理

A 段桥梁先制作直线构件和桥面板。为节省材料及提高梁和桥面板的整体性，将桥面板和梁制作为一个整体。

对于弧形的桥面板和弧形的梁，施工难度大。为达到快速施工的目的，对每个弧形桥面板和弧形梁都制作模板。模板的制作方法是：在合适大小的白卡纸上按照设计尺寸画上弧形桥面板和弧形梁的上下翼缘，再使用剪刀等工具将画图部分减去，留下一个与桥面板和梁上下翼缘相同大小的洞口。此模板可以重复利用，放在竹片上，快速画出弧形桥面板等，然后使用剪刀裁剪出桥面板。

制作桥面的主要流程是，先裁剪出直线段和弧线段的桥面。然后用铅笔画出桥面梁对应的位置。先将梁的一块腹板按画好线的位置垂直粘贴在桥面板上，如图 6-42 所示。与此同时，与之组成桥面梁的弧形“角钢”构件也制作完成。再将梁组合粘接在一起，完成桥面板和桥面梁整体的制作，如图 6-42 所示。

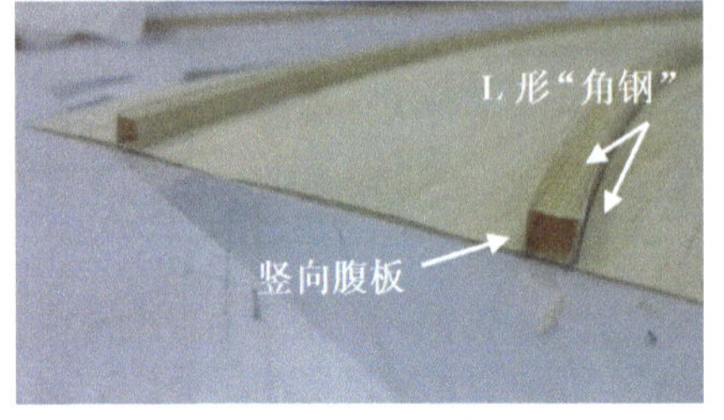

图 6-42 桥面板与桥面梁

桥面梁板制作完成后，开始按照预定的位置拼接好 T 形截面的鱼腹梁桁架腹杆，如图 6-43 中红色虚线位置为一对 T 形截面杆件。粘接好腹杆之后，开始粘接鱼腹式桁架的下弦拉杆，采用 5mm 宽的厚竹皮，如图 6-43 黄色虚线位置所示。然后再使用薄竹片，完成斜向拉杆的粘接，如图 6-44 所示。至此，每一段鱼腹式桁架就基本完成了。

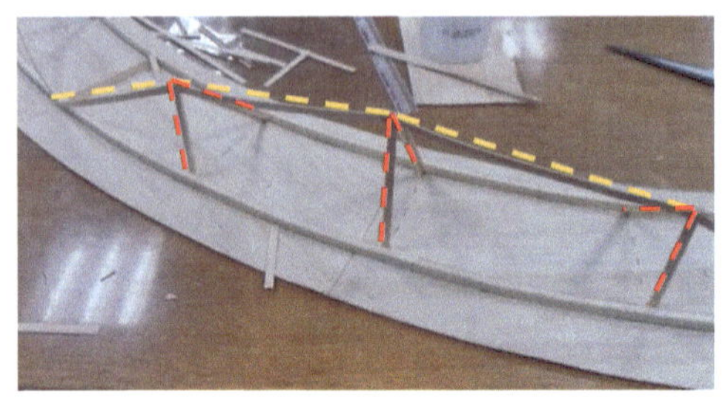

图 6-43 下弦拉杆完成图

图 6-44 斜向拉杆和支撑完成图

为保证桁架节点的连接可靠，需对重要节点做如下处理。如图 6-45 所示，在下弦杆和腹杆的交汇点，使用以小块竹片包裹加强连接；如图 6-46 所示，在腹杆支撑在桥面梁的内外侧节点处，塞填竹粉和 502 胶水混合物以增强节点的连接性能。

图 6-45 下弦拉杆和腹杆交汇节点构造图

图 6-46 腹杆与桥面梁连接节点构造图

鱼腹式桁架完成之后，再将每一根柱子粘接就位。值得注意的是，A 段是一个上坡段，柱子与底板垂直而不是与桥面板垂直，所以在粘柱子时应该注意角度的问题。经过计算 A 段坡度角为 4°，也就是说在粘柱子时应该将柱子定位后向着小车出发的方向偏转 4°。如此完成之后的柱子即可与底板面垂直，如图 6-47 所示。至此，完成 A 段桥的主要施工。

B 段的施工是先制作桥面梁，然后将各段梁使用 3D 打印的节点连接在一起，最后再将柱子也组装上。B 段的桥梁板和桥面梁不是一个整体，所以先完成的仅是一个受力框架，也是 B 段桥体的主要受力结构。如图 6-48 所示。之后再将桥面板铺设在桥面梁上即可。至此，B 段桥体基本制作完成，如图 6-49 所示。

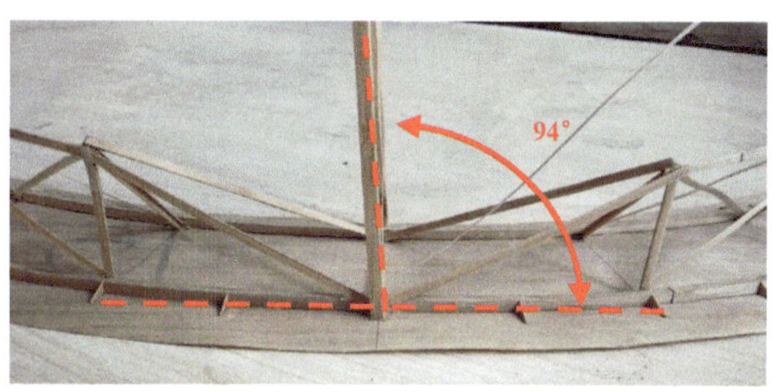

图 6-47　完成柱子的粘接

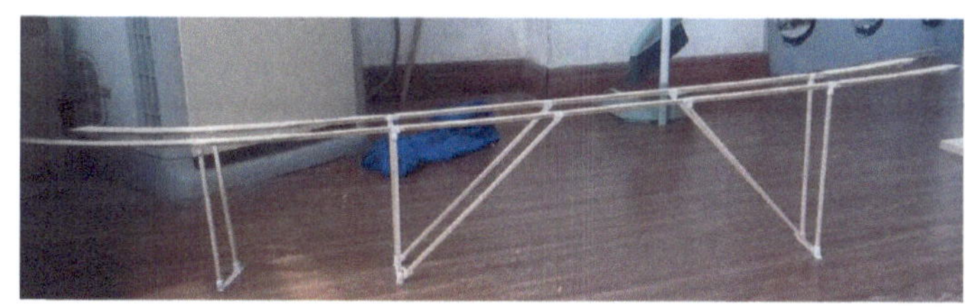

图 6-48　B 段桥体骨架

图 6-49　B 段桥体

模型制作过程还有很多细节需要注意，如节点连接、装配方式、桥面板与山体的搭接等，下面将对这些细节展示并且加以说明。

采用竹皮制作的卡槽将 A 段桥体卡在山体的悬挑板上。卡槽的构造如图 6-50 所示。此卡槽的作用是使桥梁有效地与山体搭接在一起（因为桥梁与山体的搭接不得使用胶水），并且在小车行驶到第二段桥梁时限制第一段桥体的上翘。卡槽与山体的连接方式如图 6-51 所示。

图 6-50　与山体连接的卡槽

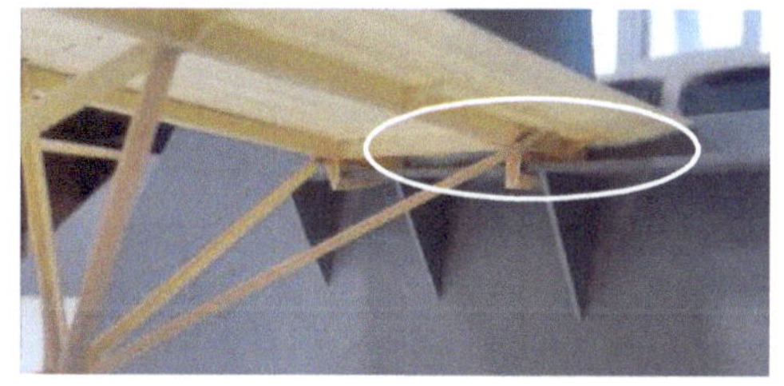

图 6-51　卡槽与山体连接图

在 A 段桥梁的出发端，山体平台与山体悬挑板有一定的高度差，而桥面梁的高度有限。如果小车直接从山体平台行驶到桥面，小车会因为这个高度差对结构形成一个冲击荷载，可能造成结构的破坏。因此，在桥梁出发点处设计一个小斜坡来缓解小车对结构的冲击。小斜坡的构造如图 6-52 所示。

B 段桥体与山体的搭接，则是采用 3D 打印构件来完成的，并且与桥面梁卡在一起。3D 打印构件图 6-53 所示，B 段桥体与山体的搭接示意图如图 6-54 所示。

图 6-52 桥与山体连接处的小斜坡构造

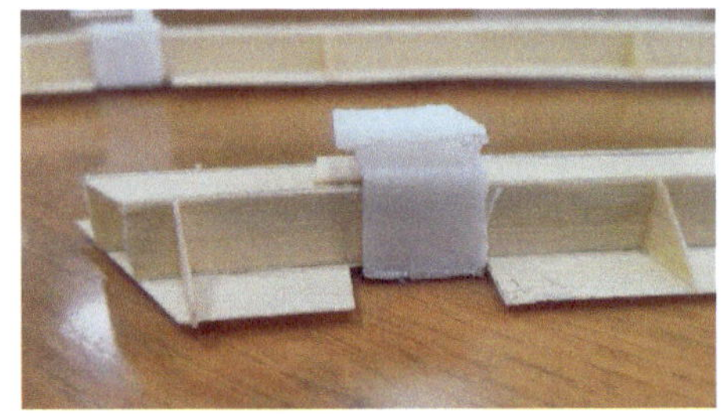

图 6-53 与山体连接的卡槽 3D 打印件

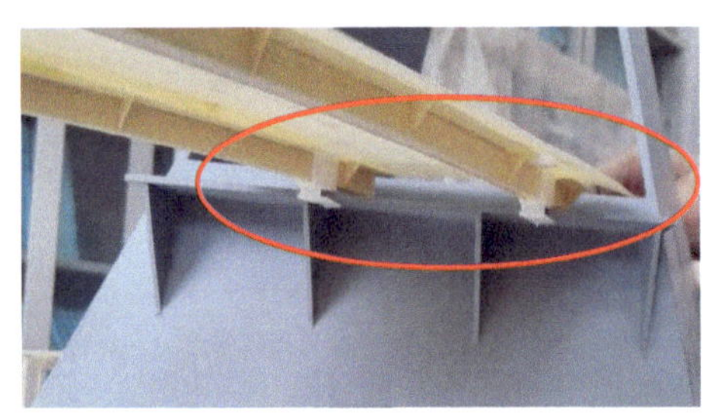

图 6-54 B 段桥体与山体的连接

对 B 段桥体，构件间的连接设计是否巧妙，也关系到 3D 打印节点的质量和结构装配的牢固度。在设计时，柱子与桥面梁以及柱子与斜撑的连接是靠套筒来实现的。而横梁与拉条也巧妙地以直接装配的方式连接到此节点上。为此，在横梁和拉条的两端垂直于它们轴线的方向上设置一个小端板，并在 3D 打印的节点上设置对应的小缝隙。然后将横梁和拉杆两端的小端板插入 3D 打印节点的小缝隙中，用于此后构件的粘接。此种做法在加载试验后的效果很好。横梁的连接构造如图 6-55 所示，拉杆的连接构造如图 6-56 所示。

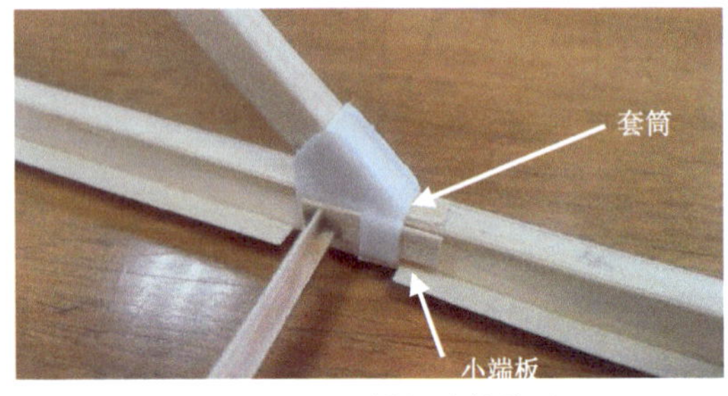

图 6-55 B 段横梁连接构造

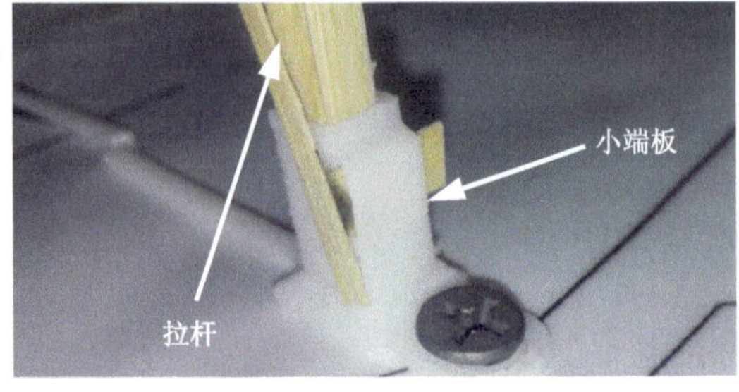

图 6-56 B 段拉杆连接构造

按照赛题的要求，柱脚是采用螺丝钉锚固在木质底板上的。由于螺丝钉数量有限，所以应从构造设计上减少螺丝钉的使用。A 段柱脚如图 6-57 所示，B 段柱脚如图 6-58 所示。

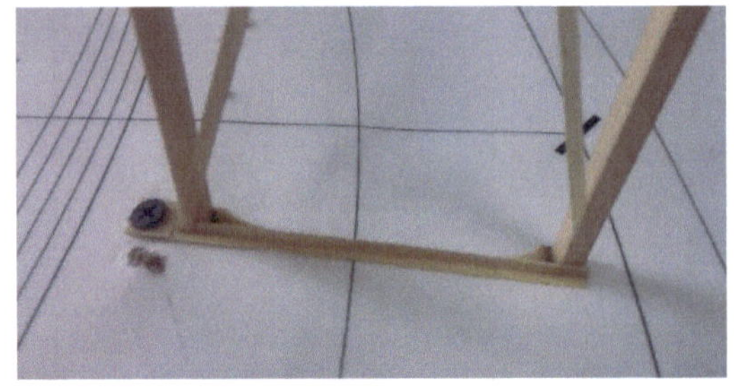

图 6-57 A 段柱脚锚固方式示意图

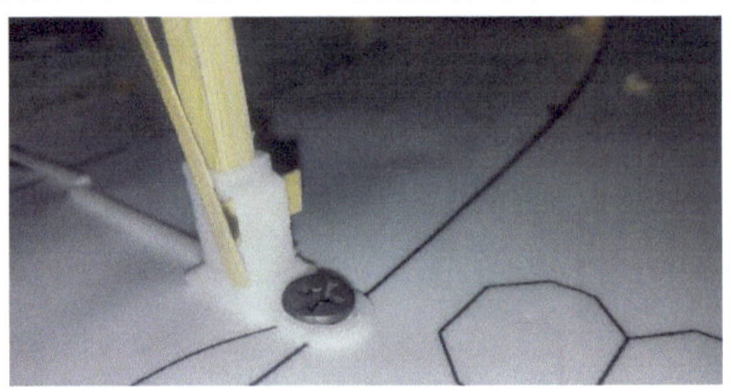

图 6-58 B 段的柱脚锚固方式示意图

B 段桥面板与桥面梁的连接方式是，先在桥面板上开一个小缝，然后采用 3D 打印的小夹子紧紧夹住桥面板和桥面梁的上翼缘，如图 6-59 所示。

图 6-59　桥面板与桥面梁的连接方式

模型完成后的整体效果如图 6-60 所示，图 6-61 是 A 段弯道处的鱼腹式桁架，这里桁架的下弦顶点向弯道的外侧偏移，这样设计的目的是平衡赛道内外的刚度，这样设计的目的是平衡车道内外的刚度，以免小车行驶过程中车道发生大的扭转破坏。

图 6-60　模型整体效果图

图 6-61　A 段弯道鱼腹桁架图

3. 2016 年美国土木工程竞赛钢桥竞赛

美国土木工程竞赛钢桥竞赛的比赛与国内的大学生结构竞赛有些不同，比较后总结出以下几点主要的区别。

（1）美国赛赛题一般比较复杂，并且内容非常详细，要求和规则均比较多。

（2）钢桥制作体量较大，而且制作周期长，不能通过多次试验的方式来测试模型的承载能力和变形情况等，所以设计计算、保证一定的安全储备以及制作工艺显得尤为重要。

（3）赛题规则限制很多，需要各个兼顾。除了结构加载时承载力、挠度需要符合要求之外，重在考察钢桥的拼装施工，也就是施工顺序和施工方法等，以及需要团队之间良好的合作等。

1）赛题说明

钢桥赛的赛题一般很详细，内容和规则很多，涉及比赛的各个方面。但是初步研读赛题和进行结构设计时，首先应抓住赛题的主要方向，把繁杂的赛题精简化，图 6-62 是赛题中的钢桥拼装场地图及其使用区域。此次钢桥结构设计竞赛的主要要求如下。

（1）钢桥总长度6248mm，也就是两岸基础的距离，也是钢桥的跨度。

（2）河流的宽度在2000mm左右，河流的宽度主要影响钢桥的节点布置和拼装。

（3）每个构件都有最大尺寸要求的限制，每个构件要求必须能装进一个内径为90cm×15cm×10cm的长方体盒子内。

（4）构件与构件之间的连接需要用螺栓进行连接。

（5）水平荷载大约230N，水平位移不能超过75mm。

（6）竖向偏心荷载为4990N，竖向跨中荷载为6804N。几个测量点竖向挠度不可以超过75mm。

（7）桥面以上需满足一定的通车空间。

（8）钢桥的拼装需要在指定大小的场地范围之内完成。

06-17 钢桥拼装现场完整视频

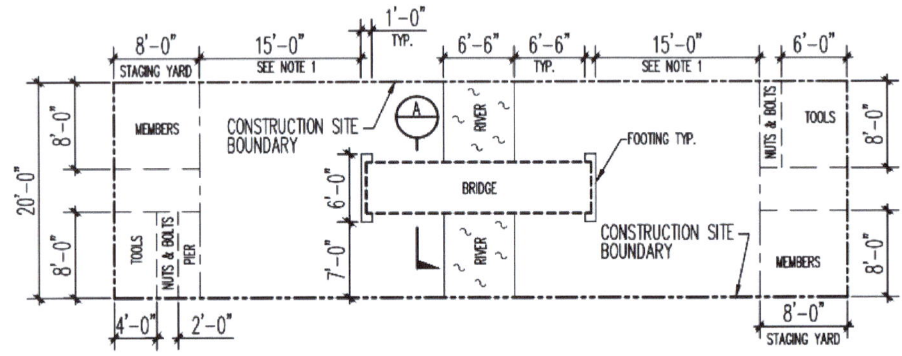

图6-62 钢桥拼装场地示意图

2）赛题简要分析

由于钢桥体量很大，且制作加工不方便，准备阶段一般只能完成1～2个成品，所以前期的设计工作显得尤为重要。设计的前期主要考虑钢桥的结构体系，包括下承式拱桥和桁架桥两种。可以对比一下这两种桥梁体系的优劣：①下承式拱桥受力较好、材料利用率高、结构挠度小，但是设计和制作都比较复杂，拼装施工时间也比较长；②桁架桥设计计算简单、施工便捷，但是结构自重较大、加载时挠度较大。综合考虑了两种桥梁的优缺点后，选择下承式拱桥结构体系。选择这种体系的主要原因是其加载后的挠度小，加载成功的概率比较大，而且结构自重小，有利于比赛得分。

正式进行钢桥结构设计和制作之前，还应该做一项市场调查，查明在市场上以及网上可以购买到的钢材的强度和截面等具体情况，方便后续的设计以及设计后可以制作出来。由于市场上Q235钢材的截面类型丰富且容易购买，最终选择此类强度钢材进行设计。

钢桥的大体结构形式确定之后，就要开始一些局部和细节的设计。主要是拱与下弦之间的复杆布置和桥面横梁以及纵向桁架的布置，尤其需要满足竖向和水平受力要求以及通车空间。此时钢桥也从平面的设计跨越到空间设计上了，紧紧靠手画的简易图纸已经很难表达钢桥的具体设计信息，并且不太方便修改。此时可以应用结构分析软件Midas Gen，进行边设计边三维建模。首先把可能用到的杆件截面类型和尺寸提前设置到建模软件截面库中，以备杆件截面的选择，主要截面类型是箱形截面和圆管截面，且壁厚在 1～2mm。由于计算机建模里面是三维显示的，所以能清楚直观地查看钢桥模型，提高设计效率。图 6-63 是确定方案下的钢桥计算机模型图。

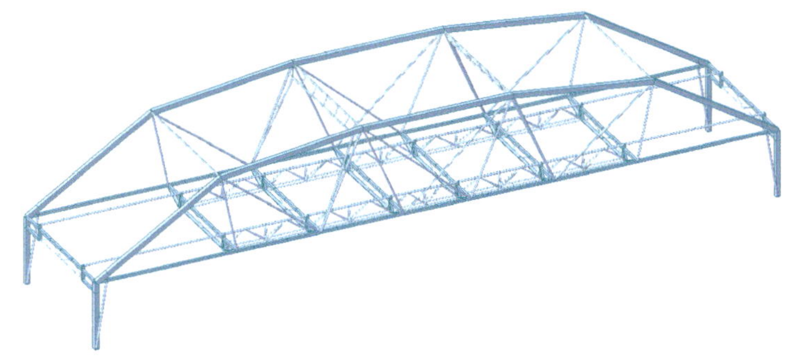

图 6-63　计算机建模示意图

钢桥的杆件长度、截面大小和位置方案确定之后，需要将钢桥拆分为单独的构件，每个构件也要满足一定的尺寸限制要求，即最大尺寸为 900mm×150mm×100mm。

拆分构件运用到了以下的原则。

（1）构件尽可能相同，这样可以减少构件种类。

（2）杆件尽可能长，这样可以减少构件的数量。

（3）尽可能在节点交汇处打断，这样有利于受力。

（4）某一交汇杆件太多的节点处，构件不宜都在此处打断，否则此处的节点设计会极其复杂。

拆分好构件之后，需要进行构件之间节点的连接设计。设计要求使用螺栓连接。为了拼装简单快速，螺栓的种类要尽可能少，尤其是螺栓的直径，因为螺栓种类越少，使用的工具也就越少，更能加快拼装速度。构件之间的连接形式多种多样，但是都应满足受力要求，如螺栓的抗拉、抗剪承载力及孔壁的强度等是否满足要求，此处的验算参考钢结构设计规范的验算方法。对于不满足规范要求的节点进行重新调整和设计。螺栓的强度尽可能高，这样验算螺栓强度时基本都可以满足要求。构件间的连接最好只用一个螺栓，为此可采用榫卯与螺栓共同使用的方法，既可以减少螺栓的使用，也可以满足刚性节点的连接要求。在比赛中大多数的队伍都采用榫卯的连接方法。

3）钢桥模型的制作过程

要将钢桥从设计到变成实物结构，还需要预先完成施工图纸，以方便施工制作。构件预制的施工图需要包含：每个构件的尺寸图，构件的大小长短、开孔的位置和大小等具体的信息，以及材料多少和螺栓螺母数量等。施工图采用 CAD 软件绘制，这样可以准确表达构件的尺寸和截面信息等，并且统计好各个构件、端板、螺栓数量。

钢桥预制构件的制作需要切割以及焊接等，此工作一般交由专门的加工厂完成即可，也可以在保证安全的前提下自己加工完成。

根据各种材料的用量采购钢管、钢筋等（图 6-64 和图 6-65），联系厂家制作节点端板等。

根据施工图的尺寸切割好所有的杆件，并且将切割口的毛边打磨掉。将切割好的钢材分类放置，并且编号做好标记。

图 6-64　方管钢材

图 6-65　圆管钢材和钢片

待杆件切割和端板制作完成后，将构件运至加工店，进行构件与端板的焊接和桁架中杆件之间的焊接。

待所有构件焊接完成，预制的构件也就基本完成了，如图 6-66 所示。接下来的任务便是钢桥的拼装。

选择合适的场地，将预制好的构件使用螺栓拼接起来，检验各个构件尺寸是否符合要求，节点的连接性能是否可靠。等没有问题后，按照赛题布置好场地，然后按规则练习钢桥的施工拼装。图 6-67 和图 6-68 是在场地中放置的螺栓和构件，放置按照一定的顺序和类别，方便快速拿取和安装。图 6-69 为拼装完成的钢桥。

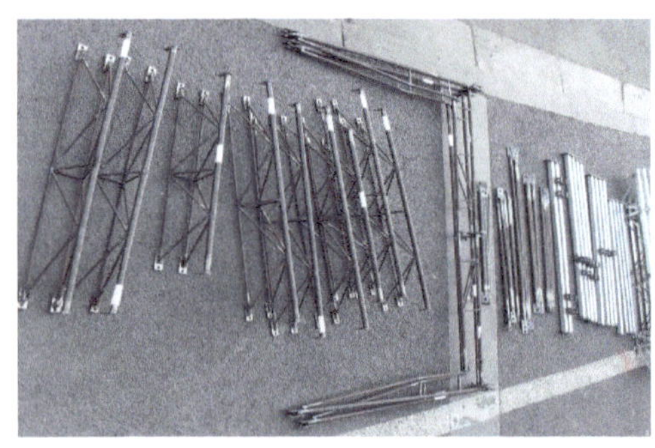

图 6-66　焊接完成的构件

图 6-67　螺栓螺母分类摆放

图 6-68　构件摆放

图 6-69　钢桥整体

6.3 岩土类竞赛从构思到实践

土木类大学生岩土设计竞赛作为土木工程专业竞赛之一，其本质是让参赛者以自身的专业知识为基础，根据竞赛规则和评分标准进行设计并运用规定的材料和工具制作出尺寸、重量和承载性能满足要求并且挠度、变形和位移在规定范围之内的岩土模型。岩土竞赛的赛题设计与实际工程密切相关，赛事设置以模型制作为主体，辅以设计书撰写、现场答辩等环节，旨在考察参赛者对以土力学为主，高等数学、理论力学、材料力学、结构力学、基础工程等多门学科为辅的岩土工程专业知识体系的掌握程度以及理论联系实际的能力，培养参赛者的逻辑思维和创新意识，锻炼参赛者的计算能力和实践能力，提升参赛者的综合素质。同时，岩土竞赛的举办也对促进国内外高校间的友好交流与合作起到了十分积极的作用。

岩土竞赛着重考察参赛者对土力学基本概念和基本原理的理解以及将岩土工程专业知识运用于模型设计和制作的能力，对参赛者在力学知识储备以及灵活运用方面提出了较高的要求，如进行模型整体稳定性验算、局部构件的内力计算、节点强度的校核等。对于一些简单的构造及接触方式，参赛者可以通过受力分析并运用相关公式进行计算，但对于一些复杂问题，如超静定结构的内力计算、整体模型在荷载下的变形等，必须使用诸如ANSYS、ABAQUS、PLAXIS 等一些专业数值模拟软件才能得到相关解答。因此，岩土竞赛的参赛者以高年级本科生和研究生为主，并且要求参赛者具有较为完善的力学知识体系和较强的专业技能。岩土竞赛作为一项专业理论与实际操作相结合的学科竞赛，模型设计、制作、加载以及设计书撰写、现场答辩等众多环节不仅让参赛者对相关专业知识理解得更加深入与透彻，而且使参赛者的专业技能和实践能力得到锻炼与提升。

相比于结构设计竞赛，岩土设计竞赛在国内起步较晚，且在数量、规模以及举办频次等方面落后于结构设计竞赛，近年来国内外举办的岩土竞赛主要以挡土墙或桩基设计为考察载体（前者更多）。本节主要结合 2015 年第一届全国大学生岩土工程竞赛（简称全国赛）和 2016 年美国大学生土木工程竞赛太平洋赛区土力学竞赛（简称美国赛）的赛题设计和参赛经历，从理论分析、制作工艺和设计书撰写三个方面对岩土竞赛进行系统介绍，并选取一些经典作品进行赏析，叙述内容虽以挡土墙为主，但一些设计思想和制作工艺等对今后参加其他类型岩土竞赛的参赛者亦具有一定参考价值。

6.3.1 岩土类相关竞赛的理论分析

理论作为以往经验的总结与升华，对实践具有指导作用。在岩土竞赛中，理论分析可为模型制作提供总体思路与理论基础，是改善模型性能、缩短制作时间、提高比赛竞争力的关键。

1. 准备阶段

理论分析的前提是“仔细阅读竞赛手册，明确赛题要求与评分规则”。竞赛指导手册一般包含了模型尺寸、竞赛时间、测试方法以及赋分标准等关键信息，是整个竞赛的纲领性文件，如同实际工程中的规范一样，必须仔细研究，严格遵守。

对于模型尺寸，一方面，竞赛模型制作不同于实际工程，由于模型本身的体积较小，而且比赛现场对模型尺寸的检验非常严格，通常达到毫米级别的精度，所以模型的设计和制作应力求精细，避免因尺寸的微小违规影响竞赛成绩。另一方面，模型某些方向的尺寸在满足竞赛要求的基础上还应根据实际需要进行微调，以满足受力需求。例如，在 2015 年全国赛中，要求在模型槽中用硬卡纸建造一面挡土墙，挡土墙的长宽高都有相应的规定，实际制作时，挡土墙的宽和高都设置为竞赛规定尺寸，但是挡土墙长度则要略微大于规定尺寸，这是因为当挡土墙长度略大于模型槽内壁距离时，挡土墙两侧与模型槽内壁之间的压力会增大，从而增大模型槽施加给挡土墙的摩擦力，提高模型稳定性。理论上正压力越大，摩擦力越大，但是挡土墙长度调整得过大会造成整个模型难以放进模型槽，强制放进去也会造成模型变形，影响模型性能的发挥。

对于竞赛时间，首先要做到对竞赛规定时间的明确，深究其中的含义，确保对赛题的理解不产生任何歧义。例如，在 2015 年全国赛中，对于竞赛时间有“60 分钟时间内完成挡土墙的制作，超过 60 分钟将被扣分”这一规定，表面看是 60 分钟内制作好挡土墙模型，但仔细研究赛题会发现，这里“挡土墙的制作”不仅包括模型制作，而且包括墙后填砂，是整个挡土墙构筑物的搭建。此外，竞赛手册中没有对墙后填砂做出另外的规定，说明这里的“60 分钟”包括纸质挡土墙模型的制作时间和墙后填砂压实的时间。此外，在平时的训练中要根据总时间进行每个步骤的时间分配，团队成员需分工明确并进行多次演练，确保实际制作时不会产生超时现象。

对于测试方法，岩土竞赛对结构性能判断主要是基于模型的承载力以及在一定级别承载力下模型的挠度、变形和位移。在承载力测试方面，由于平时练习的条件、环境等与比赛现场不一定完全相同，为了应对可能出现的不利因素，模型需拥有一定的承载力储备，但需要控制好余量储备程度，余量储备过小即安全系数过小可能会造成加载阶段模型变形过大甚至失效，余量储备过大即安全系数过大则会造成模型竞争力不足，难以取得优异的比赛成绩。在模型变形和位移的测试方面，需严格按照竞赛规定的测试方法，在竞赛手册中未给出具体方法时，可以考虑自行设计测试方法和制作测试工具。测试工具一方面要求测试精度满足竞赛要求，另一方面要求不对模型制作和加载产生影响，如图 6-70 所示，为用高精度百分表测量加载过程中挡土墙面板的变形。

图 6-70 模型变形测量

对于赋分标准，岩土竞赛主要的评分项一般为竞赛设计书、模型制作时间、模型加载表现以及违规情况。其中，与结构竞赛相似，模型加载表现得分占比较大，主要评分项有承载力、挠度、位移和变形，不同的加载阶段有不同的分值，挠度、位移和变形通常不作为得分项，但当其超出相应荷载下的限值时，会造成整个模型加载失败。因为不同的竞赛项目拥有不同的得分占比，所以这里涉及竞赛策略的问题，即为了确保拿到较大的分值而有计划地牺牲掉一些小分值。例如，在 2016 年美国赛中，浙江大学代表队牺牲了荷载施加时间这部分的分值而最大程度上消除动荷载对模型的影响，同济大学代表队则在填砂阶段将砂完全充满模型槽从而造成了一个小违规情况但却增加了砂土重力，保证了加筋条性能的充分发挥。

对竞赛手册的阅读，对赛题的研究是整个竞赛的基础和前提，若对赛题理解产生偏差，则会对整个竞赛产生严重影响，在经过研究和讨论后，若对赛题还是有理解模糊的地方，应积极咨询竞赛主办方并确保获得明确答复，防止因对竞赛规则把握不好而造成违规现象。

2. 分析阶段

理论分析的过程就是模型设计的过程，是岩土模型成型过程中最复杂、最具有创造性的一环，主要包括“概念设计—精确设计—优化设计”三个阶段。

1）概念设计

概念设计是指不经过理论推导和数值计算，只根据不同结构体系间的相互作用关系、材料性能、建造技术和实践经验等从宏观的角度设计模型的整体形式、布置方式与局部构件。概念设计为精确设计和优化设计提供了计算和优化的方向。在岩土竞赛中，概念设计一般分为三个步骤：确定结构形式、调整模型布置、设计局部构件。

确定结构形式简称“选型”，是针对赛题设置提出一个概念性的总体方案，对所要制作的模型进行宏观控制。岩土竞赛的赛题设计与实际工程密切相关，科学合理的结构选型也应从实际工程中寻找设计思路。结构选型时要着重比较竞赛结构与实体结构在建造空间、建造条件、力学原理等方面的异同，在此基础上结合相关理论知识并综合考虑材料性能和结构性能的发挥，最终确定模型的基本类型。例如，当建造宽度受限时，加筋式挡土墙就不宜作为模型设计类型，因为加筋式挡土墙的加筋条只有穿越滑裂区并保证足够的有效长度才能发挥作用。当墙面制作材料为软纸时，倾斜式挡土墙就不宜作为设计类型，因为不管是仰斜式还是俯斜式挡土墙，其面板都要求有一定的刚度。当模型槽表面或者纸质材料表面较光滑时，对于重力式挡土墙应该慎重选择，因为重力式挡土墙的作用原理是依靠自身重力维持墙后土体的稳定，在模型中主要依靠外部约束给予的摩擦力维持墙体的稳定。值得注意的是，模型选型虽然来源于实际，但由于竞赛模型不要求具备实用功能，所以只要受力合理，竞赛模型的选择不必局限于实际构筑物，图 6-71 和图 6-72 分别为波浪形挡土墙模型和双拱形挡土墙模型，这两种挡土墙模型都是实际工程中没有的类型，但都满足竞赛要求，且在实际加载中取得了良好成绩，因而都是受力合理的挡土墙类型。

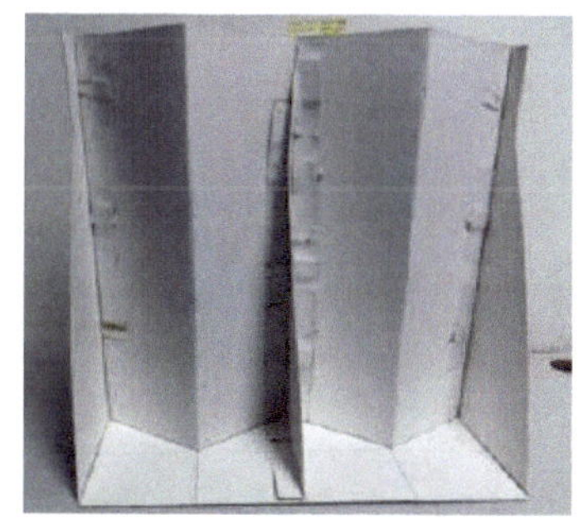

图 6-71　波浪形挡土墙模型

图 6-72　双拱形挡土墙模型

调整模型布置是指根据模型整体受力需要，针对初步确定的结构做进一步的调整。一方面，由于竞赛模型在建造材料、建造环境、建造工艺等方面与实际工程的差异性，实际工程中的结构类型不能直接照搬到模型制作中；另一方面，竞赛规则也会对模型的尺寸、位置、外观等方面做出明确规定。加载型竞赛中，在满足竞赛要求的基础上，对模型布置所做的调整一定是基于受力的需要，以更好地发挥结构和材料性能为目的。例如，由于仰斜式挡土墙的面板所受土压力较小，所以为了防止面板上部变形较大甚至形成倾覆破坏，可以将挡土墙整体倾斜一定角度，如图 6-73 所示。

在重力式挡土墙的设计中，因为面板强度有限，当箱体中装满砂时会造成面板的变形甚至整个挡土墙的破坏，因此可用筋条将前后面板相连，使实际工程中的重力式挡土墙成为如图 6-74 所示的加筋式重力挡土墙。岩土竞赛对于实际工程的参考着重于对其受力机理的理解和运用，而不是在外观造型上的机械模拟。

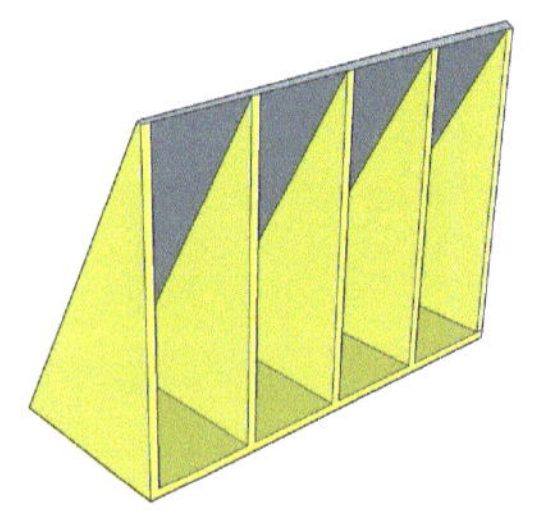

图 6-73　仰斜式扶壁挡土墙概念图

图 6-74　加筋式重力挡土墙模型

局部构件的设计一方面是出于受力需要，针对潜在的薄弱截面和复杂节点进行加固，以避免或缓解应力集中现象；另一方面是出于构造需要，根据竞赛的具体要求和评分规则进行相应的构件制作，防止出现违规情况。其中，出于受力需要的设计是局部构件设计的主体，受力构件的设计一方面要注意构件自身的强度，另一方面要关注构件与加固区的连接强度，此外，还应考虑制作的难易程度和制作时间。例如，通常情况下由于挡土墙的面板在填料压实和加载过程中会发生隆起或大变形，这就需要在面板上增加构件，增强面板刚度，如图 6-75 中的扶壁和竖肋。岩土竞赛中常用的填充料为细砂，进行模型安装和填充料压实时经常会造成填充料的泄漏，这也是竞赛中的评分项之一，所以模型设计时在满足受力需要的前提下，还需采取相应的构造措施防止漏砂，如图 6-76 中挡墙两侧的翼板。

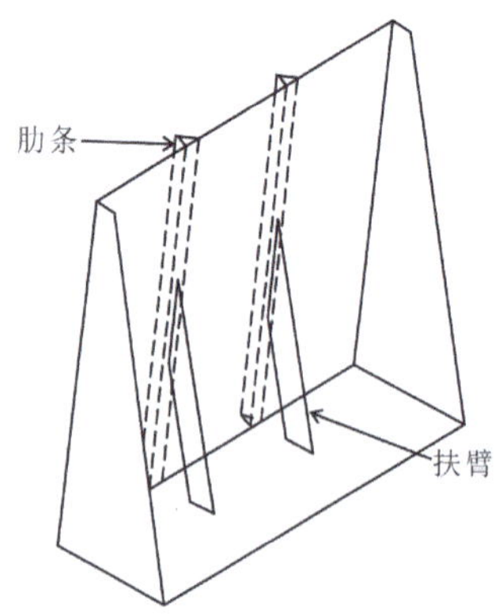

图 6-75　肋条和扶壁加固示意图

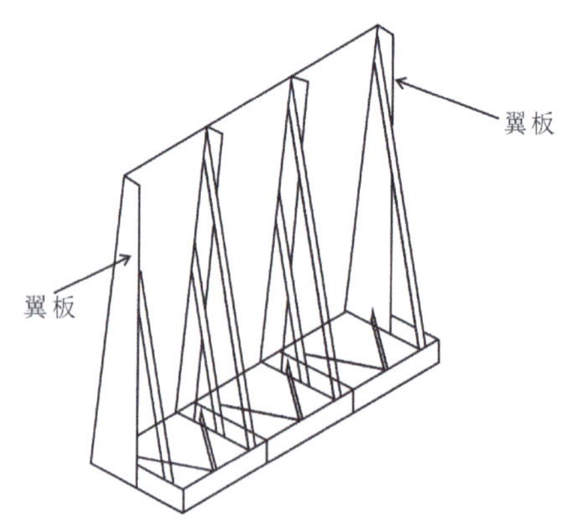

图 6-76　两侧翼板防漏砂

2）精确设计

精确设计是指通过理论计算和数值模拟等方法确定模型布置的具体方式以及构件的位置、形状、数量、尺寸等。精确设计之前应设计试验获取相应材料的基本物理力学参数，方便计算和模拟的顺利开展。精确设计一方面通过计算和模拟对模型布置方式和构件物理特征进行量化，另一方面也对量化后的模型进行稳定性和强度方面的验算，包括整体受力验算、构件强度验算和节点强度验算。

精确设计之前应先测定相应的材料参数，以方便后面的计算和模拟。常见土工材料的参数测定可使用土工仪器和基本土工试验，如图 6-77 所示，为利用直剪试验测定填砂的摩擦角。竞赛材料的基本参数测定可使用土工试验仪器，如图 6-78 所示，为利用土工拉力机测定牛皮纸的抗拉强度。一些其他参数的测定需要自己设计相应的试验，如图 6-79 和图 6-80 所示，分别为填砂与牛皮纸摩擦系数测定和海报纸与模型槽摩擦系数测定。

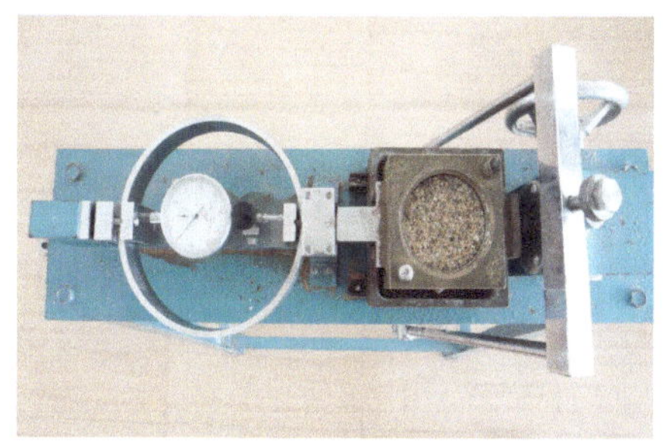

图 6-77　填砂摩擦角测定

图 6-78　牛皮纸抗拉强度测定

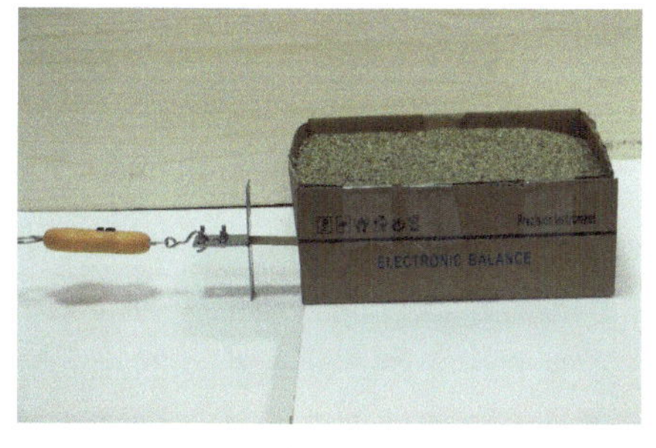

图 6-79　填砂与牛皮纸摩擦系数测定

图 6-80　海报纸与模型槽摩擦系数测定

整体受力验算一方面是为了防止模型在荷载作用下位移和变形超过规定数值，另一方面是为了防止模型发生整体破坏。在岩土竞赛中，整体破坏包括滑移、倾覆、塌陷等，这些破坏是模型的外部约束小于施加荷载所致，往往不会造成构件的失效和节点的破坏。整体受力验算通常采用数值模拟的方法，选取适当的参数建立数值模型，根据最终的应力、应变和位移云图判断模型的整体受力情况，图 6-81 为用 ABAQUS 模拟的土体与挡土墙数值模型，图 6-82 为用 ANSYS 模拟的扶壁式挡墙模型的位移云图。

构件强度验算是为了防止模型发生局部破坏。竞赛中出于提高竞技水平的考虑，会充分利用构件及材料的物理力学性能，构件的安全系数通常设置得较低，模型的安全储备较小，局部构件的破坏会使整体模型产生薄弱截面，应力重新分配，部分构件的受力超过其承载力极限，从而发生破坏。此外，对于静载模型，局部构件在加载状态下发生破坏会对整个模型产生扰动，使模型受到动荷载的冲击，由于模型是根据等效静荷载进行设计和制作的，动荷载会使整个模型发生脆性破坏。通常情况下，静定结构的构件内力通过正常的理论计算就能得出，而超静定结构的构件内力则需要借助一些专业软件才能求解。

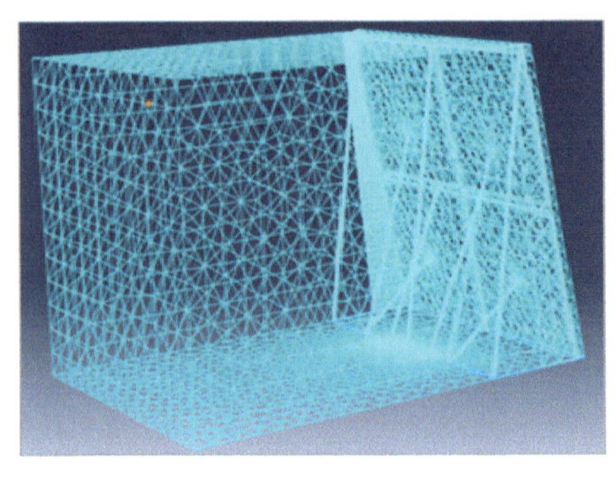

图 6-81　土体与挡土墙数值模型

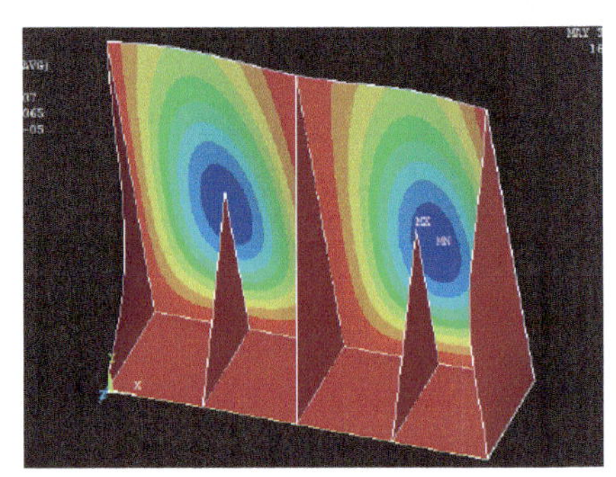

图 6-82　扶壁式挡土墙位移云图

进行节点强度验算是因为节点处会产生应力集中现象，是模型中最易发生破坏的地方。节点的破坏会使其连接的构件失效，从而失去对模型整体的支撑作用，导致模型的崩塌。模型中的节点强度一方面受设计方案影响，另一方面与所用的粘接材料和制作工艺相关。设计时节点处构件过于集中、操作时粘接材料分布不均匀等都会造成加载时节点的破坏。实际计算中，由于节点的强度受很多因素的影响，通常很难精确计算，一般通过制作经验进行加固。

3）优化设计

优化设计是指根据模型的实际加载表现对结构、构件和节点进行有针对性的调整和处理。理论计算和数值模拟由于参数选取的误差以及公式本身的局限性等因素，其结果与实际情况并不完全吻合，模型的实际性能要靠加载进行检验。模型加载时可以通过“一听二测三查看”的方法对模型的加载表现进行评价与判断。荷载施加时，同一体系和不同体系间由于相互作用会发出声响，通过声响的特征可以判断模型与其他体系间相互作用的程度和作用力的大小。模型在荷载作用下会发生挠度、变形和位移，通过相应的工具和方法进行测量，对照竞赛加载的具体要求，判断其与竞赛要求的契合度。在模型加载结束后，将模型小心取出，观察受载后的模型是否存在构件扭曲、节点损坏等现象，对其安全系数做出客观评价。优化设计的最终目的是保证模型在满足承载力、挠度、变形和位移要求的基础上充分发挥材料性能，减少材料用量，提高模型竞争力。

在对岩土模型进行理论分析的过程中，概念设计以实际工程为参考，结合赛题要求和自身专业素养，为整个模型的设计和制作构建主要框架，奠定基本方向。精确设计通过理论计算和数值模拟的手段确定结构和构件的基本物理和力学参数，对整体结构进行量化，并对结构、构件和节点进行稳定性和强度等方面的验算，确保模型在理论上的可行性。优化设计以模型的实际加载表现为参考，通过观察和量测模型在规定荷载作用下的挠度、变形和位移，对结构、构件和节点进行有针对性的调整和优化，最终得到所选结构类型的最优设计。模型设计是一个“设计-制作-检验-优化”的循环过程，整个过程呈现螺旋式上升的趋势，根据模型加载表现进行有针对性的改进是模型优化的核心。

6.3.2 制作工艺

模型制作以理论分析为指导，结合具体的赛题要求，将所构思的结构以实体模型呈现出来。科学、精细的制作工艺是模型质量的重要保证，模型制作的主要流程为“材料加工—构件制作—结构成型—模型加载”，优良的制作工艺应满足“安全、合理、精细、高效”的要求。

材料加工时，第一要进行原材料的遴选，尽量选用质地均匀、力学性能离散性较小的材料进行加工；第二要选用适宜的加工工具并正确使用，保证制作的安全；第三要根据材料特性进行有针对性的加工，以充分发挥材料性能；第四，加工过程中要注意团队间分工与合作，提高制作效率；第五，材料的加工要严格按照设计的尺寸进行规范化加工，以更好地实现设计意图。

构件制作是指将加工好的材料组装成模型所需要的构件。构件制作时一方面要注意原材料的材料特性，如纸的光滑面与粗糙面、竹片的纹理方向等，并根据构件的受力需要对原材料进行折叠、弯曲等操作，以利用材料特性增强构件性能；另一方面要关注构件连接处的强度，使构件在荷载作用下能保持物理形状，避免发生较大的变形甚至在连接处发生开裂等，以更好地发挥构件的加固与支撑作用。

结构成型是指制作主体结构并将构件与主体结构进行拼装与粘接。结构成型时一要注意构件的放置方式，根据构件的突出性能决定其受力类型，方便构件性能的发挥；二要注意节点的连接质量，由于节点处存在应力集中现象，在荷载作用下容易发生破坏，因此节点连接的可靠性影响着局部构件的稳定性，进而影响整体结构性能。

模型加载主要注意两个方面：一是加载过程中要做好必要的防护措施，防止加载过程中出现意外，对参赛者造成伤害；二是注意优化荷载施加的工艺，特别是在静载施加中要防止出现过大的动荷载，因为模型的承载力以及挠度、变形和位移的控制都是以静荷载为设计依据的，动荷载不仅使目标荷载增大，可能超出模型承载力，而且会造成模型的扰动，影响模型稳定性。

安全是模型制作的首要目标和基本条件，不仅保证了模型的顺利制作，也是对参赛者人身安全的一种保护。制作过程中的安全隐患主要源于一些不安全的工具使用和操作步骤以及荷载施加过程。为了消除安全隐患，一方面，对危险的制作工具和操作步骤进行替换，如在进行纸张裁剪时用裁纸刀代替美工刀，从制作的源头上消除安全隐患；另一方面，在进行模型制作时做好相关的人身安全保护措施，如进行加载时佩戴手套和安全帽等，防止意外的发生。

合理是指在制作过程中能够依据材料特性进行裁剪、粘接和组装，以充分发挥材料的突出性能。合理制作的前提是对所用材料的力学特性非常了解，如纸筋耐拉、胶水（带）耐剪、混凝土耐压、木材横纹耐压、竖纹耐弯等，在结构制作中要注意转变构件的受力方式，使材料的突出性能得到充分发挥。加载性竞赛的本质与核心就是追求承受单位荷载的最省用料，合理化的制作是其重要的一个方面。

精细是出于更好地实现设计意图的考虑，包括原材料的裁剪与切割、构件的制作与组装、节点的连接与加固等。手工制作的误差难以避免，但可以通过精细的制作工艺尽量减少。精细化的制作工艺一方面可以保证模型的制作质量，提高模型性能，另一方面也可以检验设计的可行性，即在正常的制作误差范围内，此种设计能否满足竞赛的赛题要求。

高效是出于竞赛制作时间的考虑。竞赛制作时间作为评价竞赛水平的一个重要指标，对最终的竞赛成绩具有重要影响。高效首先体现在参赛者的动手能力上，即操作的快慢；其次体现在团队合作方面，良好的团队默契和科学的团队分工能很大程度上提高制作效率；再者，一些其他方面也影响着模型制作的效率，如模型本身的复杂程度、制作工具的选用等。

在具体的制作方面，从材料的选择、材料的加工、粘接剂的使用、填充料的压实到荷载的施加等诸多方面都有其注意点和关键的施工工艺。

1. 材料选择

一方面，平时练习中材料选择的基本原则是选用竞赛规定的标准材料，这样可以充分了解材料性质，对制成模型的力学性能做出准确的评估并能根据加载情况进行有针对性的改进；另一方面，在比较结构性能选择结构类型阶段，对于比较昂贵的原材料，可选择近似材料进行代替，因为在选型阶段只涉及模型结构的相对性能好坏，不涉及绝对指标，因此只要使用同一种材料便能判断不同结构之间的性能，并非标准材料不可。这在不影响竞赛结果的前提下能在很大程度上降低竞赛成本，在确定结构形式进行后期加载改进阶段再使用指导手册中规定的标准材料。例如，在美国赛中，挡土墙制作使用的是美国当地的海报纸和牛皮纸，原料的购买和运输不仅昂贵而且费时，因此，在竞赛初期可以先用国内的相似材料进行结构类型的设计和制作，在节省成本的同时也很好地利用了材料运输的时间差。此外，对于一些可重复使用的竞赛材料，建议一开始就按照竞赛标准进行购买或者制作，“磨刀不误砍柴工”，这些材料的标准化对制作后期的模型评估尤其是优化改进非常有利，而相似材料的替代则会对模型造成明显影响，如全国赛中的钢化玻璃模型槽及美国赛中一定粒径的黄砂填充料，前者影响挡土墙的受力和整体稳定性，后者影响一定击实功下填料的密实度，进而影响加筋条性能的发挥。具体的制作方面，对材料加工时应避免选择有局部受潮、暗斑、颜色深浅不一等缺陷的材料，这些有缺陷的材料在加载时很可能会成为模型的薄弱截面，影响加载效果。

2. 材料加工

一方面是加工方法的选择，如对于岩土竞赛常用的纸质材料，常用的裁剪工具有三种，即美工刀裁剪、剪刀裁剪和裁纸刀裁剪，如图 6-83 所示。

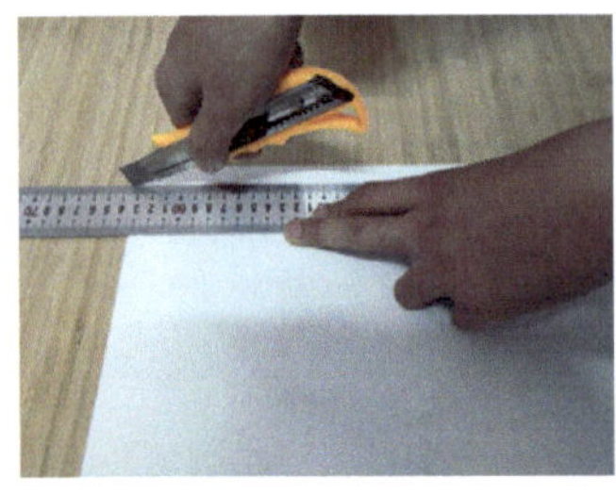

(a) 美工刀剪裁

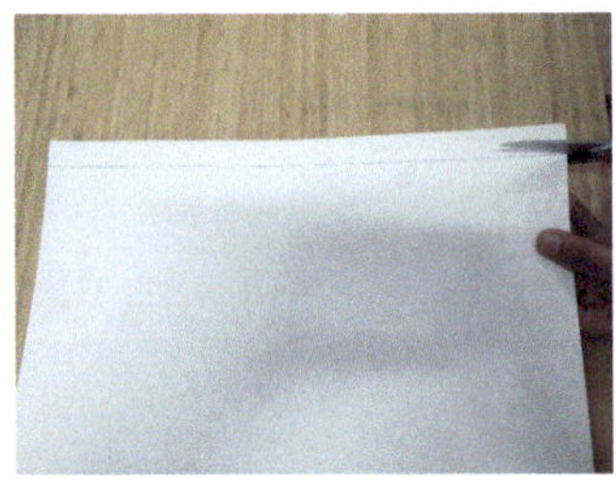

(b) 剪刀剪裁

(c) 裁纸刀剪裁

图 6-83　纸质材料裁剪

这三种裁剪方式各有优缺点：美工刀裁剪速度快、精度高、范围大，并且非常适合扣洞、开槽等细致的操作，但是在使用过程中非常危险，刀片的断裂、刀刃的瞬间偏移等经常对制作者造成伤害。在使用美工刀时，应注意尽量缩短刀片的伸出长度并且放慢裁剪的速度，在条件允许的情况下要佩戴手套、防护镜等保护措施。剪刀是一种比较安全的工具，其优势在于裁剪形状不规则的小尺寸构件非常便捷，在一般的构件裁剪中，其速度慢、精度较高，但在裁剪长度过大时不是很方便，并且裁剪切口不如美工刀平整。裁纸刀作为专业裁纸工具，是三种方法中安全性最高的，裁剪范围视裁纸刀的规格而定，其裁减速度较快，在事先的对齐工作做到位的情况下裁剪精度能够满足竞赛的要求。

值得注意的是，在一些强调安全的岩土竞赛中，一些开刃的刀具（如美工刀）是禁止使用的，因此参赛者如果在工具选用方面有不明确的地方，应积极向竞赛组委会进行咨询，防止因使用违规工具影响竞赛结果。

另一方面是加工工艺的选择，这与原材料的性质及制作者的实践经验有关。对于竹材、木材等有明显纹理的材料，加工时应注意其纹理方向，避免其在纹理方向受压受剪等；对于纸张等均质材料，由于其物理性质在横纵方向相同，所以裁剪时对方向一般没有要求，但对于一些软纸材料，由于其在包装时有一定的物理形状，因此裁剪时的形状仍需注意。如图 6-84 所示的牛皮纸，当沿牛皮纸卷曲方向剪裁时，纸筋会有一定程度的卷曲，且纸筋长度越长，卷曲程度越大，这会对后面的制作产生不利影响，而沿垂直于纸筋方向裁剪的纸筋则不会发生卷曲现象。

(a) 沿卷曲方向裁剪的纸筋

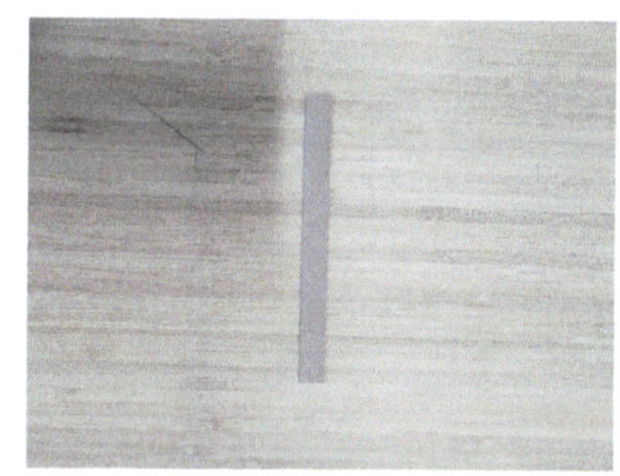

(b) 沿垂直卷曲方向裁剪的纸筋

图 6-84　牛皮纸纸筋的裁剪

3. 粘接剂使用

粘接剂关系着构件的连接质量和节点强度，对模型能否充分发挥性能至关重要。在岩土竞赛中，常用的粘接剂有 502、AB 胶、双面胶和透明胶带。502 为液体快干胶，具有强腐蚀性，在使用时要防止倾倒和挥洒。AB 胶为液体慢干胶，粘贴构件时需要挤压一段时间，待胶水充分干涸后方可进行下一步制作。对于液体胶的使用，要避免“胶量越大，粘力越大”的误区，胶水与胶水之间的粘力很小，用胶时只需在待粘贴区域均匀地涂上薄薄一层即可，太多的胶水反而会影响粘贴效果。对于 502 胶水，使用前可以在其底部粘结一块硬纸板，防止其在使用过程中发生倾倒，在使用时不宜直接将胶水对准待粘贴区域挤出和倾倒，这样很容易造成胶水的溢出和粘贴面的不均匀，可用小木片进行蘸取涂抹。对于双面胶和透明胶带，使用时一是要注意胶带需铺设平整，避免起皱，二是在粘贴后需要对粘贴处进行挤压，排除胶带与构件间少量的空气，良好的粘贴效果应该能够清晰地呈现粘贴处的边界线条。

如图 6-85 所示，图(a)中胶带与卡纸充分接触，是理想的粘贴方式，图(b)中胶带与卡纸之间留有空隙，不利于胶带粘力的发挥。值得注意的是，无论是固体胶还是液体胶，其突出性能都是抗剪能力较强，抗拉能力较弱，因此在设计和制作时要特别注意构件的受力方式。

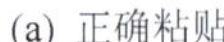

(a) 正确粘贴

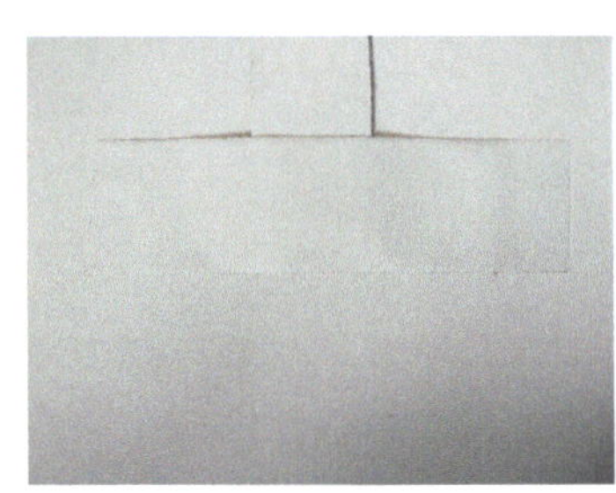

(b) 错误粘贴

图 6-85 固体胶粘贴示例

4. 填充料压实

为了便于制作和重复利用，岩土竞赛的填充料一般为一定粒径的砂。在其他条件相同的情况下，填充料的压实对模型性能的发挥至关重要。目前，在竞赛中对填充料的压实主要有三种方法。第一种是与实际工程类似的分层压实法，即根据竞赛情况将砂逐层铺设，逐层压实；第二种是振动密实法，即将砂全部装进模型槽后通过振动模型槽侧壁来带动砂的振动，使砂密实；第三种是荷载预压法，即将砂全部装进模型槽后通过在砂的顶部铺设垫板并在垫板上堆放荷载使砂密实。实践证明，这三种方法都能够使砂的密实度达到竞赛要求，竞赛时可以根据实际需要进行选择或者组合使用。在制作时为了压实效果和压实的便捷性，不同的压实方法通常配合使用不同的压实工具，压实工具在竞赛规则允许范围内可以进行自行选择和设计。例如，在使用分层压实法时制作如图 6-86(a)所示的压实工具，不仅制作方便、轻巧易用，而且可以根据需要设计不同的尺寸，用来压实边角的填砂。在使用振动密实法时常使用如图 6-86(b)所示的橡胶锤，橡胶锤敲击时的弹力波会扩大振动范围，增强振动效果。在使用荷载预压法时为方便起见经常是参赛者站在垫板上，并通过跳动施加动荷载。值得注意的是，压实方法的选择还与模型槽的材质有关，如在塑料、钢化玻璃等刚性材料制成的模型槽中，就不能使用振动密实法，在一般的组装木质模型槽中三种方法都可以使用。图 6-86 为三种填砂压实方法的实施例。

(a) 分层压实法

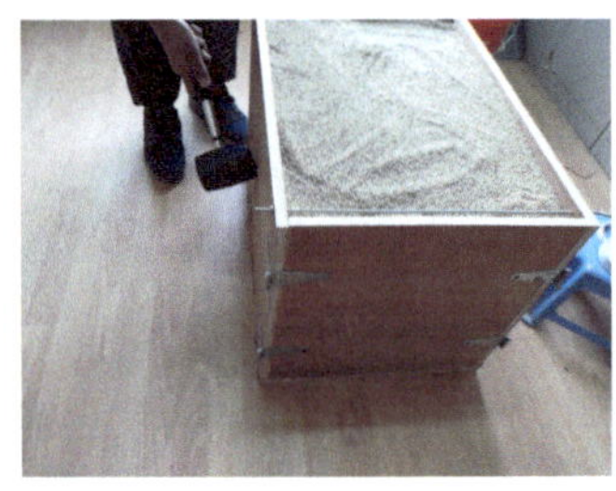

(b) 振动密实法

(c) 荷载预压法

图 6-86 三种填砂压实方法实例

5. 荷载施加

岩土竞赛中的荷载一般为静荷载，目前主要有两种施加荷载的方式，一种是通过质量已知的重物（一般为砝码）进行逐级加载，这种重物加载要做到“平”“慢”“稳”。“平”是指在重物下放过程中要注意重物间接触面的平行与对齐；“慢”是指对重物“轻拿轻放”，使重物的重量缓缓施加到模型上；“稳”是指在荷载施加时在竞赛允许范围内施加可能的临时支托，保持重物和模型的平稳。另一种是通过填料（一般为砂）进行荷载施加，这种荷载施加方式要注意减小填料下落的势能，即减缓速度，降低高度。图 6-87 为填料荷载施加的实施例，图 (a)采用纸质漏斗状的辅助工具能有效降低砂砾的下落高度，并且通过控制漏斗底端的松紧程度能有效控制砂的下落速度，图 (b)将填砂从参赛者的指缝间缓缓流入桶内，下落的砂砾通过两次“卸荷”，其下落高度和速度均得到了有效控制。两种荷载施加方式的共同点是消除荷载施加过程中对模型的扰动，即防止或者减少动荷载的出现。

(a)

(b)

图 6-87　填料荷载施加实施例

6. 制作实例

下面将结合 2015 年全国赛中河海大学参赛队的模型为例，对模型制作的流程、工艺、注意点等进行具体讲解。

1）材料使用说明

模型制作的核心是通过一定的结构形式充分发挥原材料性能，因此在制作之前需要充分了解所用材料的性能。本次全国赛采用的原材料为硬卡纸（目前岩土竞赛中原材料以纸质材料为主，硬卡纸是其中最常用的一种，以硬卡纸为例讲解模型制作工艺具有典型意义）。目前市面上常用的硬卡纸主要有三种类型：单面白卡纸、双面白卡纸和双面灰卡纸，单面白卡纸如图 6-88 所示，一面为白色光滑面，另一面为灰色粗糙面，相应地，双面白卡纸两面都为白色光滑面，双面灰卡纸两面都为灰色粗糙面。

单面白卡纸与另外两种硬卡纸的主要区别就是它是正反异性的，因此对其加工时需要注意其性质的差异。首先，单面白卡纸的白面较光滑，灰面较粗糙，因此当涉及摩擦力的问题时应根据实际情况选择卡纸与外部约束的接触面。在岩土竞赛中，模型与外部约束间的摩擦一般是有利摩擦，因此制作时应尽量使卡纸的灰面与其接触，增强模型整体稳定性。

其次，由于其正反两面的材质不同，在折叠时会产生不同的现象，如图 6-89 和图 6-90

所示，由灰面向白面折叠时，灰面折痕处的纸纤维受拉破坏严重，这会造成卡纸抗拉强度的降低；由白面向灰面折叠时，白面折痕处的纸纤维受拉破坏较少，对卡纸抗拉强度影响相对较小。再者，单面白卡纸的白面具有一定的防水功能，而灰面吸水。此外，白卡纸作为纸质材料，也有着一般纸质材料的共性，即各向同性和抗拉能力突出，前者决定了对其进行裁剪时可以不用考虑方向，这点与竹材、木材等有纹理的材料有明显区别，后者说明在设计时应使卡纸尽量受拉，以充分发挥其突出性能，在需要白卡纸承受压弯剪扭等作用力时，应根据需要将白卡纸制作成相应的构件，使其具有一定的空间形态，如制作成空心圆柱抗压、三棱柱抗弯等。卡纸的特殊性在于它本身具有一定的刚度，制成的模型具有固定的形态，在放置于模型槽中时应避免过分挤压致其变形，影响其性能的发挥。对于变形较大的部位，可以对卡纸进行加工使其成为具有一定空间形态的构件，作为类似加劲肋的构件对薄弱截面进行加固，增加模型刚度。

(a) 白色光滑面

(b) 灰色粗糙面

图 6-88　单面白卡纸

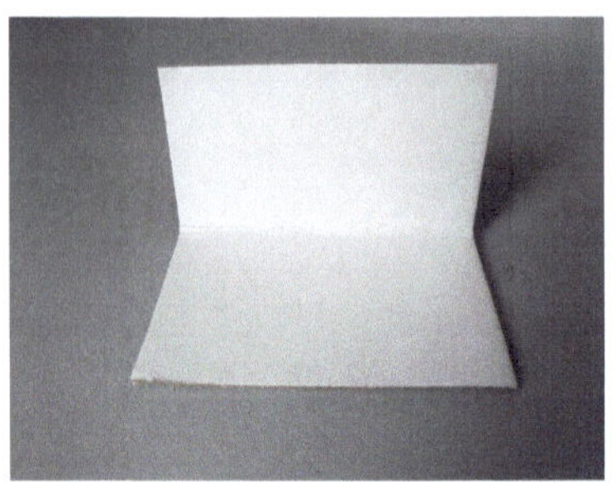

(a) 白面折痕

(b) 灰面折痕

图 6-89　由灰面向白面折叠

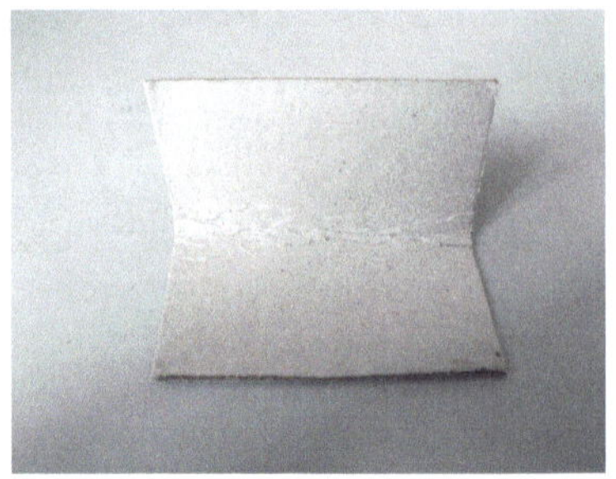

(a) 灰面折痕

(b) 白面折痕

图 6-90　由白面向灰面折叠

全国赛所用粘接材料为双面胶，一方面，其与卡纸白面的粘贴效果要好于同等条件下与灰面的粘贴效果，另一方面，胶带的突出性能是抗剪，因此在设计时要注意构件的连接方式。此外，在用双面胶进行构件间的单面粘贴时，可不将双面胶的保护层揭掉，一方面，双面胶的保护层质量较小，对整个模型的质量几乎没有影响，另一方面，若揭掉保护层，制作过程中模型会与外部物体粘贴，影响制作效率和进度。尤其是双面胶与墙后填充料的粘贴更会影响压实效果，影响结构性能。

2）纸质挡墙制作

首先，在制作之前需画出模型的示意图，明确主要构件的位置、数量、尺寸、粘接方式等，并在组内分配好制作任务。在制作前细致的准备工作有利于提高制作效率和质量，并能够明确制作目的，在制作过程中及时纠偏。在比赛现场也可以制作小的提示卡放在手边，标明关键数据，防止因紧张出现剪裁失误。图 6-91 为本次参赛模型的整体外观和构件尺寸示意图。

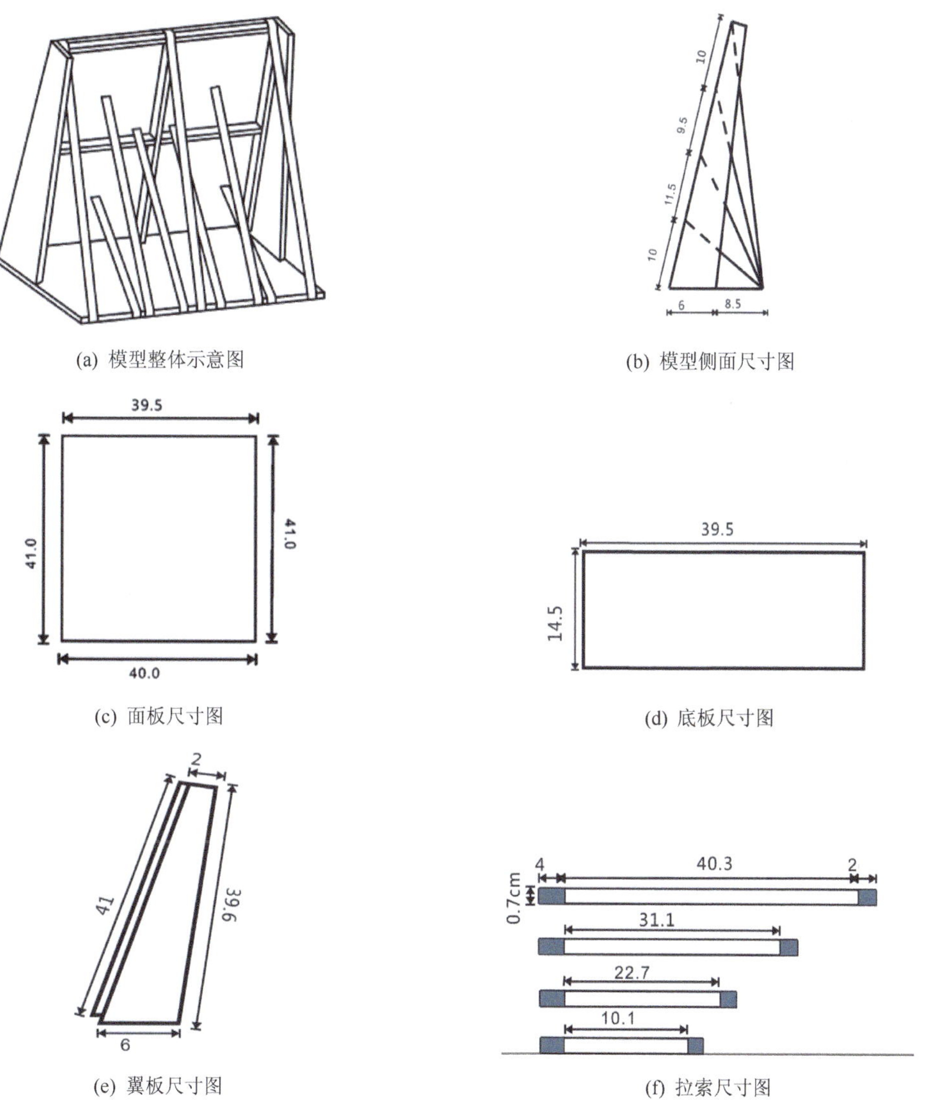

(a) 模型整体示意图

(b) 模型侧面尺寸图

(c) 面板尺寸图

(d) 底板尺寸图

(e) 翼板尺寸图

(f) 拉索尺寸图

图 6-91　模型外观和尺寸示意图（单位：cm）

其次，依据设计尺寸对卡纸进行剪裁和构件加工。此次作品主要的构件是肋条和翼板，在肋条的制作过程中应避免过度折叠，以防止卡纸分层开裂影响肋条强度，折叠时可借助钢尺固定折痕。在肋条制作完成后，应先在面板上划线定位，以实现肋条的精确粘贴。由于肋条本身刚度较大，而双面胶粘力较弱，因此需要进行加固，加固时保留双面胶的保护层防止填砂进入肋条与面板之间。此外，加固时胶带只能与卡纸相接触，胶带与胶带之间不可重合，因为双面胶的保护层较为光滑，与胶带之间粘力很小，很容易开裂使填砂进入，进而影响整个胶带的粘贴效果。肋条的制作和粘贴过程如图 6-92 所示。

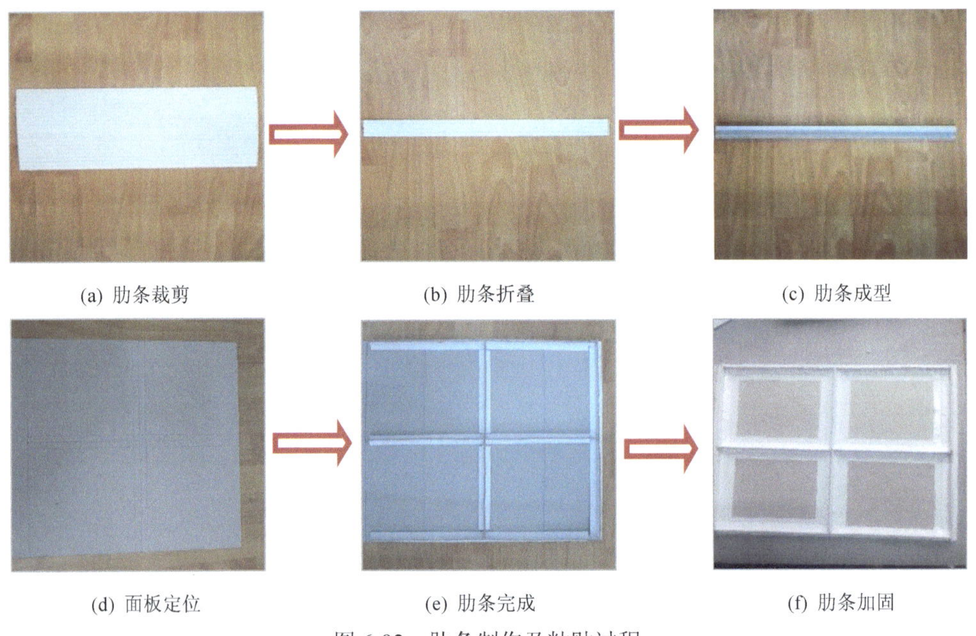

图 6-92 肋条制作及粘贴过程

在模型组装的过程中，主要存在的两个问题是模型倾斜度的控制和拉条的组装。模型倾斜度对模型的受力异常重要，倾斜度的存在使面板的土压力减小，使其变形减小，但过大的倾斜度会使底板土压力较小，从而减小模型与模型槽之间的摩擦，因此如何找到其临界值是关键。实际操作中，是通过 ABAQUS 对多种工况进行模拟得到一个理论最佳角度，再通过多次试验对其进行调整，得到其实际最佳角度。制作时通过翼板来控制倾斜角度，翼板本身具有一定刚度，又与面板与底板粘接，所以可以通过设置翼板的尺寸和粘贴宽度来控制面板倾斜度。拉索的松紧程度对模型的加载表现至关重要，拉索太松难以起到约束面板上部变形的作用，拉索太紧则会导致其与面板不能协调变形，难以充分发挥模型性能。实际安装时是将拉索的一端先行固定，然后将模型放置到模型槽中，用手模仿填料对其施加一定的力，使其呈现在受载状态下的变形，再固定拉索的另一端，类似于实际工程中的现场组装，这种组装方法虽然略微烦琐，但能最大程度地减少制作误差。组装好的挡土墙模型如图 6-93 所示。

值得一提的是，最终的方案是在经过多次试加载后根据模型的加载表现进行有针对性的改进之后确定的。这些改进措施有结构方面的改进，如图 6-94 所示的改进措施一，初期的模型在面板中部发生弯折破坏，原因是面板刚度不足，据此采取了采用加劲肋增强面板刚度的措施。

(a) 模型侧面图

(b) 模型后视图

图 6-93　组装好的挡土墙模型

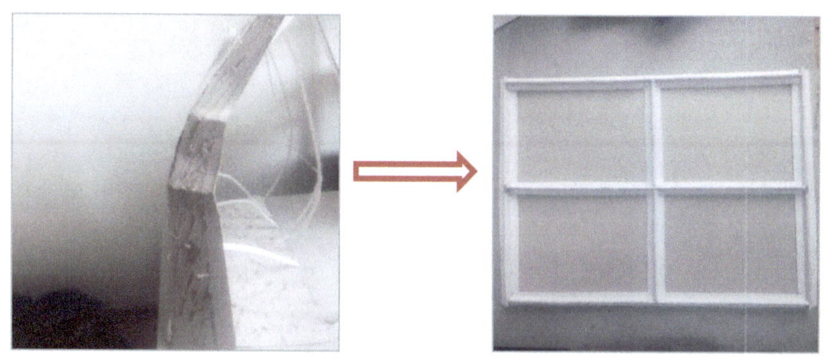

(a) 面板强度不足　　(b) 采用肋条加固

图 6-94　改进措施一

也有制作工艺方面的改进，如图 6-95 所示的改进措施二，节点处出现了脱胶，原因是这样的粘贴方式使胶带与卡纸的灰面相粘且使胶带受拉，改进的措施是通过在面板上挖孔使拉条穿过空洞与卡纸白面相粘并使胶带受剪。

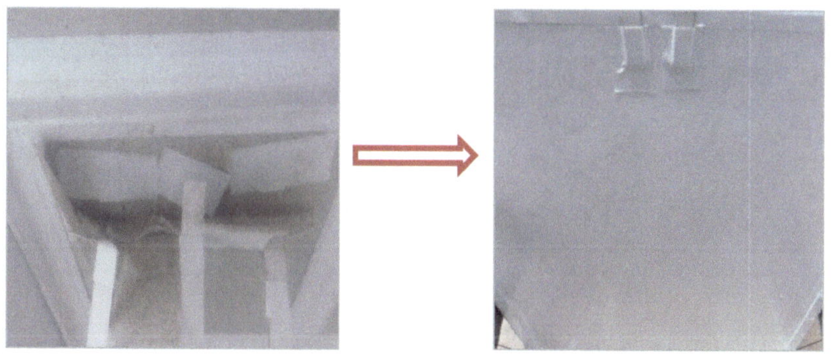

(a) 粘贴强度不足　　(b) 采用穿孔粘贴

图 6-95　改进措施二

还有出于整体受力方面的考虑，如图 6-96 所示的改进措施三，针对挡土墙模型出现的整体滑移破坏，除了调整面板倾斜角度外，还采取了多种措施增大挡土墙与模型槽之间的摩擦力，图(b)为对底板采取刮毛处理，增强挡墙底部摩擦，图(c)为刮毛翼板并设置了安全线，一方面起到增强两侧摩擦的作用；另一方面起到防止渗砂漏砂的作用，因为当砂砾进入卡纸与模型槽之间时，两者之间的滑动摩擦会变为滚动摩擦，使模型槽给予挡土墙的摩擦力减小，不利于挡土墙的稳定，因此翼板既为受力构件，又是构造措施。图(d)为在面板底部增加一根摩擦条，也是出于增大摩擦的考虑。

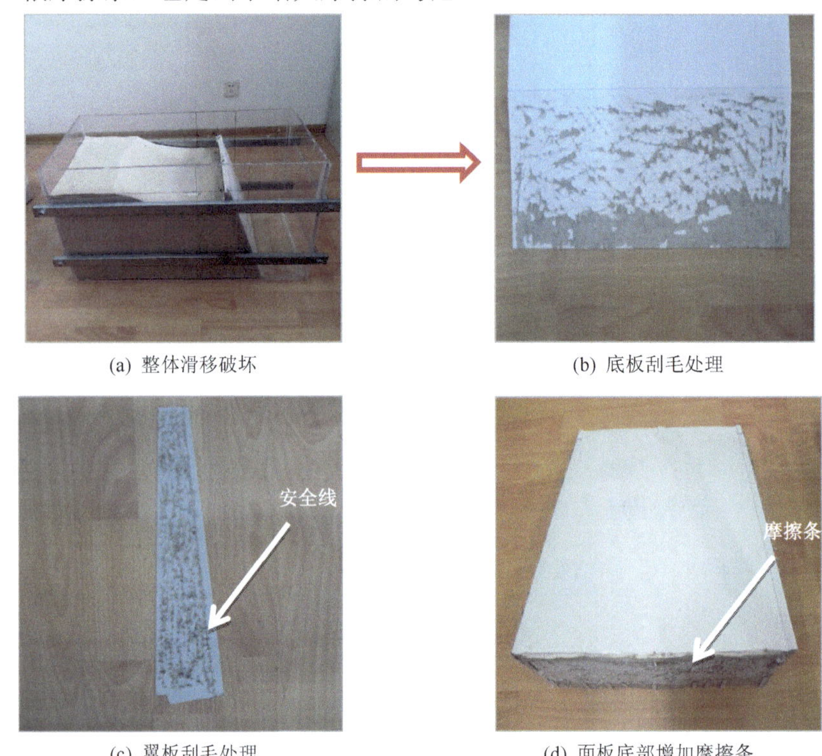

(a) 整体滑移破坏　(b) 底板刮毛处理

(c) 翼板刮毛处理　(d) 面板底部增加摩擦条

图 6-96　改进措施三

在经过多次改进优化后模型最终加载成功，如图 6-97 所示。

(a) 加载成功正面图

(b) 加载成功侧面图

图 6-97　挡土墙模型加载成功图

6.3.3　计算书撰写

计算书作为岩土竞赛的一个重要组成部分，它展示了模型构思、设计、制作及改进的全过程，是对整个竞赛准备过程的精炼浓缩和最终成果的系统展示。不同的岩土竞赛对计算书在内容和格式上有不同的要求，总体而言，基本撰写思路与结构竞赛类似，因此本节只简述一份优秀的岩土工程竞赛计算书应该达到的核心标准。

1. 理论科学

岩土竞赛中的计算书是针对最终模型进行撰写的设计说明书，具有很强的理论性与专业性。对于所要应用的原理或理论，要明确其应用对象和使用范围，并对比模型建造的相关条件，讨论此理论是否合适来分析这一问题，解决理论的适用性问题。此外，一些物理力学参数应进行试验测试，需要通过参考文献获取的要注意所选用文献的权威性，一些经验参数如折减系数的选取应在参考相关规范和标准的基础上，结合模型实际和制作目标综合考虑。

2. 内容完整

竞赛设计书作为一份总结性的文件，是对整个模型诞生过程精炼和系统的描述。内容完整一方面是指对竞赛涉及的内容进行全面的阐述，赛题分析、设计构思、参数获取、理论计算、制作工艺、加载步骤等内容都要在设计书中有所体现，让评委能够从设计书中对模型从构思到成型的整个过程有一个系统的了解；另一方面是指对每一部分叙述的内容要足够详细，一些关键流程和制作要点都要叙述清楚，实现模型制作的可重复性。

3. 逻辑清晰

竞赛设计书本质上是对竞赛思路的梳理、对备战过程的归纳、对理论计算的誊写等，因此整个设计书的写作思路和行文结构要与实际的操作过程一致，符合正常的思考逻辑。从赛题分析到设计构思到模型遴选，再到制作、加载、改进，不仅要明确各部分的作用，而且要将设计书的各部分内容进行合理有序的组合与排序，使设计书的各部分内容环环相扣，形成一个有机的整体。

4. 形式美观

首先是写作的规范，各类标题的设置、符号的使用以及字体的选择等都要符合正规文书的表达习惯和规定，没有明显的错误。其次是版面的工整，行间距、对齐、图片的大小以及表格的设置等都应符合标准，避免版面凌乱。再次是图表的精美，不论是拍摄的照片还是绘制的图表，都要清晰美观、表意明确、内容丰富，而且对每一个图表都要有相应的说明或描述。

5. 图文并茂

一方面，一些内容很难用文字描述清楚，单纯的文字表达也会使人觉得枯燥甚至困惑；另一方面，图片对于需要表达的内容更为直接和简单生动，能够更为简单地解释清楚所表达的意思。模型实物图、受力示意图、制作施工图等不仅让设计书版面更为美观，而且便于吸引评委的眼球，能让评委快速地了解到模型构造、施工过程、传力途径等关键信息。

6.3.4 经典案例

1. 2015 年第一届全国大学生岩土工程竞赛

1）赛题要求

在尺寸为 80cm×40cm×50 cm（长×宽×高）的有机玻璃模型槽（示意图如图 6-98(a)

所示）中建造挡土墙，挡土墙形式不限，在模型槽中，主办方将会用标线标注出挡土墙建造范围和填砂高度边界。加载方式为用砝码在距离临空面 17cm 处逐级堆载，示意图如图 6-98(b)所示。

2）材料和工具要求

（1）风干建筑砂，粒径为 0.2～1.0mm。

（2）1.0mm 厚的灰底白纸板（名称：灰底白纸板（单面白卡纸），规格：A2（420mm×594mm），厚度：1mm）。

（3）双面胶带（名称：得力 30403 双面胶 2.4cm×10y）。

（4）剪刀。

（5）填砂用的铲子、装料桶。

（6）轻型击实工具。

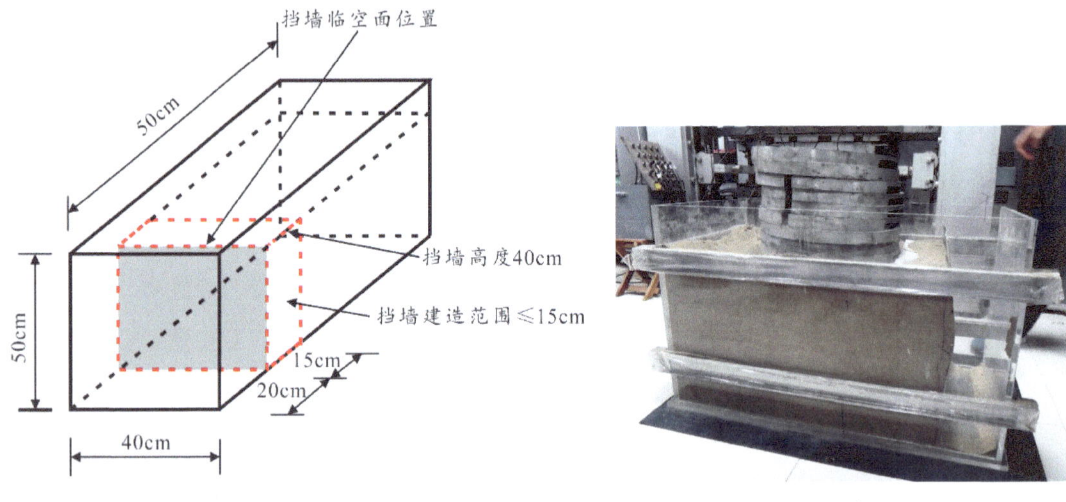

(a) 模型槽尺寸图　　(b) 加载示意图

图 6-98　第一届全国大学生岩土工程竞赛模型示意图

3）挡土墙建造要求

（1）自指令下达开始计时，参赛者需在 60 分钟时间内完成挡土墙的制作，超过 60 分钟将被扣分（见评分标准），超过 120 分钟将被取消资格。

（2）挡土墙两侧表面形式不限。

（3）仅在距临空面 15cm 范围内建造挡墙，即挡土墙结构建造厚度不能超过 15cm，如有超出则判定为不合格。

（4）砂土表面需平整，挡土墙尺寸应符合图 6.98 的要求。高度误差超过 1cm 被判定为不合格。在临空一侧变形超出 2cm 同样判定为不合格。

（5）不合格的挡墙要求重建，重建时间也被计入总的时间。

（6）挡土墙结构与模型箱侧壁和底部不能有任何黏合。

（7）建造过程中不得在挡土墙临空面一侧有任何临时或永久支撑，也不允许用手等进行扶持。

（8）不能给砂子加水。

（9）墙体发生变形、位移以后，不得人工扶正纠偏。

4）挡土墙测试方法

挡土墙和填砂完成并将临空面一侧散落的砂子清除干净后，可向评审小组提出完工验收申请。验收不合格者，改正后需再次进行完工验收申请（改正时间计入总时间）。完工验收合格后，由评审小组进行挡土墙测试。测试方法、程序和规则如下。

（1）测试顺序按照完工验收申请的先后次序依次进行。从提出完工验收申请计，测试前的静置时间需 10 分钟。

（2）测试时，由评委在砂土表面轴线上距挡土墙内标线 2cm 处逐级放置砝码（即距临空面 17cm），每级 5kg，以测试其竖向的承载能力。每级加载后 30s 时量测挡土墙位移（在挡土墙中线选上、中、下三点量测）。最大加至 50kg。

（3）符合下列任何一条即可终止加载（以发生失稳时的上一级荷载作为其承载能力）。

① 开始加载后，荷载下挡土墙最大累计位移不得超过 2cm，超过 2cm 认为挡土墙失稳（该累计位移自开始加载时算起）。

② 加载时从挡土墙墙面或侧面散落砂子的累计质量不能超过 500g，超过 500g 也认为挡土墙失稳。

③ 最大加载砝码质量为 50kg。

5）评分标准

（1）参赛队计分办法如下。

得分两档计算。承载能力达到 50kg 为 A 档，不足 50kg 为 B 档。B 档排序在 A 档之后。两档内部按各自得分排序，得分为

$$S = S_1 + S_2 - S_3 - S_4$$

其中，S_1 为报告得分，最高 50 分；S_2 为承载力得分，$S_2 = 200 + 2M$，M 为砝码质量（kg）；S_3 为用纸所扣分数，$S_3 = \max[0,（P-300）/5]$，P 为用纸量（包括纸和胶带的用量，g）；S_4 为模型制作耗时所扣分数，$S_4 = \max（0，T-60）$，T 为耗时（min）。

（2）如果对结果有争议或出现得分相同的情况，由评审小组投票决定得分和排序。违反比赛规定和公平比赛精神的将由评审小组讨论后取消参赛资格或评比资格。

图 6-99 为上海交通大学的作品示意图，此挡土墙模型的基本类型为仰斜式挡土墙，从受力方面，仰斜式挡土墙所受的主动土压力较小；从用材方面，仰斜墙截面较为经济，在保证墙后填土压实度的情况下，仰斜式能充分发挥"高强轻质"的优点。在整体布置方面，该挡土墙模型充分利用了建造空间，底部为 15cm×40cm 的尺寸布置，两侧在考虑倾斜度的情况下也尽量利用了建造空间，建造空间的充分利用保证了模型与箱体足够的接触面积，提供了足够的外部约束，提高了挡土墙的整体稳定性。

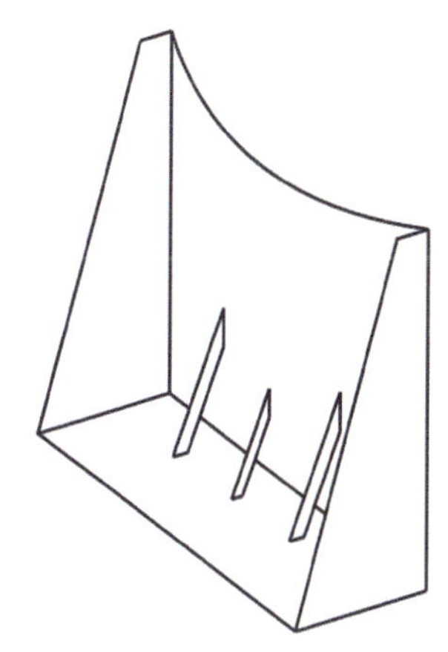

图 6-99　上海交通大学的作品示意图

此模型主要有两个创新点，第一，根据挡土墙土压力分布的特点采取变截面设计，挡土墙底部为直线，

顶部为拱形，底部的直线设计保证了挡土墙与箱体的接触面积，进而保证了摩擦力；顶部的拱形设计一方面提高了挡土墙的抗侧移刚度，有效减少了因挡土墙自身变形而引起的墙顶位移。另一方面拱效应的发挥增大了挡土墙两侧翼板与箱体的挤压，进而增大了摩擦力，增强了稳定性。第二，针对墙面板自身刚度不足的问题在面板下端设计了加强肋，加劲肋采用悬空设置，与一般加劲肋布局相比，悬空设置的加劲肋一方面节省了用材，另一方面也降低了操作的难度。

从外观看，这一模型简洁大方，拱形面的设置为结构增加了美感；从结构看，这一模型节点少，构件简单，制作方便，有利于竞赛时间的掌握；从受力看，这一模型整体性强，且底板和侧翼都最大限度地利用了建造空间，充分发挥了有机玻璃壁给挡土墙提供的摩擦力，保证了挡土墙的整体稳定性。整个模型达到了造型美观、轻质高强、受力合理的建造要求。

此模型在设计方面的关键点为确定面板的预拱度，制作方面的一个难点为如何在安装挡土墙时保证面板的预拱度以及加劲肋的连接强度，为了解决这个问题，实际操作时采用在模型槽中装配加劲肋的方式，即将挡土墙模型先放置到模型槽中，调整好预拱度并固定好，在此基础上装配构件并进行节点处的加固。

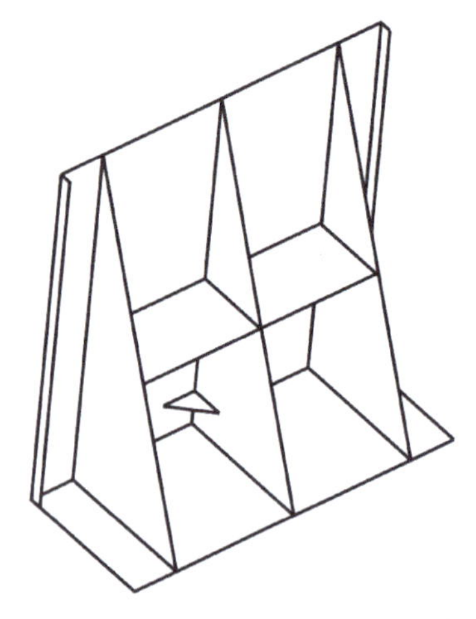

图 6-100　华中科技大学的作品示意图

图 6-100 为华中科技大学的作品，此挡土墙的基本类型为扶壁式挡土墙，扶壁式挡土墙是一种轻型支挡结构，它依靠墙身自重和墙底板以上填筑土体（包括荷载）的重量维持挡土墙的稳定，其主要特点是厚度小、自重轻、建造高度较大和经济性好。相比于重力式挡土墙和悬臂式挡土墙，扶壁式挡土墙在断面尺寸和位移控制方面有明显优势，能够在 15 cm 范围内发挥较好的稳定作用。

此挡土墙模型在传统扶壁式挡土墙的基础上主要做了四个方面的改进和创新。一是将面板做了一定角度的倾斜处理，从直立式挡土墙变成了仰斜式挡土墙，这样处理有效减少了墙面板所受的主动土压力，进而减少了挡土墙上部的位移，提高了挡土墙整体稳定性。二是在扶壁间增加了卸荷板，由于板上回填料使挡墙自重增加，稳定力矩也相应增加，另外由于卸荷板的遮帘作用，板下墙身所受的土压力减小，使其作用于挡墙的水平推力减小，倾覆力矩相应减小，提高了模型的抗倾覆稳定性。三是在挡土墙底部安装了加强肋，有效防止了挡土墙面板因底部土压力过大产生的隆起现象，减少了面板的变形量。四是在挡土墙两侧增加了遮挡构件，这属于根据赛题设置采取的构造措施，在对整体质量影响不大的情况下有效防止了漏沙现象的发生。

此模型在设计方面的一个重点就是确定挡土墙面板的倾斜度，制作方面的一个难点就是保证扶壁、卸荷板和加劲肋的连接强度以及自身的刚度。

2. 2016 年美国大学生土木工程竞赛太平洋赛区土力学竞赛

1）赛题要求

在内尺寸为 26in×18in×18in（长×宽×高，1in=2.54cm）的胶合板模型槽中建造加筋式挡土墙［示意图如图 6-101(a)所示］，并通过木质支撑架进行荷载施加，加载示意图如图 6-101(b)所示。

(a) 挡土墙模型示意图

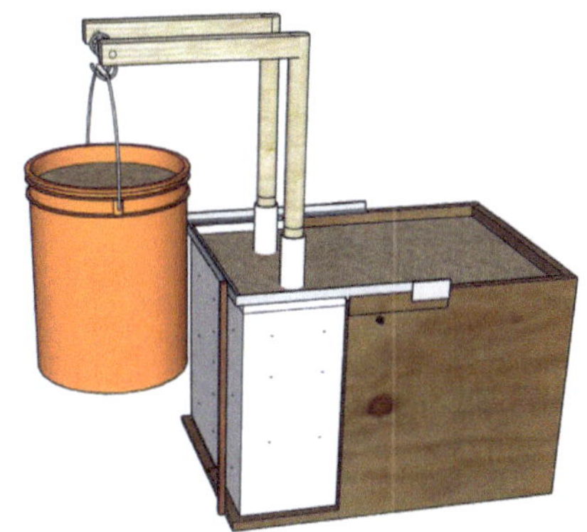

(b) 模型加载示意图

图 6-101　美国赛模型示意图

2）材料和工具要求

（1）风干建筑砂，粒径分布如表 6-1 和图 6-102 所示。

表 6-1　填砂粒径分布表

典型分布		下限分布		上限分布	
粒径/mm	比例/%	粒径/mm	比例/%	粒径/mm	比例/%
2.36	100.0	1.30	100.0	2.50	100.0
1.70	96.0	1.20	96.9	2.10	96.9
1.18	20.0	1.15	93.7	2.00	93.7
0.85	1.0	0.95	38.7	1.60	38.7
0.60	1.0	0.83	12.7	1.30	12.7
		1.70	2.0	1.10	2.0

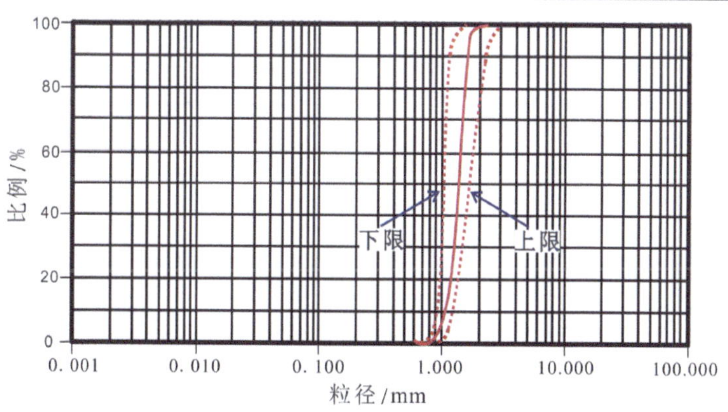

图 6-102　填砂粒径分布图

（2）$0.125g/in^2$ 的海报纸，尺寸为 22in×28in。

（3）$0.063g/in^2$ 的牛皮纸，共 60 磅（1 磅=0.454kg）。

（4）2in 宽聚丙烯包装带。

（5）裁纸刀。

（6）可自带加砂和压实工具。

3）挡土墙建造要求

（1）自指令下达开始计时，参赛者需在 15 分钟时间内完成牛皮纸纸筋的制作，超过的时间会被记录。纸筋制作完成之后，多余的材料会被处理掉，裁判会对纸筋称重，精确到 0.01g。

（2）20 分钟内完成挡土墙面板的制作和纸筋的粘贴，超时将会被罚分。

（3）25 分钟内完成 PVC 管的放置以及砂土的填埋与压实，超时将会被罚分。

（4）进行加载架的组装和放置，时间精确到分钟，计算方式为“人数×单人最长用时”。

（5）每一部分完成后都会有相应的检查，裁判会记录每一部分的得分及扣分理由。

4）挡土墙测试方法

（1）给加载架施加竖向荷载（桶加 5 磅砂），竖向挠度测试仪清零。

（2）在 1 分钟内向加载桶中加入 55 磅砂，等待 1 分钟后测试加载架的挠度。

（3）撤下荷载，重新悬挂上 5 磅砂，拆除前板和侧板，检查挡土墙挠度。

（4）向悬加载桶内加入 25 磅砂，1 分钟内完成加砂，超时罚分。静置 1 分钟后检查挡土墙挠度和漏沙量，挠度超出底板边缘以及漏沙量超过 $30cm^3$ 会被罚分。

若在某一阶段加载失败，则按上一级荷载赋分。

5）评分标准

（1）参赛队计分办法如下。

参赛队总分为岩土类得分与结构类得分之和（根据每类中得分最高的学校进行标准化处理，最终结果为百分制），岩土类占 60%，结构类占 40%。

岩土类得分（Y）：

$$Y = R + 15(20 - M) - 10N_{\min} - 40N_{\text{maj}} - 2T - 20D_1 - 40F_1$$

式中，R 为报告得分（以 60 为满分）；M 为加筋纸的调整后质量(g)；$N_{\min}$ 为次要犯规的次数；N_{maj} 为主要犯规的次数；T 为各个阶段中超过时间界限的总分钟数（向上取整）（如 3.14 向上取整为 4）；D_1 为挠度评分。

结构类得分（J）：

$$J = 3200 - L - (P)(C)(Z) - 4M_{\text{comp}} - 25N_{\text{maj},2} - 175D_2 - 500F_2$$

式中，L 为硬木加载框架的质量，精确到 g；P 为在组装加载框架阶段，参与组装加载框架的人数，包括任何形式的工作分工（一个人完成了前半部分，另一个人完成了后半部分，仍然算两个人）；C 为建造加载框架的总时间，精确到 s（每个人所用的时间相互独立）；Z 为如果 $C<300$，Z 取 1；否则 Z 取 1.1；M_{comp} 为所有不符合规范部件的质量总和；$N_{\text{maj},2}$ 为主要扣减的质量；D_2 为挠度评分。

（2）裁判员将根据发布的规则使用合理的判断和解释。裁判长将会是任何争议的仲裁者，这争议是被团队的队长单独提出来的。裁判长的决定将是最终的决定。对通告的结果有异议的在比赛之后复查。

图 6-103 所示的作品是 UC Davis 大学的作品，是本届竞赛加载成功的作品中纸筋质量最轻的，与如图 6-104 所示的作品 4 相比，它布设筋条的层数更多，但面板下部的筋条更为稀疏和分散。

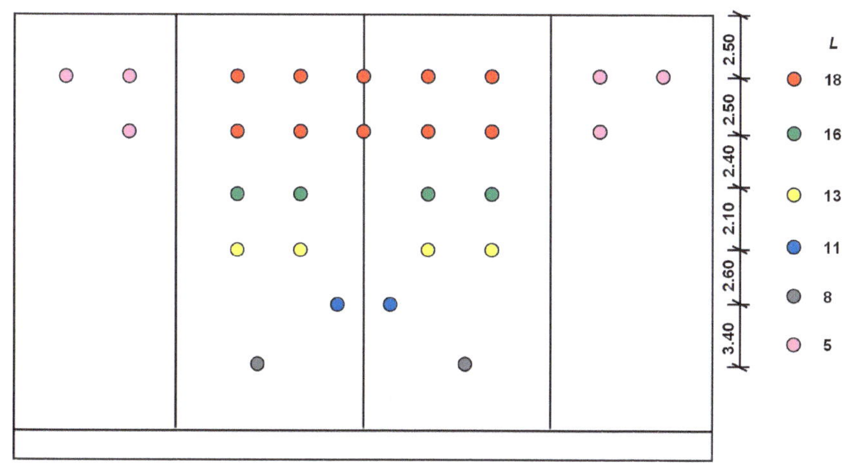

图 6-103　作品 1 布筋图（单位：inch）

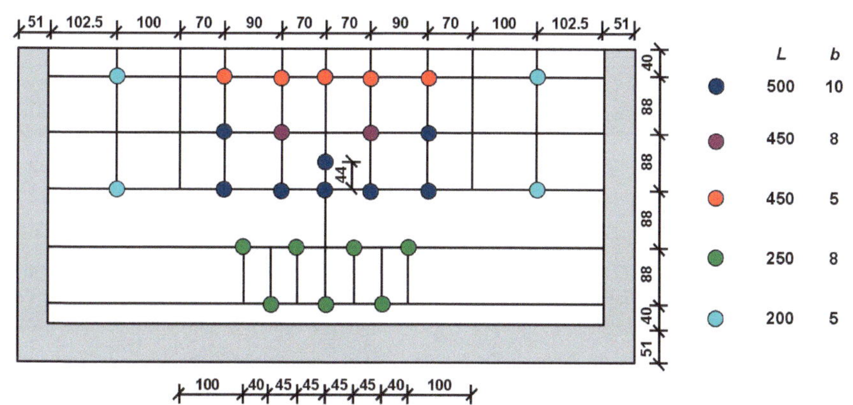

图 6-104　作品 2 布筋图（单位：mm）

而与如图 6-105 所示的作品 3 相比，作品 1 两边的纸筋布置得更少。在纸筋整体的布置格局上，作品 1 为左右对称布置，而且中间的纸筋分布在 PVC 管的两边，这样的设置不仅利于纸筋的铺设和压实，而且能最大限度地发挥对 PVC 管造成的面板变形的约束作用。在纸筋的具体尺寸上，作品 1 的纸筋都为细长型纸筋，细长型纸筋保证了在相同质量的前提下，纸筋穿过滑裂区的有效长度较长，从而有效面积较大，受载时砂砾对其施加的摩擦力较大，有利于挡墙的稳定。

图 6-106 所示的作品 4 是浙江大学的作品，是本届竞赛加载成功的作品中加载架质量最轻的，与如图 6-107、图 6-108 所示的作品 5 和作品 6 相比，作品 4 最大的特点就是采取了镂空设计，前部的横杆和上部的竖杆都为空心杆件，这样的设计大大减轻了加载架的质量。同时，由于木材的抗压和抗弯性均较为突出，但作品 5 和作品 6 都未能充分利用木材

的性能，造成储备过剩的情况，从而使作品缺乏竞争力。值得一提的是，作品 4 是所有加载成功的作品中挠度最大的，接近竞赛规定的挠度极限，因此这样的设计充分利用了竞赛规则，很新颖也很大胆，颇有点“富贵险中求”的意味。

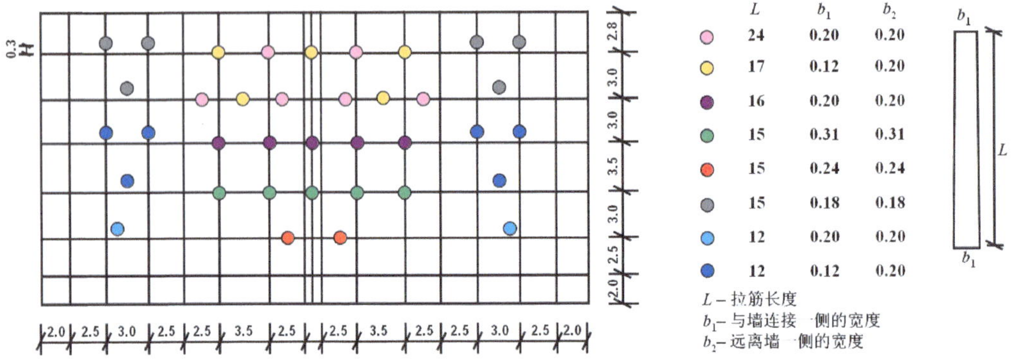

图 6-105 作品 3 布筋图（单位：inch）

(a) 加载架整体图

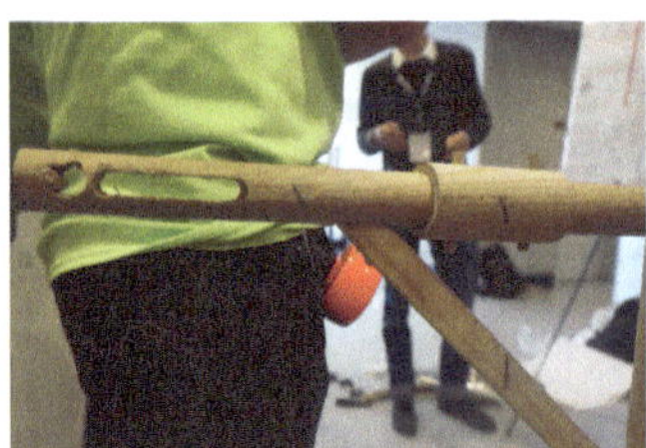

(b) 加载架局部图

(c) 加载架局部图

图 6-106 作品 4 实物图

图 6-107 作品 5 实物图

图 6-108 作品 6 实物图

思考题

1. 利用木材制作一跨度为 30cm、宽 3cm 的桁架梁，要求能够承重均布荷载（总重 5kg），质量最小最优。

2. 利用竹皮和竹片设计一能够承受 0.5m 高度、0.5m 宽度的挡土墙，挡土墙内侧为沙土，质量最轻最优。

3. 利用纸质材料设计制作一截面为 15cmx10cm 的格构柱，高 50cm，承受轴力 5kg，长轴方向弯矩 30Nm，短轴方向弯矩 30Nm，质量最轻最优。

4. 利用纸质材料制作一高桩平台，平台尺寸 40cmx40cm，总高 50cm，桩埋入土中 20cm。竖向均布荷载 5kg，水平单向荷载 5kg。

5. 利用木材和竹皮两种材料，制作如图 6-109 所示的悬挑结构，其中梁的悬挑长度不小于 400mm，梁至地面的净高不小于 300mm，整个结构的最高点不超过 350mm，与地面接触的柱及各种支撑不要超过以原点为中心的 50mm 范围内。悬挑梁的最远段悬挂重物，模型承载能力最强且质量最轻者最优。

6. 利用竹条和竹皮两种材料，制作如图 6-110 所示的两层装配式框架结构，结构长边跨长 400mm，短边跨长 300mm，每层层高不低于 300mm，结构总高小于 650mm；结构由板、梁、柱组成，内部空间及柱间均不允许设置任何斜撑，其中柱不可以沿结构通长布置，梁、柱以构件形式组装并在形成框架后能够拆卸，节点自行设计并采用题目提供的材料制作，楼面、屋面板均采用竹皮制作。模型制作完成后在两层分别施加 5kg 的均布竖向荷载，加载成功的模型在不卸载的情况下在模型顶部沿长边方向施加水平荷载，承受水平荷载最大且不发生破坏的模型最优。

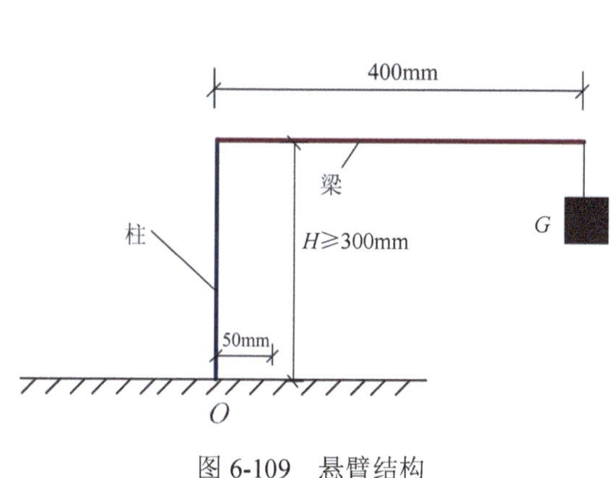

图 6-109　悬臂结构

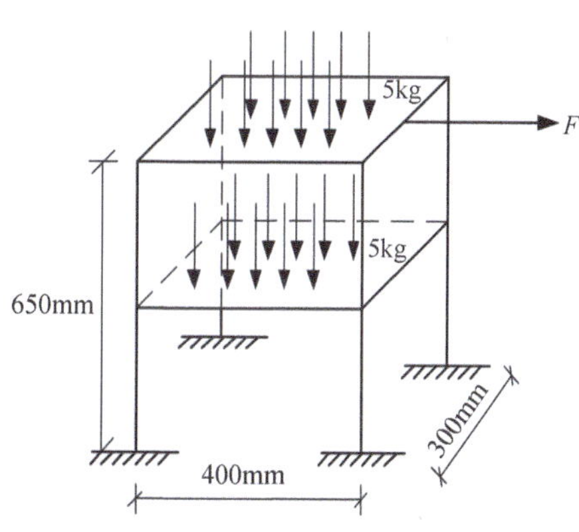

图 6-110　装配式框架结构示意图

参 考 文 献

财政部办公厅, 住房城乡建设部办公厅, 水利部办公厅, 2016-2-25. 2016 年海绵城市建设试点城市申报指南[Z].

蔡新, 孙文俊, 2004. 结构静力学[M]. 南京: 河海大学出版社.

车生泉, 谢长坤, 陈丹, 2015. 海绵城市理论与技术发展沿革及构建途径[J]. 中国园林, 31(6): 11-15.

陈永奎, 2015. 大学生创新创业基础教程[M]. 北京: 经济管理出版社.

陈志山, 2001. 大孔混凝土的透水性及其测定方法[J]. 混凝土与水泥制品, (1): 19-20.

迟明杰, 赵成刚, 李小军, 2009. 砂土剪胀机理的研究[J]. 土木工程学报, 42(3): 99-104.

邓小平, 1993. 邓小平文选(第三卷)[M]. 北京: 人民出版社.

邓小平, 1994. 邓小平文选(第二卷)[M]. 北京: 人民出版社.

付海清, 2016. 现场液化试验方法及液化土体特征研究[D]. 哈尔滨: 中国地震局工程力学研究所.

傅家骥, 1998. 技术创新学[M]. 北京: 清华大学出版社.

高等学校土木工程专业指导委员会, 2002. 高等学校土木工程专业本科教学培养目标和培养方案及课程教学大纲[M]. 北京: 中国建筑工业出版社.

国家教委社会科学研究与艺术教育局, 1989. 自然辩证法概论[M]. 北京: 高等教育出版社.

国家中长期教育改革和发展规划纲要领导小组. 2010. 国家中长期教育改革和发展规划纲要(2010-2020)[M]. 北京: 人民出版社.

国务院办公厅, 2015-10-16. 国务院办公厅关于推进海绵城市建设的指导意见[Z].

国务院办公厅, 2017-03-01. 国务院关于加强城市基础设施建设的意见[OL]. http://www.gov.cn/zwgk/2013-09/16/content_2489070.htm.

河海大学土木类品牌专业建设网: http://www. hhucttapp.cn.

洪平, 2002. 俯斜墙背条件下朗肯与库伦土压力理论的研究[J]. 南昌航空大学学报(自然科学版), 16(3): 24-27.

胡飞雪, 2009. 创新思维训练与方法[M]. 北京: 机械工业出版社.

胡锦涛, 2006-1-10. 坚持走中国特色自主创新道路为建设创新型国家而努力奋斗——在全国科学技术大会上的讲话[N], 人民日报.

胡锦涛, 温家宝, 2010-5-2. 全国人才工作会议在京举行胡锦涛温家宝发表重要讲话[N]. 人民日报.

胡艳辉, 2011. SKL 自主创新能力演化中的科研人员作用机理研究[D]. 武汉: 华中科技大学.

华东地区高校结构设计邀请赛官方网站: http: //tmxg. tongji. edu. cn/hds/.

吉伯海, 2014. 我国缆索支承桥梁钢箱梁疲劳损伤研究现状[J]. 河海大学学报(自然科学版), 42(5): 410-415.

季节, 周永峰, 2007. 路面横坡度与大空隙沥青混合料渗水性能的关系分析[J]. 公路, (10): 81-84.

季天健, BELL A, 2009. 感知结构概念[M]. 北京: 高等教育出版社.

江泽民, 1999-6-16. 《在全国教育工作会议上的讲话》[N]. 人民日报.

江泽民, 2006. 江泽民文选(第三卷)[M]. 北京: 人民出版社.

蒋龙, 张成平, 张鸿儒, 2014. 土木工程专业大学生创新训练计划项目的实施办法及效果[J]. 科技创新导报, (31): 219-221.

蒋玮, 沙爱民, 肖晶晶, 等, 2013. 透水沥青路面的储水-渗透模型与效能[J]. 同济大学学报(自然科学版), 41(1): 72-77.

交通运输部综合规划司, 2014. 2010 年高速公路运输量统计调查分析报告[M]. 北京: 人民交通出版社.

克莱顿·克里斯坦森, 2013. 创新者的基因[M]. 曾佳宁, 译. 北京: 中信出版社.

李国杰, 2007. 信息领域创新型工程技术人才的教育和培养[A]. 新形势下工程教育的改革和发展高层论坛, 上海.

李伟, 张世辉, 2015. 创新创业教程[M]. 北京: 清华大学出版社.

林同炎, 斯多台斯伯利 SD, 1999. 结构概念和体系[M]. 2 版. 北京: 中国建筑工业出版社.

刘汉龙, 2013. 岩土工程技术创新方法与实践[M]. 北京: 科学出版社.

刘阳春, 何文寿, 何进智, 等, 2007. 盐碱地改良利用研究进展[J]. 农业科学研究, 28(2): 68-71.

刘溢海, 岳佐华, 2007. 新编管理学教程[M]. 上海: 上海财经大学出版社.

卢廷浩, 2005. 土力学[M]. 2 版. 南京: 河海大学出版社.

罗恒, 陈建平, 孙云飞, 等, 2016. 建筑节能类交叉学科建设的探索与实践[J]. 教育教学论坛, (5): 258-259.

马克思,恩格斯著. 中共中央马克思恩格斯列宁斯大林著作编译局译. 1995. 马克思恩格斯选集(1-4 卷)[M]. 北京: 人民出版社.

毛泽东, 1991. 毛泽东选集(第一卷)[M]. 北京: 人民出版社.

邱立, 罗朝祥, 黎春霞, 2013. 基于头脑风暴法的创新型人才培养模式探索[J]. 中国电力教育, (28): 33-34.

曲镇洲, 1985. 地基的震动液化与振冲加固法[J]. 人民珠江, (2): 32-37.

全国大学生交通科技大赛官方网站: http: //www. nactrans. com. cn/.

全国大学生结构设计竞赛官方网站: http: //www. ccea. zju. edu. cn/structure/.

沙静, 2010. 高速公路出口匝道选位研究[D]. 南京: 东南大学.

邵俐, 刘松玉, 丁红慧, 等, 2008. “课堂演示试验”在土力学教学中的应用[J]. 东南大学学报(哲学社会科学版), 10(3): 44-46.

沈扬, 2015. 土力学原理十记[M]. 北京: 中国建筑工业出版社.

沈扬, 葛冬冬, 陶明安, 等, 2014. 土力学原理可视化演示模型实验系统的研究[J]. 力学与实践, 36(5): 663-666.

沈扬, 胡锦林, 陈璐, 等, 2015. 土木类本科生省级以上学科竞赛攻略手册[M]. 南京: 河海大学出版社.

宋婧, 2014. 普通高校二级学院大创项目的组织实施与管理探讨——以西安文理学院化学与化学工程学院为例[J]. 科技视界, (31): 158-158.

孙盾, 田社平, 范承志, 2014. 逆向思维在电路原理实验教学中的应用[J]. 实验技术与管理, 31(5): 17-31.

汤森路透科技集团. Web of Science 数据库在科研中的价值与应用[OL]. http://wenku.baidu.com/view/757fd9293169a4517723a326. html.

唐亮, 黄李骥, 王秀伟, 等, 2014. 钢桥面板 U 肋-横隔板连接接头应力分析[J]. 公路交通科技, 31(5): 93-101.

陶晓燕, 2008. 大跨度钢桥关键构造细节研究[D], 北京: 中国铁道科学研究院.

同方知网(北京)技术有限公司. CNKI 中国知网使用方法与检索技巧[OL]. http://www.doc88.com/p-2572072856776. html.

托尼·瓦格纳, 2015. 创新者的培养[M]. 陈劲, 王鲁, 刘文澜, 译. 北京: 科学出版社.

王春生, 冯亚成, 2009. 正交异性钢桥面板的疲劳研究综述[J]. 钢结构, 24(9): 10-13.

王俊岭, 王雪明, 张安, 等, 2015. 基于海绵城市理念的透水铺装系统的研究进展[J]. 环境工程, 33(12): 1-4.

王琪琪, 2012. 大学生创新素质现状特征及创新意识培养开发的探索性研究[D]. 重庆: 重庆大学.

吴宁, 张璠, 2010. 排水性沥青混合料竖向渗透系数试验方法改进研究[J]. 公路, (5): 72-75.

武岳, 张建亮, 曹正罡, 2011. 树状结构找形分析及工程应用[J]. 建筑结构学报, 32(11): 20-26.

习近平, 2014-9-24. 纪念孔子诞辰 2565 周年国际学术研讨会暨国际儒学联合会第五届会员大会开幕会并发表重要讲话[N]. 人民日报.

项海帆, 沈祖炎, 范立础, 2007. 土木工程概论[M]. 北京: 人民交通出版社.

解晓光, 徐勇鹏, 崔福义, 2009. 透水路面对路表径流污染的控制效能[J]. 哈尔滨工业大学学报, 41(9): 65-69.

熊彼特, 1965. 经济发展理论: 对利润、资本、信贷、利息和经济周期的考察[M]. 何畏, 等译. 北京: 商务印书馆.

尹德兰, 2006. 邓文中与桥梁——中国篇[M]. 北京: 清华大学出版社.

袁贵仁, 2014-2-13. 深化教育领域综合改革加快推进教育治理体系和治理能力现代化[N]. 中国教育报.

詹良通, 王顺玉, 陈云敏, 2008. 土力学与基础工程教学演示仪器的研制和实践[C]. 第 25 届全国土工测试学术研讨会论文集. 杭州: 浙江大学出版社, 171-177.

张璠, 陈荣生, 倪富健, 2010. 排水性沥青路面混合料的渗透性能试验测试技术[J]. 东南大学学报(自然科学版), 40(6): 1287-1292.

张建锋, 张旭东, 周金星, 等, 2005. 世界盐碱地资源及其改良利用的基本措施[J]. 水土保持研究, 12(6): 28-30.

赵欣欣, 刘晓光, 张玉玲, 2010. 正交异性桥面板设计参数和构造细节的疲劳研究进展[J]. 钢结构, 25(8): 1-7.

中共中央宣传部组织, 2016. 习近平总书记系列重要讲话读本(2016 年版)[M]. 北京: 学习出版社、人民出版社出版.

中国安防展览网编辑部. 交通拥堵造成经济损失 ITS 快速成长方向明确. http://www.afzhan.com/news/detail/33398.html.

BAUER K M, HARWOOD D W. 1998. Statistical models of accidents on interchange ramps and speed-change lanes[R]. FHWA Technical Report No. FHWA-RD-97-106, Midwest Research Institute, Washington D. C.

CHEN J, LI H, HUANG X M, 2015. Laboratory evaluation on permeability loss of open graded friction course mixtures due to deformation and particle-related clogging[C]. Transportation research board 94th annual meeting. Washington D C, 11-15.

COLERI E, KAYHANIAN M, HARVEY J T, 2013. Clogging evaluation of open graded friction course pavements tested under rainfall and heavy vehicle simulators [J]. Journal of environmental management, 129: 164-172.

DAWAON A, KRIGOS N, SCAEPAS T, et al, 2009. Water in the pavement surfacing [J]. Geotechnical, geological and earthquake engineering, 5: 81-105.

DELVARE F, HANUS J L, BAILLY P, 2010. A non-equilibrium approach to processing Hopkinson Bar bending test data: Application to quasi-brittle materials[J]. International journal of impact engineering, 37(12): 1170-1179.

ELTON D J, 2001. Soils Magic [M]. Virginia: American Society of Civil Engineers.

GHUMMAN A R, GHAZAW Y M, NIAZI M F, et al, 2011. Impact assessment of subsurface drainage on waterlogged and saline lands [J]. Environmental monitoring and assessment, 172(1): 189-197.

HANUS J L, MAGNAIN B, DURAND B, 2012. Processing dynamic split Hopkinson three-point bending test with normalized specimen of quasi-brittle material[J]. Mechanics & industry, 13(6): 381-393.

JASON B N, AWAD W, ROBLES J, 1998. Truck accident at freeway ramp: Data analysis and high-risk site identification [J]. Journal of transportation and statistics, 1(1): 75-92.

SHAOBIN D, MINGHAI S, JUN H, 2005. Engineering properties of expansive soil [J]. Journal of Wuhan university of technology-materials science edition, 20(2): 109-110.

WU A, GU D, SUN Y, et al, 2001. Experiment and mechanism of vibration liquefaction and compacting of saturated bulk solid [J]. Journal of central south university of technology, 8(1): 34-39.